仏独伊 幻の空母建造計画

知られざる欧州三国海軍の画策

瀬名堯彦

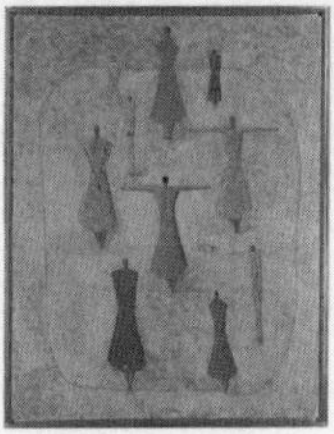

潮書房光人社

はじめに

航空母艦は、第一次世界大戦で水上機母艦の形で戦場に登場し、戦後、艦上に設けた飛行甲板から直接搭載機を発着させる現在の姿に発展した。ワシントン軍縮条約でその保有量等に制約を受けながら、英・米・日三海軍で艦上機と共に急速な進歩を遂げ、第二次大戦では海上兵力の基幹として活躍をした。

しかし、先の条約で空母の保有を認められながら、一隻しか建造せず、あるいは全く持たない国もあり、また一次大戦で敗れ、その時の条約で、空母を持ちたくても持てない国も生まれた。フランス、イタリア、ドイツの三海軍である。これらでも、空母の研究は続けられており、第二次大戦開戦の前後になってその建造に着手したが、結局、いずれも完成しなかった。

本書はその計画とその後の経過を調査し国別にまとめたものであるが、戦史や造船史としてまとまった資料がある訳ではなく、その存在が記録の中に僅かに名を留めているに過ぎない。これら三国がそれぞれ敗戦を経験していることもあり、散逸した資料もあったようで、建造国の空母資料を調べても、情報はあまり無く、時にはあやふやなものも見受けられる。結局、雑多な資料を渉猟して関連箇所を抽出し、時には推察も加えて、論考を重ねねばならず、浅学非才の程を思い知らされ、難渋してまとめるのに長時間を要した。

従って、空母の話といっても、機動部隊を率いて堂々と進撃したり、敵艦隊と交戦する勇壮な場面がある訳ではない。空母建造の是非をめぐる論争が繰り返されて、うんざりされる向きもあるかも知れない。

空母建造の障害となるのは何であろうか。政治家――特に独裁者とは相性が悪いようだ。文中に出て来るヒトラー、ムッソリーニをはじめ、戦後ではソ連のスターリンやフルシチョフも自国の空母建造に反対したことが窺える。一つには、空母は艦建造だけでなく、その搭載機を揃え、訓練するのにも巨額の経費を要する。その上、ガソリンや爆弾砲弾等、引火爆発しやすい物を大量に艦内に貯蔵しており、攻撃を受けた時の危険度が高い。

戦前、空母が「卵を大量に積んだ籠」に例えられたことがあったのも、同じ理由であろう。その上船体が大きく、飛行甲板は目立ち、敵の好目標となりやすい。つまり、金が掛かって脆い兵器だ。こんな物を造るより、他の兵器を製造した方が得だ――と空母の価値を知らぬ独裁者が考えたとしても不思議はない。

今一つの反対要素は空軍である。空軍があれば、海軍に航空機は必要ない。航空機の管理は空軍に任せた方が良い。必要な時は空軍から機体でもパイロットでも貸してやるから――

と空軍のトップは主張して全機を管理下に置きたがり、これを数十機も搭載する空母は余計な存在に見えて来る。

戦後でもアメリカで戦略爆撃機と大型空母を巡って両軍のトップが争い、敗れた海軍長官が自殺したし、六〇年代、ブラジルでも空母搭載機の管轄を巡り海空軍間で紛争を生じ、艦上機なしで空母が出港したり、空軍に海軍のヘリ一機が撃墜されたとの怪情報まで流れたりした。

仏独伊三国にも空軍が発足したが、それは空母搭載機にどのような影響を与えたか。こうした話題を頭の片隅に浮かべながら、お読み頂ければ幸いである。

なお、イタリアでは、民間造船所で海軍に軍艦デザインの提案が認められており、ムッソリーニ政権下でも、いくつかの事例や模型が資料中にあったが、営業目的から大型艦が多く、採用の可能性は極めて低いので、全て省略したこと、戦後ソ連に曳行された空母グラーフ・ツェッペリンは消息不明となり、途中触雷沈没説、レニングラード入港説、空母完成説等諸説入り乱れ、最後の演習場で展開された大規模な攻撃戦の詳細や、二〇〇六年ポーランド沖の海底で発見された事等も全て省略し、本艦は未成艦で実戦参加もないのに、独、露、ポーランドのミリタリ誌で特集が組まれた珍しい存在であることを付記して、序文の締括りとしたい。

『仏独伊 幻の空母建造計画』目次

仏独伊 幻の空母建造計画

——知られざる欧州三国海軍の画策

第一章　フランス海軍の空母建造計画

フランスは、動力機の発明については、アメリカに遅れをとったが、古くから航空への関心が高く、人類飛行史上ではいくつもの実績をあげている。一七八三年に世界最初の熱気球を上げたのはフランスのモンゴルフィエ兄弟であり、飛行船にモーターとプロペラをつけて初の動力飛行を成功させたのも一八八四年、フランス陸軍の二人の士官であった。

海上飛行についていうなら、一七九八年にナポレオンはエジプト遠征のさいに気球一コと気球中隊を船に搭載して、洋上偵察を実施しようとした。残念ながら、船がアレキサンドリア沖で座礁沈没したので実現はしなかったが、成功すればナポレオンは海軍航空の先駆者となったかも知れない。

世界最初の水上機はフランスのアンリ・ファーブルが製作し、一九一〇年五月二十八日に初の離着水に成功している。

世界で最初に水上機母艦を整備したのはフランス海軍であった。一九一一年にフランス海軍は、海軍航空隊の創設とともに、水雷母艦だったフードルの水上機母艦（porte-hydravions）への改造を決定し、一九一二年三月にこれを完成させた。

水上機母艦フードル

本艦は一八九六年竣工の水雷母艦で、海外植民地に小型水雷艇や潜水艇を運搬する目的で建造され、艦内には小型水雷艇（一四トン）一〇隻の収容が可能であり、前後檣にこれを揚収する大型クレーンを装備していた。

その後、水雷艇の発達と大型化にともなって搭載が困難となり、一九〇七年には工作艦、一九一〇年には機雷敷設艦に改装され、今回は三度目の艦種変更であった。

工事はツーロンで実施され、煙突後方に長さ一三・七メートル、幅九メートル、高さ四メートルの格納庫がもうけられ、艦内に航空機材やエンジンを搭載し、工作設備も新設された。

一九一四年に、艦首にかけて長さ三四・七メートル、幅八メートルの滑走台がもうけられたが、後に水上機用の整備甲板にあらためられた。改装後、水上機四〜八機の搭載が可能となった。イギリス海軍が巡洋艦ハーミーズを改装して滑走台をもうけ、水上機を搭載するのは一九一三年五月であり、アメリカ海軍もカーチス水上機の発着実験をつづけている段階で、フードルは世界最初の水上機母艦であ

フードルから発艦するGⅢ型水上機

った。

本艦は常備排水量五九七一トン、主機レシプロ二基（二軸）、出力一八〇〇馬力、速力一九・六ノット。兵装として一〇センチ砲八門、六・五センチおよび四・七センチ砲を各四門装備していた。

最初に搭載した水上機はヴォワザン水上機で、当初は洋上に降ろされてから滑走発進していた。しかし、滑走台がもうけられてからは、これをもちいた発艦実験が開始された。

一九一四年五月八日、民間飛行士ルネ・コードロンは、みずから設計したコードロンGⅢ型水上機に乗り、サン・ラファイエル港でフードルからの発艦に成功した。これは、フランス海軍における最初の艦上発進であった。

しかし六月九日、海軍士官による再度の発艦が失敗したことから、滑走台は撤去され、以後は洋上発進のみとなった。

一九一四年の第一次大戦開戦時、フードルは地中海のマルタ島にあった。当時、イタリアはドイツやオーストリアと関係が深く、ドイツ側にたって参戦する可能性があり、地中海にマルセイユやツーロンの基地をもつフランスとしては、これにそなえる必要があったのである。

フードルはニューポールⅥ型水上機（最大八機搭載できた）を載せて、他の艦艇とともにモンテネグロへの船団を護衛しながらアドリア海を数回往来したが、イタリアは中立をたもち、水上機隊の活躍は見られなかった。

それで一九一四年暮れに、本艦は地中海東端のポート・サイドにうつり、イギリス海軍と協力してスエズ運河にたいするトルコ軍の脅威に対処することになった。

ニューポール機に、フランス人の操縦士と現地にくわしいイギリス人の偵察員を乗せて空中偵察を実施したが、イギリスの水上機母艦から発進したので、フードルの活躍舞台とはならなかった。

一九一五年二月の英仏連合軍によるガリポリ半島・ダーダネルス海峡進攻作戦に、フードルも三月十五日から参加して、基地をムロドスにうつした。ニューポール水上機隊も敵状偵察に従事したが、無電設備をもたなかったので、おなじ作戦に参加した英アーク・ロイヤル飛行隊の活動より見劣りするものとなったといわれる。

そのため、作戦なかばの五月二十三日で活動を中止して本国へ引き揚げ、八月にかけて、ツーロンでドック入りして修理と整備を実施した。搭載機もＦＢＡ（Ｃ型）飛行艇にあらためられた。

しかし、機種の更新はしたものの、水上機母艦の作戦行動は見られなくなり、一九一六年から一八年にかけて、本艦は東地中海哨戒艇隊の旗艦兼母艦に任命され、ポート・サイドやエーゲ海諸港に在泊して、潜水艦や小艇の母艦あるいは工作艦として過ごすことになった。その間、水上機隊を搭載したのは、一九一七年六月のアテネ介入作戦に従事したときだけであった。

休戦条約後、一九一九年八月まで本艦はアドリア海で哨戒任務についていたが、一九二〇年にツーロンで予備艦となり、二一年十二月一日に除籍、二三年五月二十七日に解体のために売却された。

仏水母陣のラインナップ

大戦中、フランス海軍はフードル以外に、商船改造による特設水母を四隻整備した。

カンピナは一八九七年にサン・ナゼールで竣工した三三一九総トンの貨客船で、一九一五年末に徴用され、ポート・サイドのスエズ運河ユニバーサル社で水上機母艦に改造された。それはフードルの撤退にともなうものと見られるが、工事はきわめて簡易なやり方で、船橋前後の上甲板にカンバス製の格納庫をもうけ、揚収用のデリック・ブームを前後檣に増設した。搭載機はニューポールⅥ型水上機で六～一〇機を収容した。

この工事をおえたカンピナは一九一六年一月に就役し、大戦後期に東地中海、エーゲ海方面の哨戒に従事した。一九一七年に搭載機をＦＢＡ飛行艇にあらためて、一九一七年のアテネ介入作戦にも参加したが、よく任務をはたしたという。

特設水母時代の要目は基準排水量三三七二トン、主機レシプロ一基（一軸）、出力一四六〇馬力、速力一一・五ノット。兵装一〇センチ砲一門、四・七センチ砲一門。

フランス海軍もイギリス海軍と同様に、北部鉄道会社の海峡連絡船二隻を徴用して水上機母艦に改装した。いずれも一八九九年に竣工した一五四一総トンの外輪船で、二一ノットという比較的高い速力を発揮できた。

ノールは一九一四年の開戦後に特設巡洋艦として徴用されたが、十月にイギリス赤十字用の病院船となった。パ・ド・カレーも同様に一九一四年に徴用されて特設巡洋艦となったが、一九一五年に特設水母に改装された。

ノールはこれよりすこし遅れて特設水母となったが、それは一九一六年にはいってからであった。病院船のため改装後も非武装であったという。

工事はカンピナ同様に簡易なもので、中央部に構造式、後部にカンバス製の格納庫を設置し、前後檣にデリックを増設した。収容する水上機は通常二機だが、三機を搭載したこともあった。搭載機はFBA飛行艇で、一時イギリスのショート184型水上機一機を搭載したともいわれるが、確認はされていない。

パ・ド・カレーは一九一五年七月、ノールは一九一六年六月に就役し、それぞれシェルブールとダンケルクに配置され、一九一七年中頃まで付近の哨戒に従事した。一九一六年に搭載機を四機に増加する提案もあったが、実施はされなかった。一九一九年に徴用を解かれ商船にもどっている。

水上機母艦カンピナに接舷するニューポールⅥ型水上機

水母時代の兵装は四・七センチ砲二門（パ・ド・カレー）、搭載機二〜三機で、主機はレシプロ二基（外輪式）、出力七八〇〇馬力で速力二一ノットであった。

この他に、おなじく海峡連絡船であったルアン（一六五六総トン、主機タービン八〇〇〇馬力、速力二三ノット、一九一二年建造）も一九一四年に特設巡洋艦として徴用されたが、一九一六年に触雷して修理のさいにFBA飛行艇二機を搭載するように改装して、一九一七年に地中海で船団護衛に従事したとの記録がある。

後に輸送任務にもついたが、この時は水上機施設は撤去されたといわれる。改装内容をふくめて記録がなく、詳細は不明である。また、フランス海軍は戦時中にドイツの大型トロール船を拿捕したと見られるドラドにもFBA飛行艇一機を搭載し、一九一七年にカサブランカを基地として、北アフリカ沿岸の哨戒に従事させたといわれる。本船も七〇〇トンくらいと伝えられるが、やはり詳細は不明である。使用搭載機のうち、ニューポールⅥ型は一九一三年に製作されたグノーム一〇〇馬力発動機装備の単葉双浮舟の水上機で、乗員二名、最大速度一〇〇キロ／時を出した。FBA・C型飛行艇はフランコ・ブリティッシュ航空（その頭文字をとってFBAと称する）が一九一五年に製作した複葉飛行艇で、推進式プロペラをもつクレルジュ一三〇馬力の発動機一基を装備し、乗員二名で、最大速度一〇〇キロ／時、大戦後期にニューポール機にかわって母艦搭載機として使用された。

消極的な海軍航空先進国

フランス海軍は英米海軍に先がけて一九一〇年に飛行機を導入して、一九一二年に海軍航空隊を設立し、世界最初の水上機母艦（当時は航空母艦）を完成させるなど、この面ではパイオニアであった。その兵力も第一次大戦中に増勢し、一九一八年末には水上機一二六四機、飛行船三七隻を保有するまでに成長した。

しかし、大戦中の海軍機の活動を見てみると、主に陸軍作戦の支援に使用され、海上での活動は不活発におわったように見える。上記の水上機母艦の活躍を見ても、偵察か哨戒任務に終始している。

これを、クックスハーフェンのドイツ飛行船基地を爆撃したり、雷撃によってトルコ船を撃沈したイギリスや、青島爆撃を実施した日本の水上機母艦の活動と比較すると、戦況上やむを得なかったのかも知れないが、地味で積極性に欠けるように見えてしまう。

一九一四年にルネ・コードロンが艦上発進に成功したにもかかわらず、大戦中にはこうした試みは一度も実施されなかったらしい。イギリス海軍は大戦中、水上機母艦カンパニアに滑走甲板をもうけて一九一五年にソッピース機の発艦に成功し、おなじくエンガディンは一九一六年のジュットランド海戦でショート機を飛ばしてドイツ艦隊を発見するなど、その運用に積極的であった。

こうした艦隊空軍の将来にかける熱意と努力は、イギリス海軍がフランス海軍を上まわっていたことは認めざるを得ないようである。

それは、大戦後のワシントン軍縮会議で、日米英三海軍とフランス海軍との空母評価の相違としてあらわれ、その差をさらに拡げることになった。

プノエ式カタパルト登場

第一次世界大戦が終了して、フランス海軍航空隊の活動も一段落を迎えた。特設水上機母艦として徴傭された商船も解役されて、もとの姿にもどされた。

世界最初の水上機母艦となったフードルも老朽化してきたので、これに代わる水母の候補が検討され、一九一九年に浮上したのが一九〇四年に竣工した装甲巡洋艦アミラル・オーブである。常備排水量九五三四トン、主機の石炭・重油混焼のレシプロ三基により速力二一・五ノット。

大戦後期に兵装を撤去して、前後に二本煙突をそなえて中央にスペースがあり、水上機用格納庫や整備甲板も十分とれるし、船体もフードルより大きい。

本艦が選ばれたのはそんな理由であったろうが、前年にイギリスで空母アーガスが完成し、各国も陸上機の艦上発進に力をいれはじめており、フランス海軍も戦闘機の艦上発進の研究に着手し、水母改造は中止となった。

つまり、ルネ・コードロンが水上機で実施していらい、中断していた艦上発進を、陸上機である戦闘機によって実現することになったのである。

戦艦パリの砲塔上、砲身にかけて一〇メートルの滑走台をもうけ、一九一八年十月二十六日にツーロン沖でアンリオHD1戦闘機の発進実験がおこなわれ、一九二一〜二二年には、戦艦ブルターニュにも同様な滑走台を設置してアンリオHD3戦闘機をもちいた発進実験がつづけられた。

一九二四年には、戦艦ローレーヌの前橋上に吊下げ式発艦装置をもうけ、アンリオ29戦闘機の発進実験も実施された。

この年、プノエ社が圧縮空気式のカタパルト開発に成功したので、戦艦の艦上発進実験は中止された。プノエ式カタパルトは、一九二五年竣工の軽巡洋艦プリモーゲの後甲板に最初に装備され、以後、戦艦、巡洋艦に普及していった。

一九二〇年にはいって、各国は空母の建造を進めていた。イギリス海軍はアーガスにつづいて、未成戦艦改造のイーグルを初の島型空母として完成させ、新造のハーミーズを建造中

滑走甲板を設けたバポーム

であった。アメリカ海軍は給炭艦改造のラングレーを、日本海軍は新造の「鳳翔」を、それぞれ初の空母として工事を進めていた。

フランス海軍とて、こうした風潮に無関心ではいられず、空母の研究を開始した。一九二一年にスループ艦バポーム（六四〇トン、一九一八年建造）の前部兵装を撤去し、艦橋から艦首にかけて滑走甲板、艦橋右舷にデリック・ポストをもうけて、発艦実験艦に改造した。

本艦はギヤード・タービン二基（二軸）により速力二〇・五ノットを出し、サン・ラファイエル海軍航空隊に所属して、ニューポール単座戦闘機の発艦実験をはじめた。その成果を後の空母ベアルン改造に役立てたといわれる。

実験ばかりでなく、本艦は水上機四〜六機の搭載も可能であったとされ、小型水上機母艦もかねていたのであろう。兵装として、艦尾に一四ポンド高角砲一門を装備していた。

その姉妹艦ベルフォールも、煙突後方に揚収用クレーンを設置し、兵装も七・六センチ砲一門を残して撤去、一時は水上機母艦として使用されていた。

第一次大戦後の一九二一年にワシントンで開催された軍備縮小会

議は、日本、イギリス、アメリカ、フランス、イタリアの五大海軍国が、主力艦を中心として、第一次大戦中からつづけてきた建艦競争に歯止めをかけ、財政的負担を軽減させるため、各国の建艦計画に制限をくわえることを目的としていた。

討議の結果はワシントン条約として締結され、一九二二年八月に発効した。

それは建造中の戦艦、巡洋戦艦の工事を中止させ、主力艦、補助艦とも単艦排水量や備砲口径などを制限するとともに、合計排水量も各国ごとに上限をもうけるものであった。各国とも建造中止となる艦や、廃棄される既成艦も続出し、代艦の建造にも制約が課せられていた。

その詳細は繁雑になるので省略し、ここでは航空母艦に関する項目だけを紹介しよう。

空母に選ばれた未成戦艦

航空母艦の定義は、航空機を搭載する目的をもって設計され、その艦上から発進帰着が可能な構造をもった基準排水量一万トンを越える軍艦——となった。

したがって、滑走台から発艦しても艦上に着艦できなかったり、海上に帰着してデリックなどで艦上に収容する水上機も対象外となり、航空母艦と水上機母艦は明確に区別され、後者は補助空母と称された。

空母単艦の基準排水量は一万トン以上、二万七〇〇〇トン以下とし、合計保有排水量の制限範囲内で、三万三〇〇〇トン以内の艦を二隻まで建造できる（この条項は廃棄主力艦の空

空母ベアルン

母改造用で、実際は日米海軍のみ）とした。備砲口径は八インチ（二〇・三センチ）以下とし、六インチ（一五・二センチ）以上の砲装備のときは、五インチ（一二・七センチ）以上の砲との合計を一〇門以内とする。

艦齢は二〇年とし、これをすぎたら代艦を建造できる。

各国の空母に関する保有基準排水量は、日本八万一〇〇〇トン（比率三）、イギリス一三万五〇〇〇トン（比率五）、アメリカ一三万五〇〇〇トン（比率五）、フランス六万トン（比率一・七五）、イタリア六万トン（比率一・七五）。

この条約締結当時、空母として日本の「鳳翔」、イギリスのフューリアス、アーガス、イーグル、アメリカのラングレーがあったが、フランスやイタリアには該当するものがなく、両国とも保有枠はすべて使用可能であった。

第一次大戦終了時、フランス海軍は未成のノルマンディ級戦艦五隻を保有しており、これがワシントン条約により廃棄されることになった。

本級は常備排水量二万四八三二トン、三四センチ四連装砲三基、主機はタービンとレシプロを併用して速力二一ノ

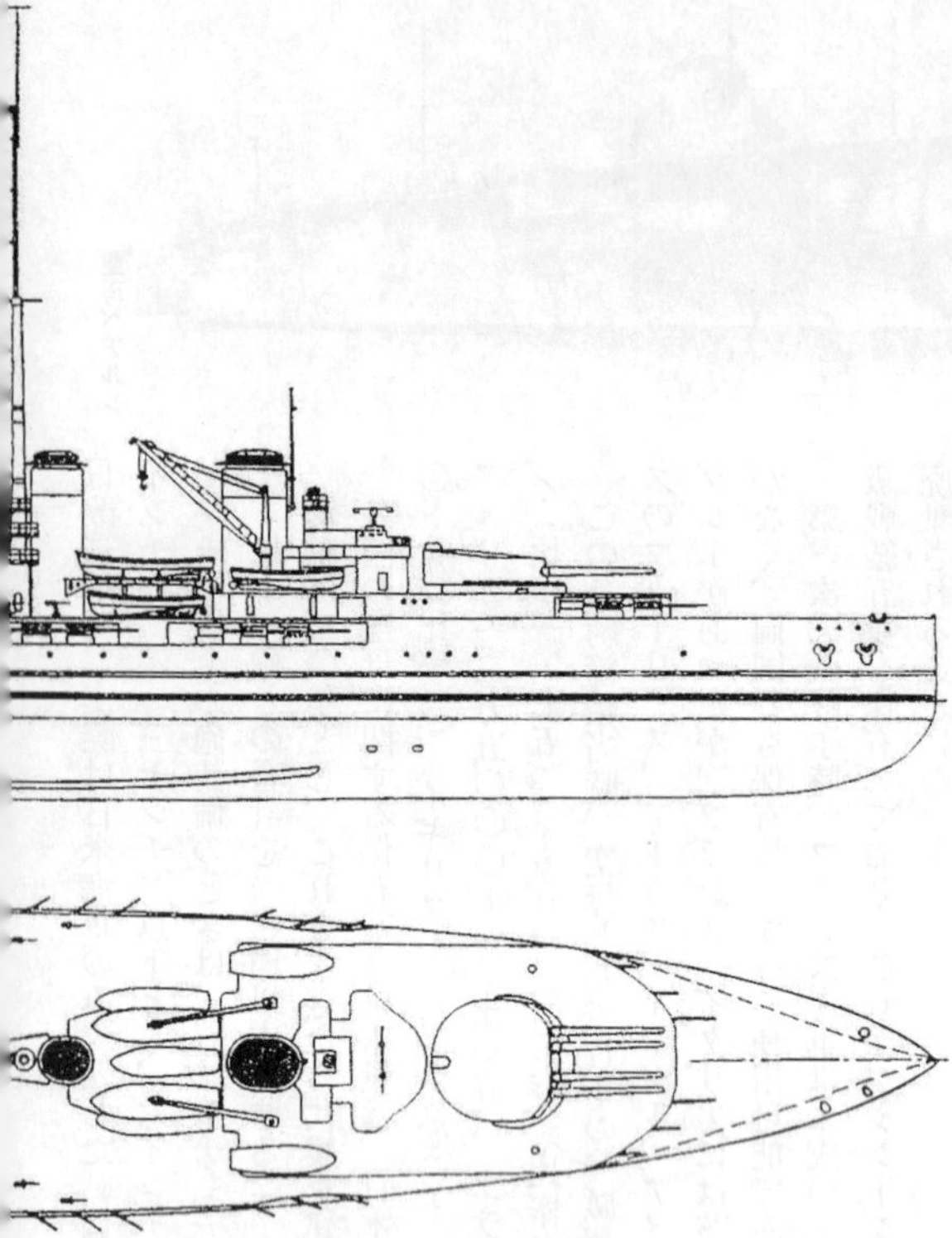

ノルマンディ級戦艦完成予想図

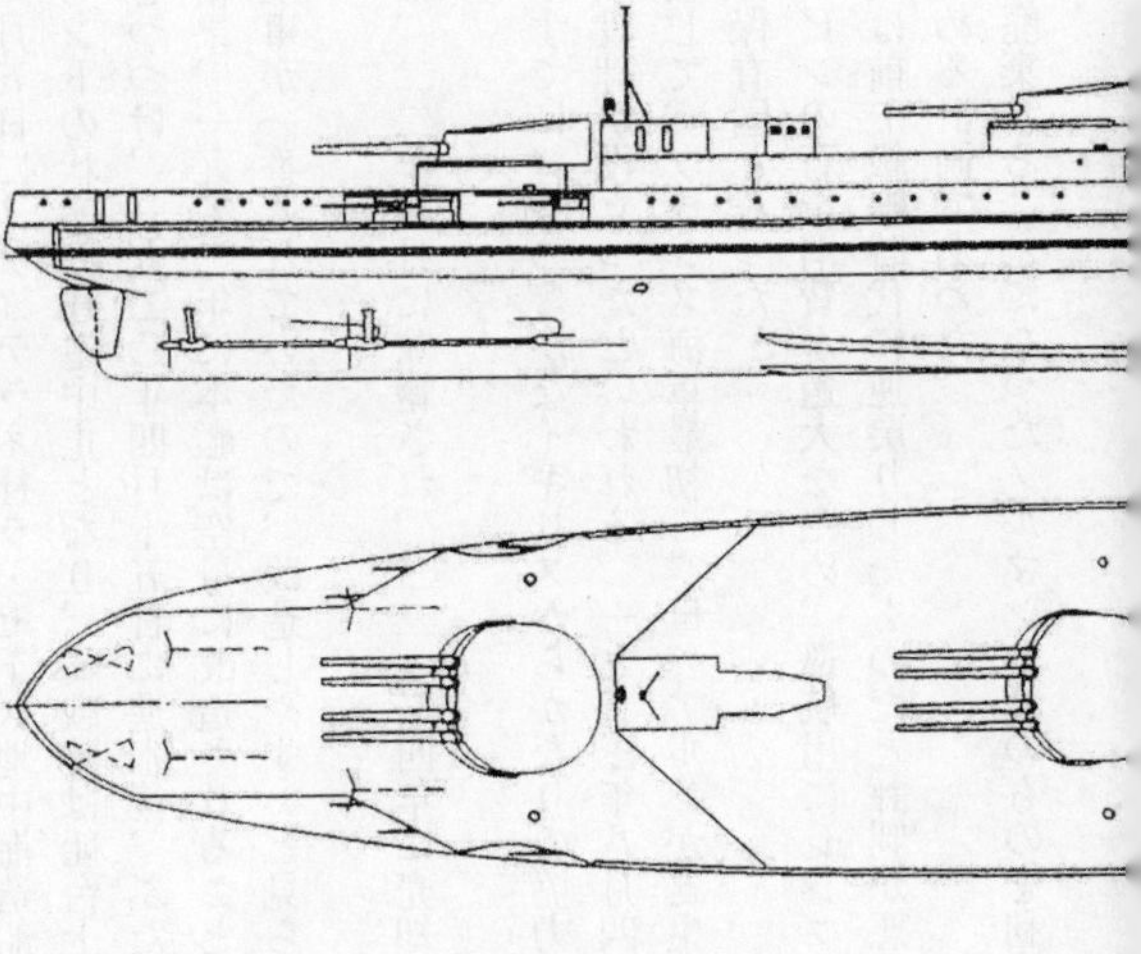

ットのド級艦で、一九一三〜一四年度に計画され、大戦中に四隻が進水した段階で工事中止となっていた。

五番艦のベアルンは一九一四年一月五日にメディテラネ社ラ・セーヌ地中海造船所で起工され、一九一五年に工程二五パーセントの状態で建造中止となり、終戦時は船台上にあった。戦後、船台をあけるために工事をつづけ、一九二〇年四月十五日に進水後、ふたたび放置されていたが、ワシントン条約の結果、一九二二年に本艦は空母に改造されることになり、廃棄をまぬかれることになった。工事が一番遅れていたので、改造しやすいと見られたのであろう。

ノルマンディ以下四隻の未成艦は、二二年四月に除籍され、二三〜二四年に売却解体された。

ベアルンの空母設計変更に関し、すでに経験の豊かなイギリスからかなりの協力が得られ、とくに同じく戦艦改造のイーグルの設計が役立ったといわれる。一九二三年八月四日に工事は再開され、二八年五月一日に完成して、フランス海軍最初の空母ベアルンが誕生した。フランスは英米日につぐ四番目の空母保有国となった。

なお、ノルマンディ級は蒸気タービンの石炭消費が過大なため、巡航用にレシプロを併用する設計であったが、この機関型式は前ド級艦時代に逆戻りしたものだと評判が悪く、ベアルンはすべてタービン駆動にあらためる計画であった。

しかし、空母改造のさい、主機を廃棄することになったノルマンディのものを利用したため、タービンとレシプロ併用に戻ることになり、速力は二一・三ノットの低速空母となってしまった。内側の二軸が蒸気タービンの高速用、外側の二軸がレシプロ駆動の巡航用である。これは、のちに艦上機の発達にともない、その運用に大きな支障をきたすことになった。ワシントン条約で廃棄と決定した未成艦を空母に転用した例は、他国にも見られた。日本海軍は巡洋戦艦「赤城」「天城」（建造中に震災のため船体を破損、戦艦「加賀」にあらためた）、アメリカ海軍はおなじくレキシントンとサラトガを空母に改造した。いずれも原型は全長二五〇メートル以上、速力三〇ノット以上の計画であり、将来の艦上機を想定して、十分な飛行甲板の長さと高速力を配慮して選んだことがうかがえる。

ノルマンディ級戦艦の全長は一七六メートルしかなく、参考としたイギリスのイーグルよりも長さ、速力ともに劣っていて、空母としての適性はもっと検討されるべきであった。しかし、他に適当な艦もなく、初めての空母であり、予算の制約もあって、他に選択の余地はなかったのかも知れない。

もっとも、フランス海軍はバポームによる発艦実験ばかりでなく、進水後のベアルンの上甲板上に長さ三五メートル、幅九・一メートルの着艦制動索をもうけた特製プラットホームをもうけ、二〇年十月から翌年夏にかけて着艦訓練も実施したうえで、二二年四月十八日にフランス政府は本艦の空母改造を決定している。当時は本艦に全通した飛行甲板をもうければ、発着艦とも十分と考えられていたのであろう。

水上戦闘を考慮した兵装

新造時の本艦は、基準排水量二万二一四六トン、右舷中央部外舷に張りだした煙突と艦橋と一体化したアイランドをそなえ、航空機四〇機の搭載が可能であった。

飛行甲板は前後いっぱいに張られ、長さ一八二・三メートル、幅二七・一メートル、飛行甲板上には二五ミリの装甲をほどこしており、前、中、後三基のエレベーターをそなえ、その後端は後方へ傾斜している。

最前部のエレベーターは一二メートル×八メートル、中央部が一五メートル×一二メートル、後部が一五メートル×一五メートルとそれぞれ、寸法がことなっていた。その上の飛行甲板部分は上昇時に左右にわかれ、遮風柵をかねる仕組みになっていた。

格納庫は長さ一二四メートル、幅一九・五メートル、高さ五メートル、一層下には長さ一〇八メートルの下部格納庫があり、エレベーターも通じているが、通常搭載機の収容はせず、機体の組立修理施設や部品倉庫が設けられている。予備格納庫といえよう。

着艦制動装置は鋼索横張り式（当時のイギリス海軍は縦張り式）で中エレベーター後方に五基設けられた。のちに日本海軍がこれを輸入したように、技術的にも優れていた。当初、飛行甲板上に旋回盤と圧縮空気式カタパルトを設置する計画があったようだが、実際には装備されていない。

アイランド後方には、グーズネック型の一二トンクレーンが設置されている。飛行甲板の下に長さ一二四メートル、幅一九・五メートル、高さ五メートルの格納庫があり、防火扉を介して航空機組立て場や修理工場、部品倉庫がもうけられている。艦首部は開放式で、飛行甲板前端にもいくぶん傾斜がもうけられた。

艦橋下舷側の張りだし部には吸気孔があり、ここから空気を煙路内に逆入して排煙を希薄にし、飛行甲板上に悪気流を生じないよう配慮されていた。また、端艇類も格納庫外舷に吊るされ、これを降ろすときに側壁を開いて庫内の換気をはかるなど、いくつかの新機軸も採用していた。

本艦については、一九二三年改造初期の艦型図があり、これを見ると、煙突も細く艦橋なども竣工時より小型であり、排煙用の吸気孔もない。飛行甲板上のエレベーターも、それぞれ形状もサイズも相違している。

これは、改造着手から完成までの約四年間にさまざまの設計変更がほどこされたことを示しており、エレベーターも機種の変更を意味していよう。初めての空母設計に苦労した跡がうかがえるようだ。カタパルト装備が検討されたのも、やはり低速が問題になったのではなかろうか。

兵装として、前後両舷に水上戦用の砲廓式一五・五センチ砲八門、対空用に飛行甲板両舷の砲座上に七・五センチ高角砲六門と三七ミリ機銃八門を装備するほか、水線下に固定式の五五センチ魚雷発射管四門がもうけられていた。搭載機は戦闘機、雷／爆撃機、偵察機合計四〇機を基準とした。

下部格納庫も利用され、上部に常用機、下部に補用機を収容した。

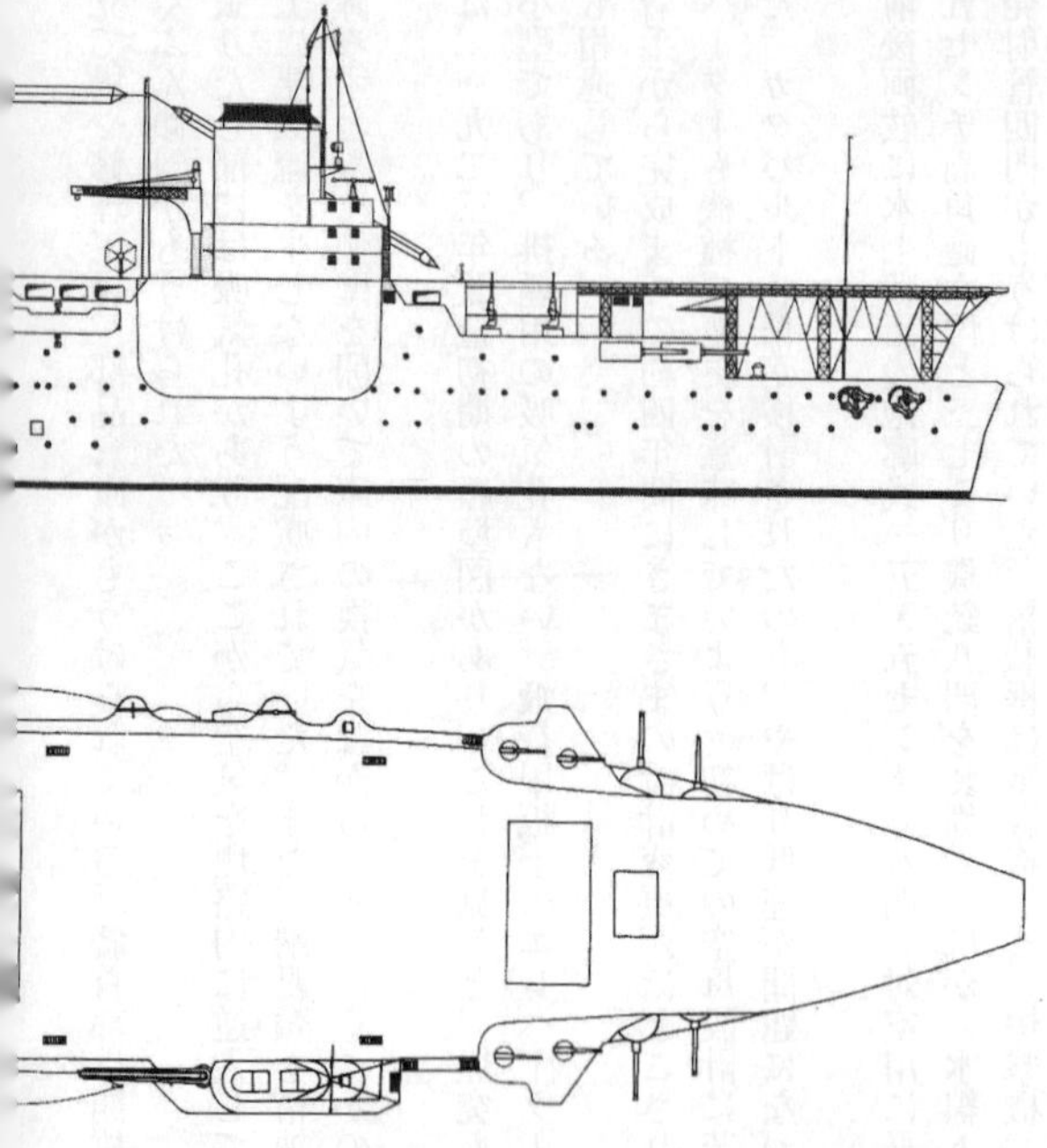

空母ベアルン初期艦型図（1923年）

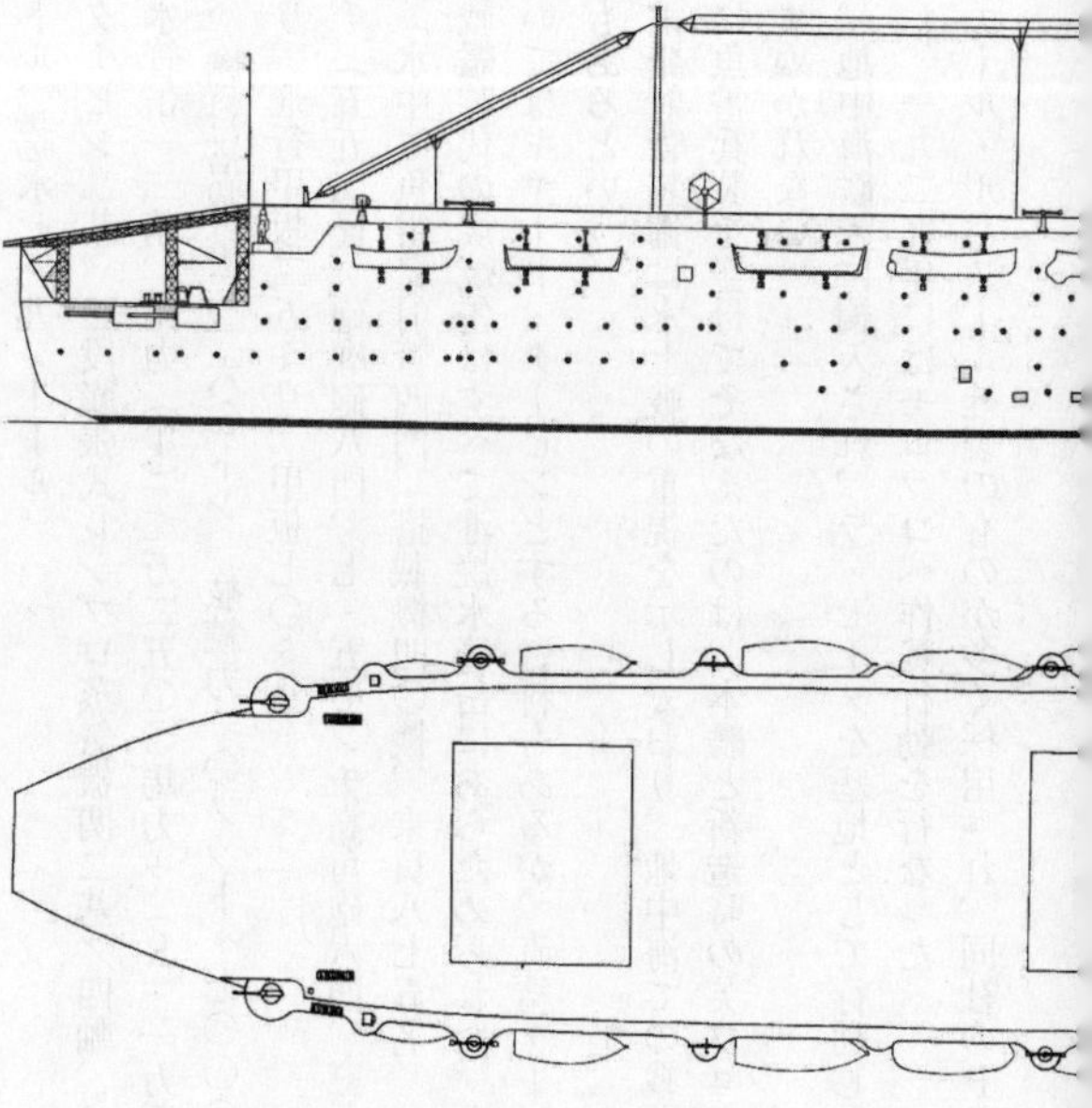

新造時の要目は次の通りであった。

基準排水量二万二一四六トン、満載排水量二万五〇〇〇トン、全長一八二・六メートル、最大幅三一・〇メートル、吃水七・九メートル。

主機パーソンズ式タービン二基、三段膨張式レシプロ蒸気機関二基／四軸、ノルマン・ド・タンブル式小管型水管缶一二基、出力（T）二万二五〇〇馬力＋（R）一万五〇〇〇馬力、速力二一・五ノット、燃料搭載量二一六〇トン、航続力一〇ノット－七〇〇〇海里。装甲（最大）舷側八三ミリ、飛行甲板二五ミリ、甲板七〇ミリ。

兵装一五・五センチ（五五口径）砲廓砲八門、七・五センチ高角砲六門、三七ミリ機銃単装八基、五五センチ（水中）魚雷発射管四門、搭載機四〇機、乗員八七五名。

機関については、戦艦時代の炭焼缶はすべて油焼水管缶にあらためられた。なお、パーソンズ・タービンについてはギヤード・タービンとする資料もあるが、直結タービンの高低圧を別軸とした可能性もあるという。

兵装の砲廓砲や魚雷発射管装備は水上戦の重視を示しており、地中海での戦闘を配慮したものであろう。とくに魚雷兵装を空母でそなえたのは、本艦と新造時の英フューリアスだけで、時代遅れの感はまぬかれない。

ベアルンは就役後、地中海艦隊に編入され、ラ・セーヌを基地として行動した。所属航空隊の発着訓練を実施し、一九二九年にはモロッコへ作戦行動を行なった。

当時の艦上機はピエール・ルバスール社製のものが多く採用され、同社のＰＬ５艦戦、Ｐ

L2およびPL7艦爆／雷、PL4艦偵などが搭載機として活躍をした。このほかにレヴィ・ビッシュLB2艦戦や、ウィボー74プノエ艦戦も使用されている。

いずれも複葉機であり、折りたたみ可能なものもあったが、生産数は十数機から二十数機程度で、艦上機として揺籃期の試作時代といえよう。

しかし、空母自体の制約もあり、フランスの経済的な停滞もあって、日米英海軍のような大きな発展は見られなかった。

空母ベアルン飛行隊編成

新造時のベアルン所属の航空隊は7C1（戦闘機中隊）、7S1（偵察機中隊）、7B1（雷／爆撃機中隊）からなり、それぞれ次の機種が使用されていた。

なお、一九二〇年に未成のベアルン艦上の仮設飛行甲板で発着艦テストを実施したのは、アンリオHD3C2戦闘機（サルムソン9Za二六〇馬力発動機装備、全幅九・六メートル、全長七・〇メートル、全備重量一・二トン、最大速度一九〇キロ／時、一九一八年製）で、フランス海軍の空母艦上機第一号といえよう。

本機をふくめ、以下の機体はほとんどが複葉機で、主要目中、機銃は七・五ミリ機銃、乗員数省略は単座機を示す。

一、戦闘機

ベアルンに着艦するウィボー74

(1)ルバスールPL5

ピエール・ルバスール社は後述のPL2をはじめとし、戦闘、雷爆撃、偵察と、各分野の初期の艦上機をほぼ独占するかたちで製造した。これらの機体は、洋上での不時着水を考慮して、機体の下面が飛行艇のように曲面をなしており、水密性がたもたれていたといわれ、そのデザインもよく似ている。

発動機ロレーヌ12Eb四五〇馬力、全幅一二・四メートル、全長八・八メートル、全備重量二・一トン、最大速度二一〇キロ／時、航続距離七〇〇キロ、機銃四、乗員二名。一九二六年（製作開始）、二四機（製作数。試作機ふくむ）。

(2)レヴィ・ビッシュLB2

本機はLB社唯一の海軍発注機で、PL系と同様な飛行艇型の防水機体をもつ。主翼の折りたたみのほか、車輪を浮舟にかえて水上機とすることも可能である。同社は一九二七年に飛行機製作を中止し、その製造はPL社に引き継がれた。

発動機イスパノ・スイザ三〇〇馬力、全幅一〇・四メートル、全長七・五メートル、全備重量一・三トン、最大速度二一〇キロ／時、機銃二。一九二七年、二〇機。

(3)ウィボー74

一九三一年に艦戦として7C1に編入された本機は、パラソル式の高翼単葉の主翼と全金属製の機体をそなえた新型機で、最高速度は高度四〇〇〇メートルで二三〇キロ／時に達し、全備状態でも一〇六メートルの滑走で発艦可能であった。一九二九年に一二機が発注されて艦戦中隊の主力となり、さらに増強された。

発動機ノーム・ローン・ジュピテール9四二〇馬力、全幅一〇・九メートル、全長七・五メートル、全備重量一・五トン、最大速度二三〇キロ／時、機銃二。一九二六年、二四機。

航空相麾下の海軍航空隊

二、爆／雷撃機

(1)ルバスールPL2

本機は一九二三年に、海軍の艦上雷撃機審査でファルマン社のブランシャール機との競合に勝ち、PL社が海軍の受注をえた最初の機体である。

このとき、ファルマン機より一まわり小型ではあったが、ペイロード、最大速度、上昇限度のいずれも本機が好性能を示して採用となった。以後、ルバスール・シリーズとしてベアルンの初期艦上機をほぼ独占するかたちとなった。

発動機ルノー12Ma四八〇馬力、全幅一五・二メートル、全長一一メートル、全備重量三

・六トン、最大速度一八〇キロ／時、航続距離七〇〇キロ、魚雷一または爆弾、乗員三名。一九二三年、一一機。

(2)ルバスールＰＬ７

一九二八年に登場したＰＬ２の改良型で、高馬力のイスパノスイザ・エンジンを導入するなど、新技術を採りいれて性能向上、とくに武器搭載量の増加をはかり、敵戦闘機にそなえて機銃二梃を装備した。その反面、最大速度や航続距離はいくぶん低下している。

当時、フランス海軍の航空魚雷重量は七〇八キロ、これに機銃を装備して低速で飛行甲板の短いベアルンから発艦するのは、困難があったのかも知れない。本機は艦上雷／爆撃機として、一九三九年までベアルンに配備されていた。

発動機イスパノ12Ｌｂｒ六〇〇馬力、全幅一六・五～一八メートル、全長一一・七メートル、全備重量四・〇トン、最大速度一七〇キロ／時、航続距離六〇〇キロ、機銃二、乗員二名。一九二八年、四一機。

三、偵察機

(1)ルバスールＰＬ４

一九二四年に一機試作されたＰＬ３三座偵察機を改良し、エンジン出力の強化と航続力増大をはかったのが本機である。一九二八年に採用され、ベアルンに配備された。ＰＬ２同様に不時着水を考慮したルバスール特有の防水機体をそなえた三座機で、索敵や弾着観測に従

ベアルンを発艦するルバスールPL4

事した。

偵察機はその任務上、長い航続力が必要で、敵情を偵察し、通信連絡など、操縦士をふくめ複数の乗員を要し、また初期の偵察機は兵装もなく、敵戦闘機との遭遇を考えれば、戦闘機なみの高速力が望ましい。本機のエンジンは艦戦のPL5とおなじものであった。

発動機ロレーヌ12Eb四五〇馬力、全幅一四・六メートル、全長九・七メートル、全備重量二・六トン、最大速度一八〇キロ／時、航続距離九〇〇キロ、乗員三名。一九二八年、四〇機。

⑵ルバスールPL10
PL4の改良型で、兵装重装備となり、機銃を装備するほか、爆弾も携行できる。米海軍の偵察爆撃機（SB）に似た性格となった。そのため、エンジン出力は増し、速力が向上したが、航続力は低下した。銃手の位置は中央である。

発動機イスパノ12Lb六〇〇馬力、全備重量二・九トン、最大速度二〇〇キロ／時、航続距離五〇〇キロ、乗員三名。一九二九年、三〇機。

(3)ルバスールPL101

PL10の改良型でエンジンは変わらず、機体寸法もほぼおなじである。主翼の折りたたみ機構を採りいれ、兵装では爆弾のほか、魚雷の装備も可能とされた。全備重量は増したが、最大速度もいくぶん増した。

本機のあと、航続距離を一二〇〇キロとし、エンジン出力を高めたPL107（発動機ノームローン9Kb七四〇馬力、最大速度二三五キロ／時）も一九三七年に二機試作されたが、発注はされなかった。

発動機イスパノ12Lb六〇〇馬力、全幅一四・二メートル、全長九・七メートル、全備重量三・一トン、最大速度二二〇キロ／時、航続距離五〇〇キロ、機銃三、爆弾または魚雷、乗員三名。一九二九年、三〇機。

なお、ベアルンの航空隊編成定数は戦闘機中隊（7C1）一五機、雷／爆撃機中隊（7B1）、偵察機中隊（7S1）各一二機である。

フランスでは一九二八年九月まで陸、海軍それぞれの航空隊にわかれていたが、このとき単一空軍制にあらため、両航空隊とも航空相の管理下にはいった。海軍の航空隊は五隊にわかれ、四管区（シェルブール、ブレスト、ツーロン、ビゼルタに各司令部あり）と艦隊航空隊にわかれて配属され、当時の海軍機総兵力は約二〇〇機であった。艦隊航空隊も作戦行動以外は航空相の指揮下におかれた。

新時代の水上機母艦出現

ベアルンの空母としての能力の低さ——なかでも低速力は改造中の二〇年代でも問題となり、フランス海軍当局は第二の空母の必要をとなえるようになった。大戦後の航空機や兵器の発達はいちじるしく、艦上機の大型化は必至である。とくに憂慮されたのは、装備重量の大きい雷／爆撃機であった。

しかし、宿敵のドイツが敗れて平和時代を迎え、ベアルンも完成せぬうちに、そのような大型艦の建造予算が認められる可能性はなく、他の選択をせまられることになった。

第一次大戦中、イギリスの水上機母艦ベン・マイ・クリーはショート184水上機による雷撃でトルコ船を撃沈し、日本の水母「若宮」のファルマン（一九一四年型）水上機は青島攻略で爆撃を実施した。

これらの史実とカタパルトの登場は、フランス海軍に雷／爆撃を実施可能な大型水上機と、これを搭載する大型水上機母艦建造の道をひらかせたのである。つまり、ベアルンを補完するものとして、その完成を待たずに、新しい大型水上機母艦の計画が並行してスタートを切った。

一九二四年に生まれた最初の案は、基準排水量一万一六〇トン、主機タービン、出力一万五〇〇〇馬力、速力一九ノット、兵装として一三・八センチ砲八門、七・五センチ高角砲四門、三・七センチ高角砲四門を装備、搭載機は水上爆撃機（重量五・五トン）六機、水上偵察機（重量二・五トン）一四機の計二〇機を搭載、カタパルト四基を装備するという、第一次大戦当時の改造水母とはまったく異なった新時代の強力な水母であった。

建造費も空母より安く、軍縮条約でも水母には制約もなく、建造も容易と思われた。

この時は建造は認められなかったが、これがのちのコマンダン・テストの原案となった。

これを修整して対空兵装を強化し、搭載機数を増した案が一九二六年度で承認され、一九二七年九月六日に、新水上機母艦の起工式がボルドーのジロンド造船所で挙行された。

本艦は一九二九年四月十二日に進水し、コマンダン・テストと命名され、一九三四年四月十二日竣工、地中海の第一艦隊に編入された。

母艦の建造とともに、水上雷撃機の研究も開始した。一九二八年にフランス海軍は、空軍のファルマンF60ゴリアト爆撃機をもととして、機体を強化し、車輪を木製の浮舟にあらためたファルマンF164水上雷撃機を試作した。本機はさらに改良されてF270水上雷/爆撃機へと発展した。

本機は双発双浮舟の大型水上機で、魚雷(重量七〇〇キロ)二本または五〇〇ポンド爆弾六発の搭載が可能である。航続距離は一〇〇〇キロ。次のF271とともに沿岸基地へ配備された。

艦載用の水上雷撃機は、PL社のルバスールPL7を基本として水上機化した三座双浮舟のPL14を一九二九年に完成し、グールドウ・ルスールGL810三座水偵とともにコマンダン・テストに搭載された。

このほかにベアルン搭載のPL7もあり、フランス海軍は沿岸基地、艦隊の空母と水母に

水上機母艦コマンダン・テスト

それぞれ雷／爆撃機を配備して、洋上攻撃力を強化したのであった。

　コマンダン・テストは水母として艦隊に随伴して直接索敵や攻撃を実施するとともに、空母ベアルンの支援や、戦艦、巡洋艦または遠方の基地へ航空機を補充する航空補給艦の任務もになっていた。主船体内に大型格納庫（長さ八四メートル、幅二七メートル、高さ七メートル）があり、各種の修理工場がもうけられていた。

　長大な船首楼後端には左右にひらく格納庫扉があり、艦尾の七トン・クレーンで吊り上げた機体の搬入口となっている。格納庫上は飛行作業甲板となっており、前後二基のスライディング・ハッチ（一五メートル×七メートル）を介して格納庫と連絡している。

　中央部の煙突（その左右に高角砲座がもうけられている）をはさんで、前後両舷に四基のカタパルト（プノエ式、射出能力二・五トン）が装備され、前後に四基の一二トン・クレーンがもうけられている。

　このクレーンは開いたハッチから格納庫内の水上機を吊り上

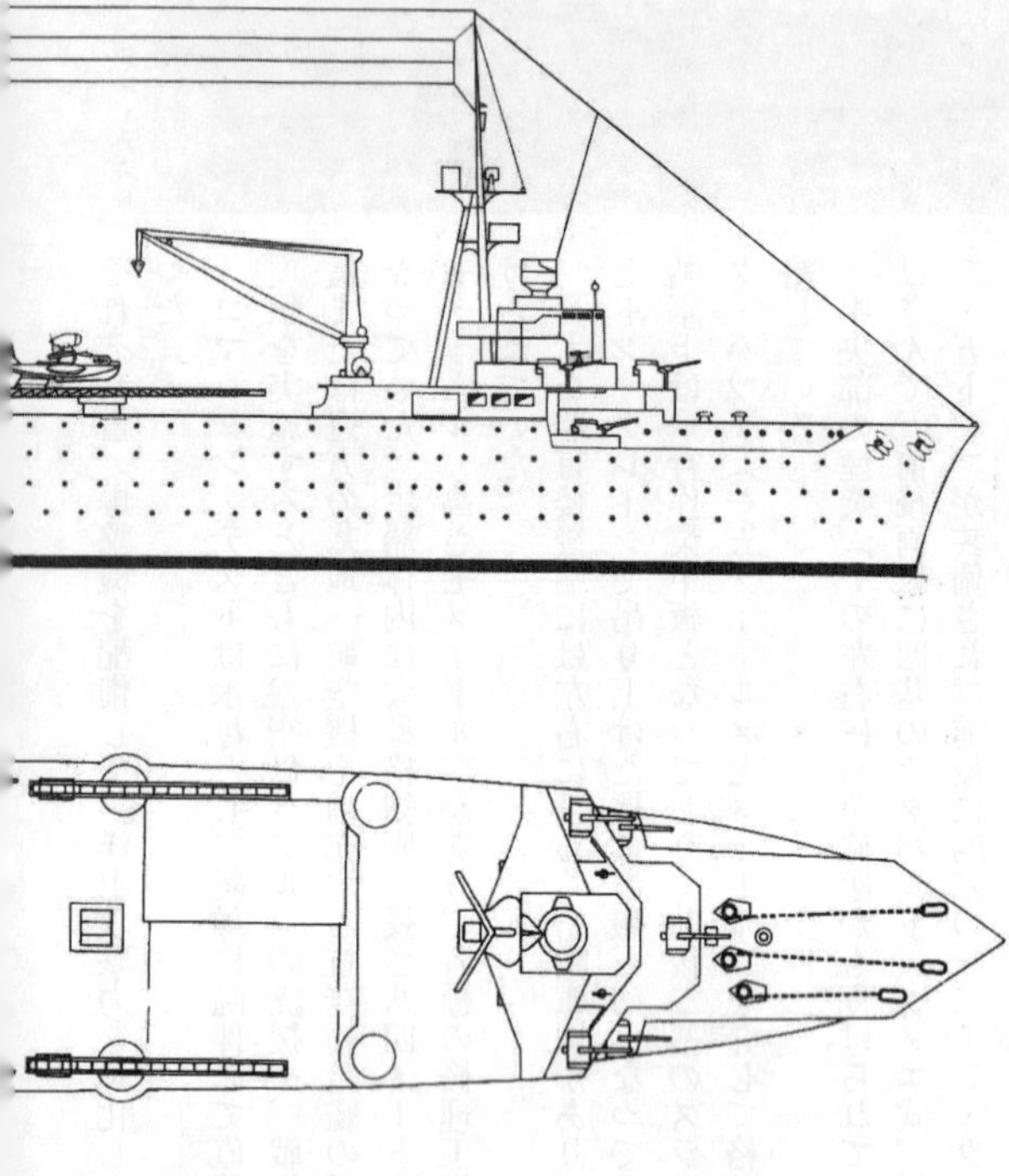

水上機母艦コマンダン・テスト

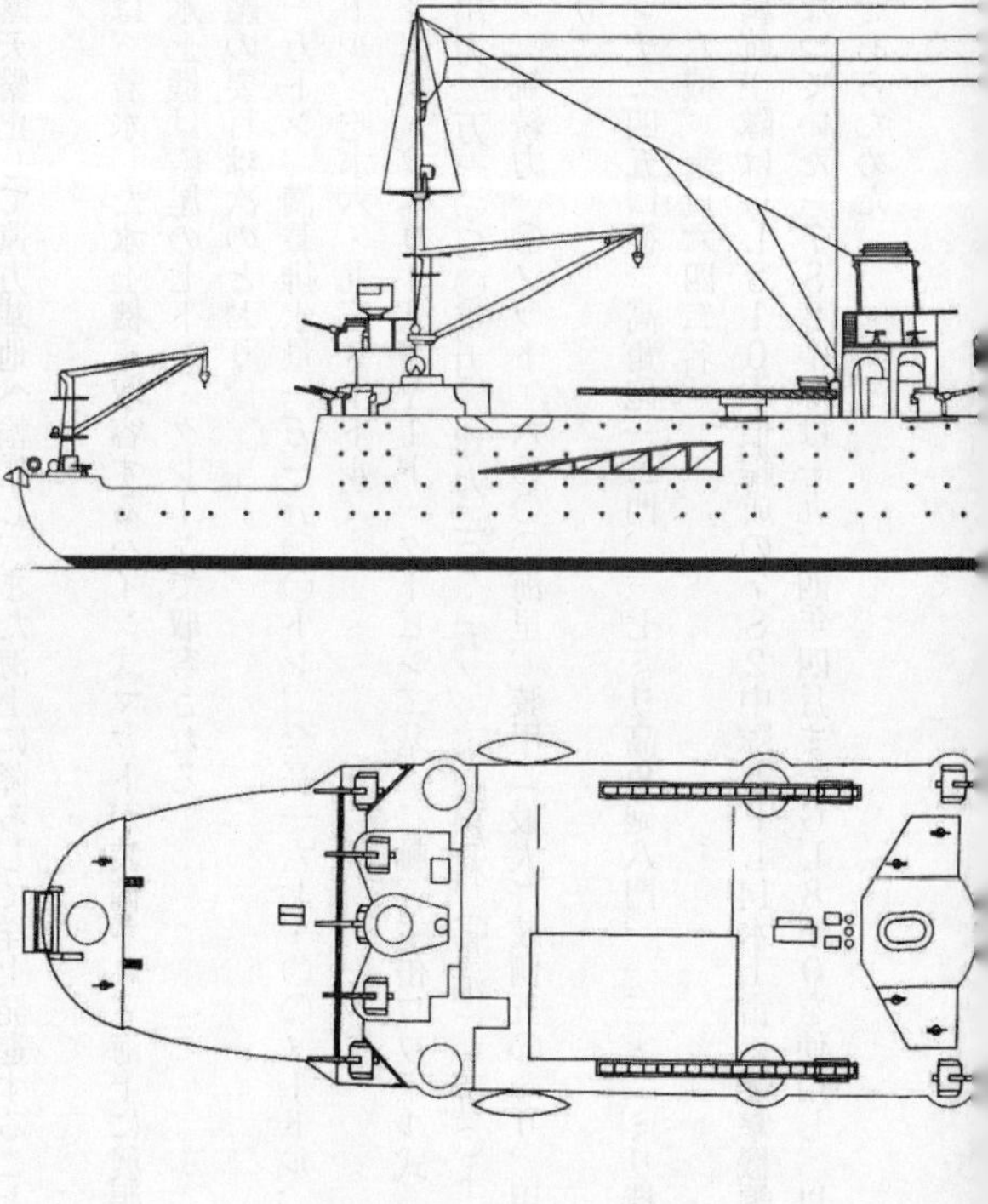

げ、カタパルト上に水上機を搭載するとともに、直接洋上に降ろすこともできる。したがって、カタパルト射出不可能な大型機F270（全備重量九・四トン）でも、このクレーンにより甲板上に露天繋止して遠方基地へ輸送し、また海上に降ろして洋上発進することも可能である。

艦底舷外には、着水した水上機を収容するハイン式マットが装備され、海上に展張して、これに載った水上機は艦尾の七トン・クレーンで収容される。

新造時の本艦の要目は次のとおり。

基準排水量一万トン、満載排水量一万一五〇〇トン、全長一六七・〇〇メートル、全幅二七・〇〇メートル、吃水六・九三メートル。

主機シュナイダー・ゾエリー式ギヤード・タービン二基／二軸、主缶ロワール式（混焼）小管缶四基、出力二万一〇〇〇馬力、速力二〇・五ノット、燃料（重油）二九〇トン、（石炭）七二〇トン、航続力一〇ノット‐六〇〇〇海里、装甲（最大）舷側五〇ミリ、甲板（機関部）三六ミリ。

兵装一〇センチ（四五口径）高角砲一二門、三七ミリ高角砲八門、一三・二ミリ機銃連装六基、搭載機二六機。乗員六四二名。

新造時の所属航空隊はGL810水偵編成の7S2中隊とPL14水上雷／爆撃機編成の7B2中隊からなっていた。7S2中隊は一九三四年四月までGL810を使用し、以後GL811に機種をあらためた。

これはGL810の主翼を折りたたみ式にあらためたもので、この結果、一機あたりの収納スペースが減り、格納庫の収容機数を増すことができた。

検討された重巡の改造案

竣工後、空母ベアルンは幾度か改装工事がほどこされた。まず竣工後間もなく、飛行甲板前端に軽い傾斜がもうけられた。これは新造時の日本の「鳳翔」にも見られたが、発艦時の加速を目的としていよう。

一九三五年に改装工事が実施され、飛行甲板左舷二ヵ所、右舷一ヵ所にもうけられていた起倒式のマスト（高さ一六メートル）が撤去され、飛行甲板前端は艦首をオーバーハングし、前部直下に甲板をもうけて閉囲し、補助区画を設置した。また、新造時に舷側にもうけた吸気孔の範囲を拡大して煙突側面にももうけられ、淡煙機能を強化している。艦橋や直上マスト、煙突後端の無線アンテナなども改良された。

工事は建造所のラ・セーヌ地中海造船所でおこなわれたが、空母機能を強化する近代化改装ではなかった。

一九三〇年代にはいって列国海軍では、それまでの空母運用実績をもとに、新しい空母の建造が進行していた。アメリカ海軍は一九三四年に中型空母レンジャーを完成させ、三四年には米制式空母の原型ともいえるヨークタウン級二隻、三六年に準同型のワスプも着工し、ベアルンの改装時に三隻が建造中であった。

イギリス海軍も近代的な艦隊空母アーク・ロイヤルを三五年九月に起工、三六年度予算で初の飛行甲板防御空母イラストリアス級二隻を承認しており、日本海軍は三三年に小型空母「龍驤」を竣工した。三五年には大型空母「加賀」の近代化大改装工事を完成させ、「赤城」も同様の工事にはいるなど、各国では空母の増勢と近代化につとめており、この分野でフランス海軍の立ち遅れは明らかであった。

軍縮条約でのフランス海軍の空母建造枠は六万トンであったから、ベアルンのそれを差し引いても三万七〇〇〇トン余の建造が可能であった。したがって一万二四五〇トンなら三隻、一万八六〇〇トンなら二隻の空母の建造ができるのだが、フランスの財政事情や海軍予算の制約から、なかなか承認されなかった。

しかし、一九三三年にドイツでヒトラー政権が誕生し、三五年に再軍備宣言をしてヴェルサイユ条約を破棄、軍備の拡張をはじめたことから、対抗上、フランスも兵力整備に乗りだし、海軍は一九三五年度に戦艦二隻の新造を決定している。

一九三五年にフランス海軍が最初に検討したのは、重巡二隻の空母改造案である。一九二四年計画で建造されたフランス最初の条約型重巡デュケーヌとトゥールヴィルの二隻（基準排水量一万トン、二〇・三センチ砲連装四基、速力三三・五ノット）は防御力も弱く、改修や維持経費も要するところから、これを改造して軽空母にしようと前年から研究され、次の四案が作成された。

(1)前部主砲二基を残し長さ一三九メートル、幅二三メートルの飛行甲板と長さ九八メート

小改装後のベアルン

ル、幅一四・二メートルの格納庫を上甲板上に設置する。

(2)後部主砲二基を残し、他は(1)案とおなじ。飛行甲板の寸法は前案と変わらず、格納庫の長さのみ一〇二メートルとなる。

(3)全主砲を撤去、長さ一七六メートル、幅二二メートルの飛行甲板と長さ一一六・五メートル、幅一四・二メートルの格納庫を上甲板上にもうける。

(4)前部主砲二基を残すのは(1)案とおなじだが、格納庫は第二甲板にもうける。飛行甲板寸法は(1)(2)案とおなじで、格納庫は長さ一一六・五メートル、幅一四・二メートル。

全案を通じて、基準排水量一万〜一万二〇〇〇トン、搭載機一二〜一四機、兵装は一〇センチ単装高角砲一二門および三七ミリ高角砲四門とし、煙突はアイランド上に前檣とともに直立させる。主機は重巡時代のギヤード・タービン四基四軸（出力一二万馬力）をもちいて速力三〇ノット以上が可能で、この面での問題はない。

これと並行して、空母二隻の新造案も作成され、比較

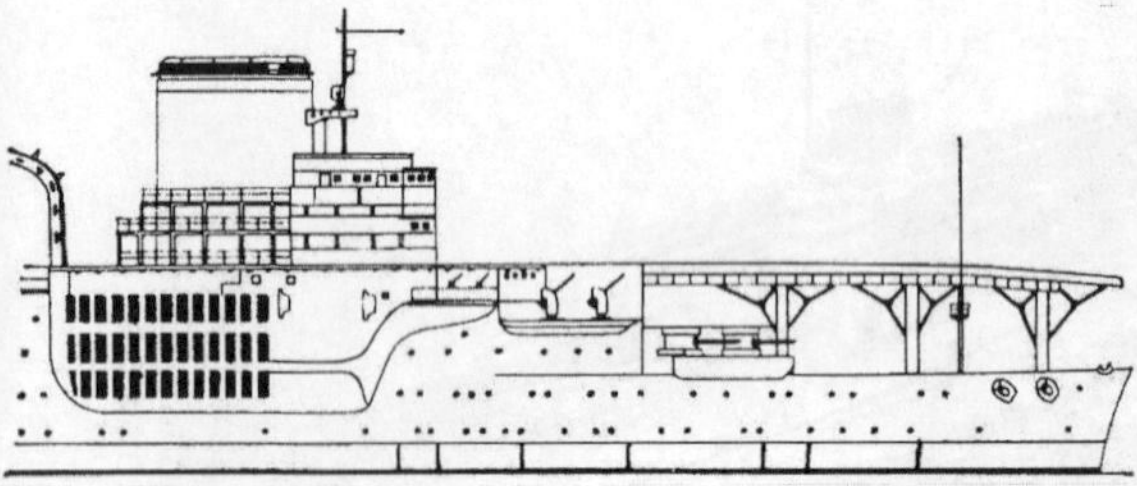

小改装実施以前のベアルンの艦橋より前方部分

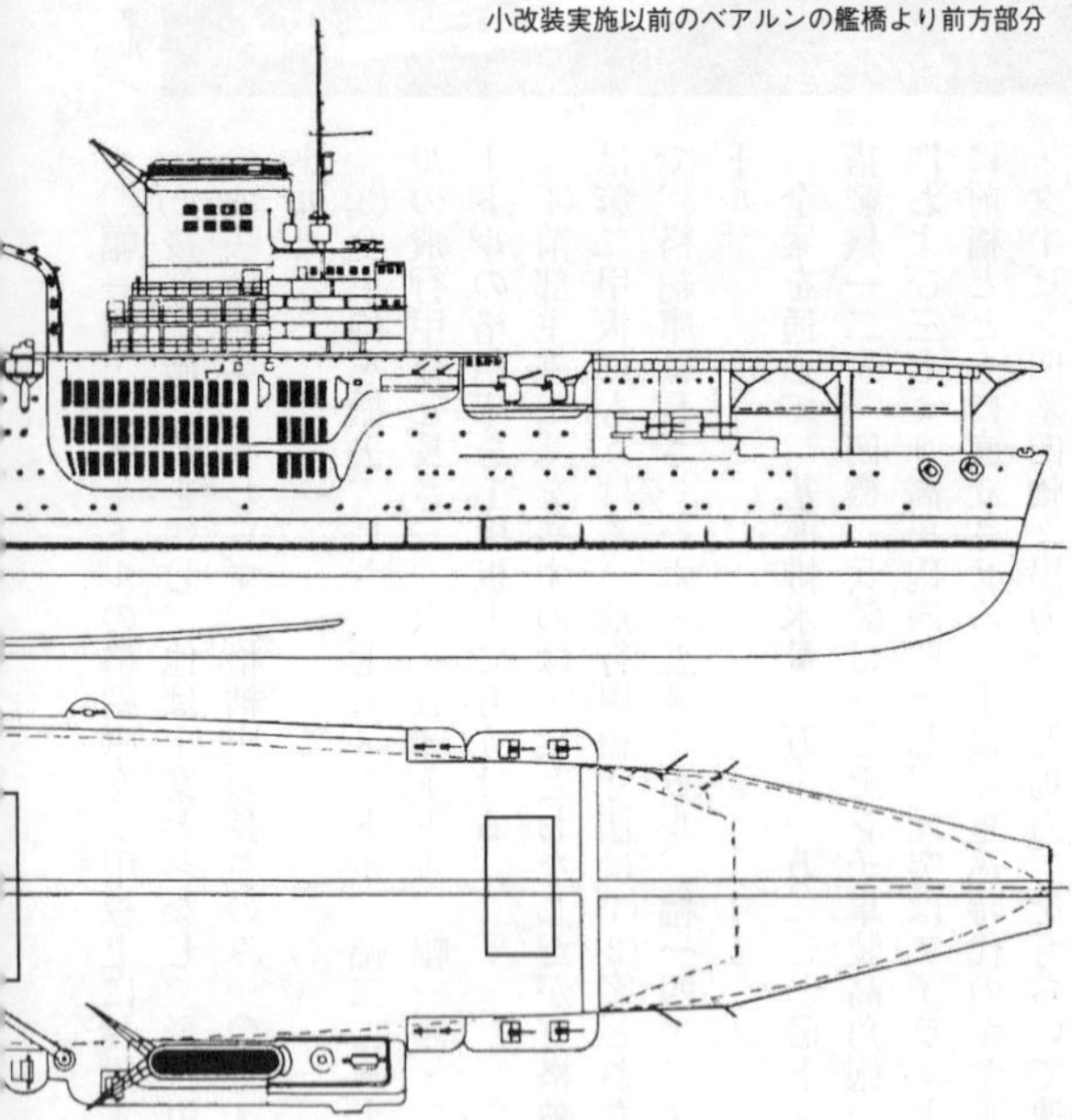

小改装後の空母ベアルン

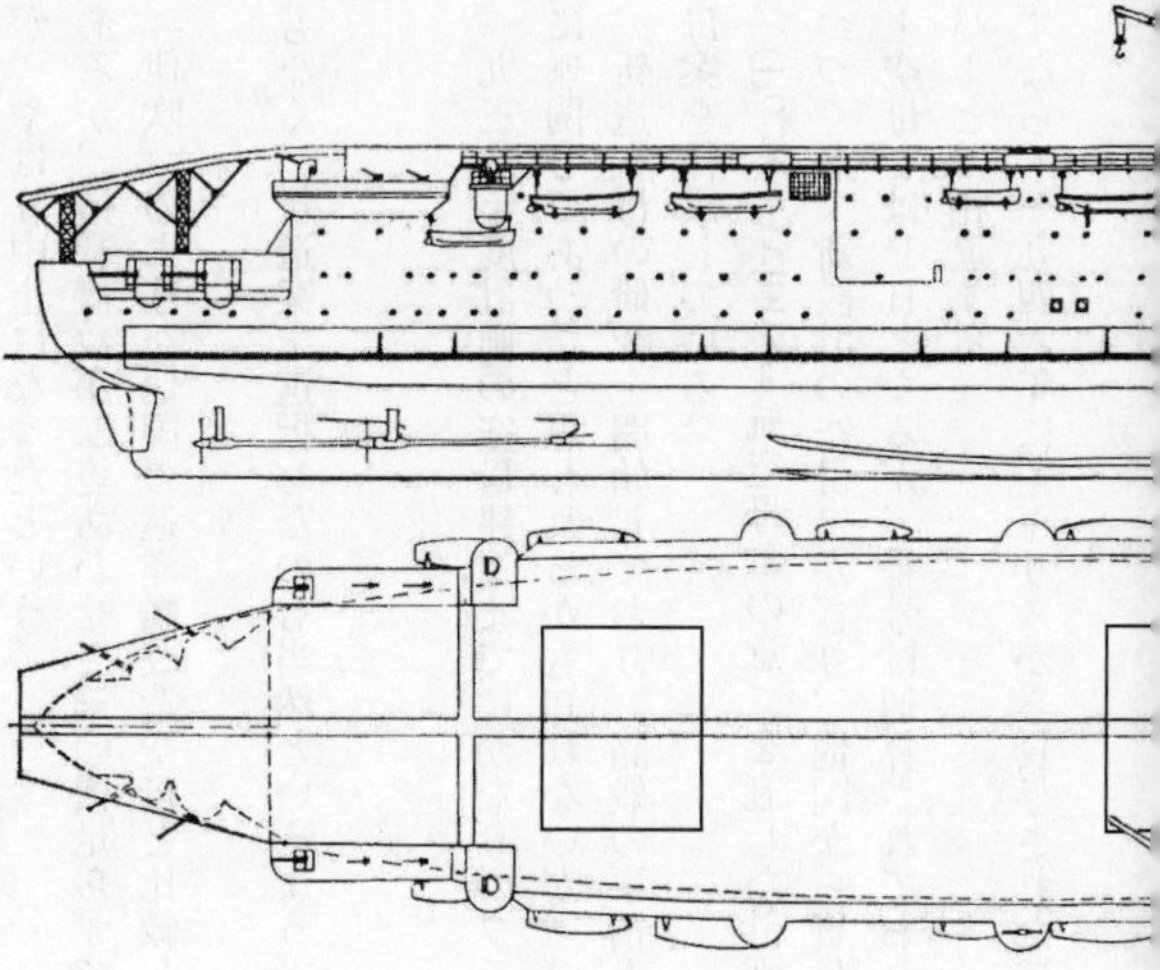

検討された。結論として重巡改造案は採用されず、一九三八年に空母二隻の新造が認められることになった。なお、デュケーヌ級二隻は開戦後、自由フランス軍にうつり、一九四四〜四五年にふたたび空母改造が討議されたが、やはり中止になったという。

前記の改造案もこまかい内容は不明であるが、搭載機数が二隻あわせて三〇機足らずでは、アメリカのインデペンデンス級や日本の「伊吹」のような他国の巡洋艦改造空母と比較しても、すくなすぎるように思われる。

これでは、経費をかけて改造する意味もなく、新造案を選択したのも当然といえよう。

はじまったPA研究計画

フランス海軍は、ベアルン以降、この一九三八年度計画の空母建造までにかなりのブランクがあるところから、この間、空母新造に無関心であったと思われるかも知れないが、フランス海軍は空母ベアルンの新造直後から、新造空母の研究を開始しており、諸般の事情から建造は承認されなかったが、数多くの空母案を作成している。

一九二八年以降、これらにたいしPA（Porte Avions＝航空母艦の意）を冠した計画番号があたえられていた。これは今日までつづくが、新設計の空母にかぎり、他国から貸与された艦にはつけない。戦後のヘリコプター空母ではPHとなるが、番号は通算されており、外国建造艦にもあたえられるハル・ナンバーとは相違する。

戦後のフランス空母について実例を示すなら、一九四六年にイギリスから貸与されたアロマンシュ（旧名コロッサス）や、アメリカから貸与のラファイエット（旧名ラングレー）やボア・ベルー（旧名ベローウッド）には計画ナンバーはないが、ハル・ナンバーは順にR95、R96、R97となっている。

一九五三、五五年度計画で建造されたクレマンソーの計画およびハル・ナンバーはPA54とR98、フォッシュはPA55とR99である。この両艦は同型とされているが、計画番号ではことなるものがあることを示していよう。

現在、就役中のヘリコプター巡洋艦ジャンヌ・ダルクと空母シャルル・ドゴールの計画番号は、それぞれPH57とPAN88（Nは原子力を示す）である。シャルル・ドゴールはフランス海軍として一九二八年いらい、八八番目に設計された空母であり、この間に計画のみで中止となったPA58やPH75などが記録に残されている。

一九三八年に新空母として着工されるのは前年に作成されたPA16であるが、それまでにフランス海軍でどのような空母が設計されたか、不十分な資料の中から判明したデータを拾い出し、その変遷の概要を以下に紹介することにしたい。なお、おなじ計画番号でも一件とはかぎらず、数種の設計案が作られるケースもあるし、断片的な資料しか残されてないものもある。

そのなかの主な計画案を番号順にとりあげて、各案の特色とともに、その目的や背景事情なども考察してみようと思う。

《要目は基準排水量、垂線間長、飛行甲板長、装甲帯厚さ、主機（軸数）、機関出力、速力、

搭載機数、格納庫段数、兵装などの順に記載》

(1)ＰＡ１（一九二八年）

二万七四〇〇トン、二三六メートル、一六四メートル、一〇〇ミリ、タービン（四）、八万馬力、二七ノット、五二機、二、二〇・三センチ砲八門、一〇センチ高角砲一二門、カタパルト二。

(2)ＰＡ２（同）

二万八五〇〇トン、二三六メートル、一五六メートル、一〇〇ミリ、ディーゼル（四）、八万馬力、二七ノット、五四機、二、二〇・三センチ砲八門、一〇センチ高角砲一二門、カタパルト二。

ＰＡ１はアイランド型、ＰＡ２は平甲板型で、主機の相違をのぞけば、性能、兵装などはほとんどおなじである。これはワシントン条約で日本が「赤城」型、アメリカがレキシントン級の未成巡洋戦艦改造の大型空母建造が認められたのに対応して、条約制限下で最大最強の空母を設計したものと思われる。

主砲の二〇・三センチ砲装備も日米のそれと同等であり、アイランド型（米）と平甲板型（日）のいずれが有利か比較研究したのであろう。新造のベアルンの性能に、フランス海軍当局がこの時すでに不満を覚えていたことがうかがえる。

(3)ＰＡ３（一九三〇年）

一万三五〇〇トン、一九〇メートル、一四八メートル、五〇ミリ、タービン（四）、七万五〇〇馬力、三〇ノット、二一機、一〇センチ高角砲一二門。

(4)ＰＡ４（同）

一万九〇〇〇トン、二一〇メートル、一七八メートル、一〇〇ミリ、タービン（四）、一〇万馬力、三〇ノット、三八機、一、一〇センチ高角砲一二門。

(5)ＰＡ５（同）

二万四五〇〇トン、二二四メートル、一六八メートル、一〇〇ミリ、タービン（四）、一〇万五〇〇〇馬力、三〇ノット、五一機、二、一〇センチ高角砲一二門。

いずれもアイランド型の中型空母で、排水量の増加にともない、搭載機数が増加している。どのような機種を搭載する計画であったか、その内容が知りたいところであるが、それについての詳細は不明である。

条約の制限内で、ＰＡ３、ＰＡ４なら二隻、ＰＡ５なら一隻（他に一万三〇〇〇トン級一隻）の建造が可能である。ベアルンとあわせて三隻となり、フランス海軍としては妥当な航空兵力といえよう。

対水上戦用の航空巡洋艦

(6)ＰＡ６（同）

一万九二三〇トン、二一〇メートル、一四一メートル、一一〇ミリ、タービン（四）、一〇万五〇〇〇馬力、三一ノット、二八機、一、二〇・三センチ砲六門、一〇センチ高角砲一二門、カタパルト一。

PA4の改型と見られ、搭載機数をいくぶん減らし、前部に二〇・三センチ連装砲二基を背負い式に配置した一種の航空巡洋艦である。そのために、飛行甲板は一四一メートルしかなく、機種によっては発艦に支障をきたすため、カタパルトを装備したものと思われる。カタパルトは圧縮空気式で、プノエ式であろう。

この時期に、なぜこのような艦種を計画したのかは不明であるが、ムッソリーニひきいるイタリアのファシスト政権は三五年十月にエチオピアに侵入し（翌年併合）、不穏な動きを見せており、地中海をへだててアフリカに植民地をもつフランスとしては無関心ではおられず、イタリア海軍との対水上戦を考慮したことも考えられよう。

(7)PA7（一九三二年）

一万六七〇〇トン、二〇〇メートル、一三四メートル、一二〇ミリ、ディーゼル（四）、九万六〇〇〇馬力、三〇ノット、一八機、一、二〇・三センチ砲六門、一〇センチ高角砲一二門。

前記PA6の改案と見られ、平甲板型で主機をディーゼルとした。長さもいくらか短縮し、搭載機数はかなり減少した。飛行甲板はさらに短くなっており、当然カタパルトが必要と思われるが、なぜか記載がない。

(8)PA9（一九三三年）

一万八九〇〇トン、二二〇メートル、一六四～一九五メートル、一一〇ミリ、タービン

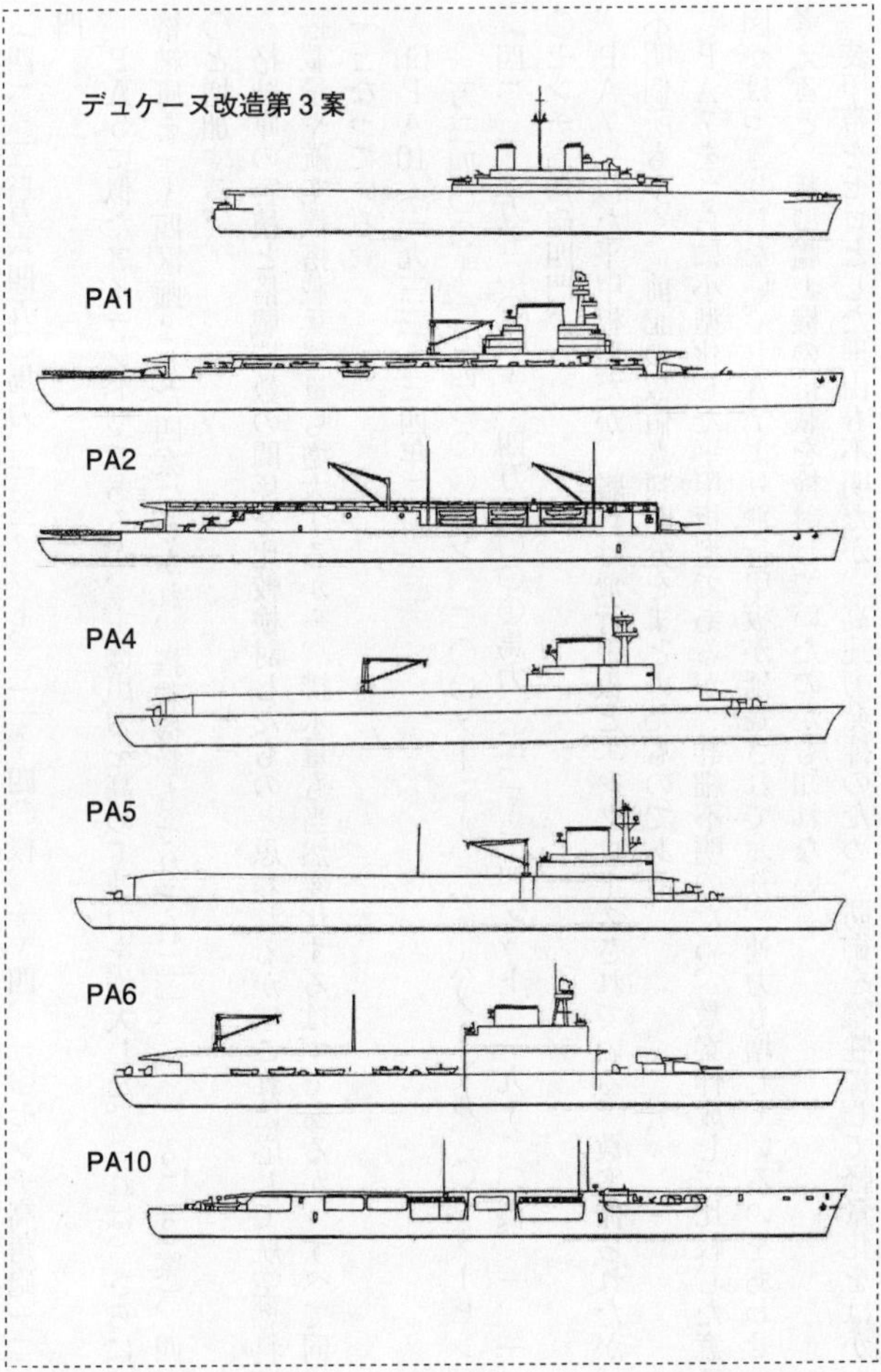
デュケーヌ改造第3案
PA1
PA2
PA4
PA5
PA6
PA10

（四）、一三万六四五〇馬力、三三ノット、二一〜四〇機、一〜四、一〇センチ高角砲一二門。

PA5に似たアイランド型であるが、主機出力を高めて速力を増大した。これは、さらに格納庫を一〜四区画とした四案にわかれ、搭載機数もそれぞれ二一、三〇（2、3案）、四〇と増加する。

格納庫の容積と搭載機数の関係を比較検討したものと思われるが、これに応じて航空燃料搭載量や航空機搭載兵器量も増大するから、排水量も当然変化するはずであるが、すべて同一となっている。

(9)PA10（一九三三〜三四年）

一万三四〇〇〜一万四〇〇〇トン、二〇〇メートル、一八六メートル、〇、タービン（四）、一二万五〇〇〇〜一四万五〇〇〇馬力、三三一〜三四ノット、一九〜二〇機、一、一〇センチ高角砲四門。

PA7に似た平甲板型だが、艦首は飛行甲板とエンクローズされている。数案作られたが、不明個所も多く、前記の数値も判明分をまとめたものである。

PA7をさらに小型化した平甲板型であるが、詳細不明のため、数案作成して比較した意図がはっきりしない。PA7より飛行甲板が延長されており、速力も増しているのをあわせ考えると、新型艦上機の搭載を検討していたのかも知れない。

装甲帯をゼロとした理由も不明だが、高速力発揮のため、防御を犠牲にして軽量化をはかったともいえよう。

⑽ＰＡ11（一九三四年）

一万五三五〇～一万七三〇〇トン、二三〇メートル、二〇一メートル、〇～一一〇ミリ、主機不明（四）、一二万五〇〇〇～一四万五〇〇〇馬力、三二・六～三四ノット、二五機、二、一〇センチ高角砲一二門。

ＰＡ10とおなじく平甲板型で、その改良型と見られる。船体もすこし増して格納庫も二段となり、搭載機数はいくぶん増大した。

初期の案は軽防御としたが、後期の案は二三〇ミリの装甲帯をもうけ、排水量が増大した。主機は不明だが、前案と同様にタービンであろう。

⑾ＰＡ12（同）

常備二万七〇〇〇トン、二二〇ミリ、主機、出力不明、三三・五ノット、三三機、一〇センチ高角砲一二門。

ＰＡ11の防御強化型といわれるが、不明個所が多く詳細不詳。搭載機数が増しているので、この面の改正も試みたようである。

以上の各案についてはラフな側面スケッチが残されており、その一部を並べてみた。後期の艦ほど飛行甲板も長くなっているようである。

見劣りする新世代戦闘機

一九三〇年代にはいっても、フランス海軍の軍備はなかなか充実しなかった。国内経済の不況もあって、海軍が艦艇の新造計画を提出しても、議会が承認しないのである。一九二八年に新興ドイツ海軍が装甲艦の建造に着手し、これに対抗して中型戦艦ダンケルクの建造が認められたのは一九三一年であった。そのさいも原案の建造費を四五パーセントまで減額されたといわれ、条約で認められた三万五〇〇〇トン戦艦の建造などは論外であった。議会から、新戦艦の建造は最小限度のトン数案で提議すべきだと、海軍が注意されている。その論拠は、この種の大型艦建造は次の軍縮会議（ロンドン軍縮会議が開催中であった）をこじらせるおそれがある――という不明確なものであった。

宿敵のドイツはヴェルサイユ条約の枷《かせ》にあえいでおり、当時陸軍が建設を進めていたマジノ線要塞が完成すれば、国防上の心配はないと考えていたのであろう。

このとき議会が認めた海軍の一九三二〜三三年新造予算は、軽巡四隻、駆逐艦、水雷艇各一隻、測量艦一隻、河用砲艦一隻というささやかな内容である。このほかに旧式戦艦の近代化が進められているていどで、フランス海軍が新空母の設計をいくらかさねても、その建造が認められる可能性は低かった。

ロンドン軍縮会議に関連して、一九三一年七月にフランスから出された覚書によれば、フランスの空軍兵力は一九二四年三月の議会で、陸軍機（二八年以降、空軍機となる）二二四七機、海軍機一八〇機と決められていたが、報告時現在、両軍機あわせて一一八〇機以下と記載されており、海軍機も増勢どころか、現状維持もむずかしい状態にあったことがうかがえる。

ベアルン所属の航空隊編成もこれまでどおり7C1（戦闘機）、7S1（偵察機）、7B1（爆撃機）と変わりなかったが、そのような状況下でも、新艦上機の開発はほそぼそとつづけられていた。

三〇年代に登場した国産の艦上機について、機種ごとに開発状況を追ってみよう。

一、戦闘機

⑴モラン・ソルニエMS226

モラン・ソルニエ社は第一次大戦中から高翼単葉戦闘機の製作を開始し、戦後の二〇年代でもこの形式の戦闘機の開発をつづけていた。

一九三二年にパリ航空サロンで実大モックアップとして公開されたMS225は、二〇年代後半のMS12軽戦闘機の流れをくむデザインで、胴体前半は金属化されていた。後退角のついた主翼はジュラルミンと木製の骨組みに羽布張りの構造をそなえ、当時としては大出力の過給器付き五〇〇馬力エンジンを装備した強力な戦闘機であった。

試験飛行にも成功し、空軍は五五機を発注、さらに二〇機が追加された。追加分は海軍航空隊も受領して基地航空隊（3C1）に配備されたが、三六年には空軍の管理下にうつされた。

本機を空母用に改造して着艦フックをそなえたものがMS226で、主翼を折りたたみ式とした MS226bisもふくめ、一九三四年に三機が製作されたが、艦上機としては採用されなかった。

空軍では三八年まで使用し、第一線引退後も各種飛行学校で使用された。機動性に優れていたので、各地の曲技飛行チームで使用されたという。

発動機ノーム・ローン9Kbr五〇〇馬力、全幅一〇・六メートル、全長七・二メートル、全備重量一・六トン、最大速度二五〇キロ/時、航続距離七〇〇キロ、機銃二、乗員一名。

⑵ドボアティーヌD373/376

エミール・ドボアティーヌが飛行機生産に乗り出して最初に設計した高翼単葉戦闘機D1は、当時斬新な金属製胴体をもち、二四〇キロ/時の快速力を出した。一九二二年に初飛行に成功し、フランス海軍が三〇機を購入してベアルンに搭載したほか、日本をふくむ各国に輸出され、イタリアではライセンス生産されるなど、好スタートを切ることができた。

そのドボアティーヌが高翼単葉戦闘機としては完成度の高いD37の試作に成功したのは三二年で、これをD37シリーズとして開発をつづけた。三四年に初飛行したD371は翌年、フランス空軍の発注に成功した。

量産機は最大速度四〇五キロ/時に達し、上昇力も優れ、兵装も強化された。輸出型のD372はスペインの共和国政府軍に供給され、スペイン戦争で使用された。

フランス海軍は一九三四年十一月に艦上機型のD373を二〇機発注したが、本機は短距離着陸用のフラップをそなえ、着艦フックももうけられていた。

編隊飛行中のドボアティーヌD376

　つづいて、主翼を折りたたみ式としたD376も二六機発注され、ウィボー74にかわってベアルンの主力戦闘機となる。AC1およびAC2中隊に配備されたが、初めて着艦したのは一九三八年十二月十日であった。両機種あわせて六〇機が発注されたが、実際の納入は四四機で打ち切られている。

　発動機ノーム・ローン14Kfs八八〇馬力、全幅一一・二メートル、全長七・四メートル、全備重量一・三トン、最大速度三四〇キロ／時、機銃二、乗員一名。

D373／376は第二次大戦前にフランス海軍が取得した最後の国産艦上戦闘機であった。では、本機が登場した頃、他国海軍はどのような艦戦を開発していたか。

　アメリカ海軍は一九三六年に複葉機の将来に見切りをつけて単葉艦戦の採用を決定し、これに応じて三七年にブリュスターF2AとグラマンF4F（いずれも試作型）が初飛行をおこない、のちにそれぞれ採用された。いずれも低、中翼単葉の引きこみ脚をそなえた斬新な機体であった。

日本海軍も三五年に全金属製低翼単葉の九六艦戦を初飛行させ、翌年制式採用した。イギリス海軍も、三七年に電動銃座装備で低翼単葉の複座艦戦ブラックバーン・ロックを発注し、三八年に初飛行を実施している。

これらと比較した場合、D373がひどく見劣りすることはたしかである。しかし、低速のベアルンでは、こうした新型機の運用は困難であったようで、搭載機はこれまですべて複葉か高翼片持ち式の機体であった。

ブラッセイ海軍年鑑一九三二年版は、ベアルンの低速力に触れて、「飛行甲板の着艦制動装置の進歩(横索式を指しているものと思われる)により、着艦の場合は風力が弱くても可能なようだが、発艦のさいは、この低速力では困難な場合があるようだ」と解説している。他国海軍の新式艦上機の情報に接したときのフランス海軍航空関係者の焦慮のほどがうかがえよう。

発注されなかった複葉機

二、偵察機

ルバスールPL101は雷爆撃も可能で、機銃を装備、敵戦闘機への反撃もできたが、航続力は五〇〇キロと短く、さらなる増大が望まれた。最大速度も十分とはいえなかった。一九三五年に海軍の要求で製作されたのがルバスールPL107艦偵である。複葉機であるが、下翼は逆ガル型で屈曲部にもうけられたスパッツ付きの主脚は、初期の独ユンカース

ルバスールPL107

Ju87に似ていた。操縦席には風防がもうけられ、その後方に七・五ミリ機銃が据えられた。

胴体下面に四〇センチ魚雷一本が、主翼下面に一五〇キロ爆弾二個の携行が可能で、攻撃機としても使用可能であった。二号機は三九年に完成したが、エンジンをノーム・ローン製からイスパノ・スイザ製にあらため、胴体上部に機銃を増備するなどの改修がくわえられていたので、型式をPL108として、その一号機になった。

しかし、性能的には大差なく、両機ともPL101より航続力は改善されたが、最大速度がいくぶん向上したていどであった。テスト中に開戦となり、発注を見ることなく終わった。本機はピエール・ルバスール社が製作した最後の艦上機であった。

PL107（カッコ内は108）の要目は次のとおりである。

発動機ノーム・ローン9Kfr七四〇馬力（イスパノ・スイザ9Vrs七二〇馬力）、全幅一四・〇メートル、全長一〇・一メートル、全備重量四トン、最大速度二三四キロ／時

（二六六キロ／時）、航続距離（魚雷装備）一二〇〇キロ、（偵察）一四六〇キロ、機銃一（三）、乗員三名。

決定打なき艦爆／艦雷陣

三、爆撃機

一九三一年から三七年にかけて、グールドゥ・ルスール社のパラソル翼艦爆ＧＬ４３０、４３２、５２１が合計一〇機試作されたが、採用はされなかった。

ニューポール社は第一次大戦中に一葉半単座戦闘機を開発、生産して有名になった航空機メーカーの名門である。一九三四年に艦載飛行艇で実績のあるロワール社と合併してロワール・ニューポール社となった。

同社が一九三六年に開発したのが海軍のＬＮ40急降下爆撃機である。本機は空軍型もくわえ、ＬＮ40シリーズとして知られるフランス最初の急降下爆撃機であると同時に、フランス海軍最初の単葉低翼艦上機であった。

急降下爆撃の歴史は、一九二七年にアメリカ海兵隊がニカラグアのゲリラ拠点爆撃のさいに、爆弾を急降下しながら投下する戦法を編み出したのにはじまるという。これにヒントを得たアメリカ海軍は、二八年にカーチスＦ８Ｃ複座戦闘機の翼下と胴体に爆弾三発を装備し、操縦席に機銃射撃用照準器のほかに望遠鏡式の急降下爆撃用照準器を装備して、最初の急降下爆撃機を作りあげた。

ベアルンに着艦する、ロワール・ニューポールLN40

三〇年代後半にかけて、急降下爆撃機は各国に普及した。アメリカのカーチスSBC、ドイツのヘンシェルHS123とユンカースJu87、日本の九四および九六式艦爆、イギリスのブラックバーン・スクアなどがつぎつぎと開発され、急降下爆撃機も複葉機から単葉機へと変わりつつあった。

時代に先がけてフランスで双方を結実させたのがLN40であった。一九三七年にフランス海軍は本機を七機発注し、急降下爆撃機を導入するとともに、艦上機の近代化にも着手した。

LN40は固定脚のニューポール140試作戦闘機から発展した機体であったが、主脚を後方へ折りたたむ半引込式とし、方向舵の下半分が二枚に分割してエアブレーキとなる仕組みになっていた。水平尾翼の両端には、垂直安定板が一枚ずつ付加された。

主翼は逆ガル式、主翼の外翼は折りたたみ可能で、艦上機として着艦フックもうけられていた。当時の急降下爆撃機の一般装備となっていた、プロペラ回転圏外に爆弾を落とす投下用フォークももっていたが、単座機での急降下爆撃は実用性に問題を生じていたようである。

武装としてプロペラ軸に二〇ミリ機関砲一門と七・五ミリ機銃二梃を装備し、胴体下面に二五〇キロ爆弾一個を搭載できた。

LN40は一九三八年六月に初飛行し、海軍は三九年までに七機を受領してAC1中隊へ編入した。三九年七月十一日に、その三、四号機により空母ベアルン艦上で発着テストが実施された。

その成功により、フランス海軍は量産型のLN401を三九年に六機、さらに三六機を追加発注した。空軍も折りたたみ機構と着艦フックをのぞいたLN411を四〇機発注したが、休戦までに生産されたのはLN401が二三機、LN411が一九機であったという。

なお、LN401では主脚の半引込式をやめて、爆弾投下時に主脚を下げてエアブレーキにもちい、垂直尾翼の方向舵の下半分をエアブレーキとする複雑な方法は廃止された。

LN401の要目は次のとおり。

発動機イスパノ・スイザ12Xcrs六九〇馬力、全幅一四・〇〇メートル、全長九・七六メートル、全備重量二・八トン、最大速度三八〇キロ/時、航続距離一二〇〇キロ、機銃三、爆弾。乗員一名。

四、雷撃機

かつてルバスールPL2が、一九二三年に七〇〇キロの魚雷を装備して三五分間で二七〇

ラテコエール299

○メートルも上昇した記録は、世界の注目するところとなり、ブラッセイ海軍年鑑も一九二四年版で特筆したほどであった。
その栄光も、ベアルンの低速もあって三〇年代後期には影が薄れ、旧式なPL7がその座をうけ継いだが、雷撃部隊の主力はPL14、PL15の水上雷撃機に移行しており、あたらしい艦上雷撃機が望まれていた。

一九三六年に登場したラテコエール298水上雷撃機は単葉三座双浮舟、頑丈な機体と高い搭載能力や運動性もあり、偵察や地上攻撃など多用途に服した。魚雷は胴体下部に埋めこみ式に装備した。

本機を艦上機に改造することになり、ラテコエール299として一九三九年に原型機二機が試作された。

主翼は折りたたみ式として着艦フックをもうけ、主脚は後方へ引込式とした。武装としてプロペラ軸に二〇ミリ機関砲一門、主翼に七・五ミリ機銃二梃、後部の観測員席に七・五ミリ旋回機銃一梃を装備、八〇〇キロ魚雷を搭載できた。

一号機は三九年七月に初飛行して、二五機の発注が決定した。しかし、本機は間もなく火災により焼失し、二号機も四

○年に墜落して、以後製作されなかった。

発動機イスパノ・スイザ12Y九七〇馬力、全幅一五・六メートル、全長一二・二メートル、全備重量四・四トン、最大速度三五〇キロ／時、航続距離（魚雷装備）九〇〇キロ、（偵察）一五〇〇キロ、機銃三、魚雷一または爆弾、乗員二〜三名。

スペイン動乱での大誤算

一九三三年一月にドイツでヒトラー内閣が誕生すると、欧州の空には戦雲がただよいはじめ、時の流れとともに、その影はさらに濃くなった。

三五年三月にヒトラーは再軍備宣言をして、ヴェルサイユ条約の破棄と徴兵制の復活を明らかにして世界に衝撃をあたえた。その一方で、イギリスにたいして対英戦争の意思がないことを示すために、海軍力をイギリス海軍の三五パーセントにおさえる海軍協定の締結を提案するなど、柔軟な姿勢も見せていた。

イギリスは当時、日本がワシントン条約を延長しない旨の通告をしてきたこともあり、建艦競争を避けうるなら、むしろ歓迎すべきと判断し、六月に英独海軍協定が成立した。

この結果、ドイツ海軍は四二万トンの兵力保持が認められ、軍縮条約の基準による三万五〇〇〇トンの戦艦も建造可能となった。これに衝撃を受けたのはフランス海軍である。

それまで徹底した軍備の緊縮予算をたもちつづけていたのを、一転して兵力の増強につとめだしたが、にわかに強化できるものではなかった。

一九三五年度にフランス海軍は三万五〇〇〇トン型戦艦リシュリュー級二隻の建造を決定したが、ドイツ海軍も同様な戦艦ビスマルク級を三五、三六年度に各一隻ずつ建造を計画し、地中海ではイタリア海軍が三四年十月に条約型戦艦ヴィットリオ・ヴェネト級二隻を着工、鋭意建造中であった。フランスと対峙する両国との建艦競争は、年ごとに激しさをくわえていった。

航空機の増産については、事情はさらに深刻であった。フランスは一九三六年に航空機会社の国有化に着手したが、これは結果として生産機の減少を招くことになり、三七年にフランス空軍が受領した機数は前年を下まわり、五二八機にすぎなかった。そのうえ、技術的にも列強の水準よりかなり遅れていた。

ドイツは一九三六年にはじまったスペイン動乱で、義勇軍としてメッサーシュミットBf109やユンカースJu87などを参加させて優れた性能を実証していた。フランスが送ったD373と比較しても、その格差は歴然としていた。

危機を感じたフランス空軍と海軍は、緊急策として、当時は中立国の立場にあったアメリカから近代的な軍用機を輸入することになった。空軍はカーチスH75ホーク（P36）戦闘機、マーチン・メリーランド（モデル167F）攻撃機、ダグラスDB7Bハヴォック（A20）爆撃機、ノースアメリカンNA57（BT9B）練習機を発注、ホーク戦闘機は三八年十二月から納入がはじまった。また、海外植民地用としてオランダからコールホーヘンFK58戦闘機を輸入している。

アメリカ頼みの次世代機

海軍も三九年にアメリカの航空機メーカーとコンタクトをとり、ベアルンの艦上機として次の三機種の輸入を決定した。

(1)ヴォートV156F（SB2U－2ヴィンディケーター）艦上爆撃機

本機はアメリカ海軍が新空母ヨークタウン級用の偵察爆撃機として一九三八年に発注したヴォート2U－2を、ヴォート社が社内名V156として海外に売りこみをはかったもので、フランス海軍が関心を示して購入することになった。

主翼や胴体は金属と羽布の混成で、低翼単葉、主翼の折りたたみや手動の引込脚を採用しており、性能、兵装ともにフランス国産機を上まわる新鋭機であった。フランス海軍は三九年二月に二〇機、三ヵ月後の五月にさらに二〇機を発注している。

そのさいエンジンを換装し、問題の多かったプロペラ・ピッチ変更のダイブブレーキを新型のダイブ・スポイラー採用のものにあらためた。兵装もフランス規格とし、七・六ミリ機銃を七・五ミリ・ダルン機銃に替えて両翼付け根と尾部に装備（フランス到着後）、眼鏡式照準器を光像式照準器に替えるなど、いくつかの改正がほどこされ、名称もV156Fとなった。

三九年九月、ドイツ侵攻の危機が高まったので、それまでに完成した三四機がカナダ経由

AB1中隊のヴォートV156F

でベアルンにより海上輸送され、本国到着後に兵装を装備して、新編のAB1、AB3中隊に配備された。四〇年三月にさらに五〇機が追加発注されたが、フランスの降伏により、V156BIチェサピークと名称をあらためてイギリスに送られた。
発動機P&W・R1535SB4G七五〇馬力、全幅一二・八〇メートル、全長一〇・三六メートル、全備重量二・六五トン、最大速度四一〇キロ/時、航続距離一二〇〇キロ、機銃三、爆弾四五〇キロ、乗員二名。

(2)グラマンG36A(F4F-3輸出型、マートレット1)

艦上戦闘機

アメリカ艦上戦闘機メーカーの名門とされるグラマン社が、一九三五年に次期艦戦として開発着手したのがF4Fである。当初は複葉機として設計されたが、ライバルのブリュスター社のF2Aが片持ち式単葉引込脚という斬新なスタイルで海軍の注目を集めたのに刺激され、設計をあらためて単葉中翼片持ち式、引込脚、全金属製機に一変させて審査に臨んだ。

三七年三月、初飛行に成功した。その後はトラブルがつづいて次期主力戦闘機は逸したものの、試作発注を受けて開発を続行した。エンジンも一新、多くの改良をほどこして誕生したF4F-3は、量産中のF2Aを上まわる高性能を発揮し、三九年八月にようやく五四機の発注を受けることができた。

最大速度は五〇〇キロ/時を超え、主翼内に一二・七ミリ機銃四梃を装備する本機にフランス海軍は注目し、三九年末にグラマン社にたいしてF4F-3一〇〇機の購入を申しいれた。低速のベアルンでこのような高速機の運用は困難が予想されたであろうが、現用の艦戦D376とドイツのBf109との性能格差を考えれば、このような高性能戦闘機の導入を望まずにはいられなかったものと思われる。ベアルンだけでなく、三八年度計画で建造の決定したジョッフル級二隻での運用も当然考慮していたにちがいない。

グラマン社は、フランス海軍の希望をいれて、社内名称G36Aという輸出型に設計を一部あらためて生産することを決めた。

エンジンは原型装備の一段二過給器付きのR-1830-76ツインワスプの輸出が許可されないので、同出力で一段二過給器付きのライトR-1820-G205Aサイクロンを搭載した。プロペラはカフスなしのハミルトン・スタンダード三翅にあらためられ、カウルフラップも廃止された。艦上機だが、主翼は折畳み式ではなかった。

武装も、フランス製の七・五ミリ・ダルン機銃を機首正面に二梃、主翼に四梃装備し、無線機やその他の装備もフランス規格にあらためられた。一号機は四〇年五月十一日に初飛行

グラマンG36A

し、このときまでに七機が完成していた。

しかし、ドイツ軍は五月十日に西方国境を越えて進撃を開始、電撃戦の名のもとに破竹の勢いでオランダ、ベルギーを攻略し、六月二十五日にフランスも降伏したため、G36Aの発注は宙に浮いたかたちとなった。

これを引き受けたのがイギリスで、G36AをマートレットIと改称、機内装備をフランス式からイギリス規格にあらため、兵装も一二・七ミリ機銃四梃を主翼に装備して九一機を発注、四〇年七月から引き渡しがはじまった。イギリスは四〇年初めに、G36BマートレットII一〇〇機を発注している。

このようにアメリカからの艦戦購入は夢と化したが、もし実現していれば、対独航空戦は多少ちがった展開を見せていたかも知れない。

空軍が購入したカーチスH75戦闘機は、開戦劈頭の空中戦でBf109二機を撃墜し、以後八ヵ月の戦闘でドイツ機四二機を撃ちおとしたが、損害は一〇機にすぎなかったという。高性能のG36Aが本領を発揮すれば、相応の戦果が可能と思われるからである。

カーチスSBC－4ヘルダイバー
（仏が降伏、英空軍に引き渡し後）

発動機ライトR－1820－G205A一二〇〇馬力、全幅一一・六メートル、全長八・八メートル、全備重量二・七五トン、最大速度四九二キロ／時、航続距離一一五〇〇キロ、機銃六、爆弾九〇キロ、乗員一名。

(3)カーチスSBC－4ヘルダイバー艦上爆撃機

SBCは一九三二年にアメリカ海軍がカーチス社に戦闘機（XF12C－1）として発注、三三年六月に初飛行したが、戦闘機としては不向きと判断されて十二月に偵察機（XS4C－1）、三四年一月に爆撃機（XSBC－1）と任務を変更されていった。

本務は爆撃だが、索敵にも使用可能を意味するSBの記号は本機にはじまっており、以後この記号は艦上爆撃機にあたえられることになった。最初の機体はパラソル翼であったが、社内試験中に墜落破壊したので、三五年四月にカーチス社は複葉胴体引込脚の別のモデルを提案、これがXSBC－2と認められて試作機が発注された。

三五年十二月に初飛行したが、エンジンに難ありとして、換装したXSBC－3がようやく認められ、三六年八月にSBC－3として八三機の発注を受けた。

量産化にあたり、エンジンはさらに強力なものに換装されて、ヘルダイバーのニックネームもあたえられた。兵装として機首に七・六ミリ機銃一梃、後部に旋回式七・六ミリ機銃一梃が装備された。胴体下に五〇〇ポンド爆弾または増槽の装着が可能である。

エンジンをさらに強化したSBC－4は一〇〇〇ポンド爆弾も搭載可能となり、三八年一月に一二四機が発注された。本機は最後の複葉実戦機として、三八年から艦隊に配備が開始された。空母サラトガに二一機、エンタープライズに二〇機、ヨークタウンに一〇機のSBC－3が搭載された。この頃よりノースロップBT－1、ヴォートSB2Uの単葉艦爆の進出がめだちはじめて、SBCの多くは予備役部隊に移されるようになった。

発動機ライトR－1820－34九五〇馬力、全幅一〇・三メートル、全長八・六メートル、全備重量三・二トン、最大速度三八一キロ／時、航続距離九五〇キロ、機銃二、爆弾四五四キロ、乗員二名。

祖国の敗北と長期の屈辱

一九四〇年初めにフランス海軍はSBC－4九〇機を発注してきた。艦爆としてはすでにV156Fが発注され、一部は受領していたが、ドイツ軍侵攻の危険が高まり、さらに多くの爆撃機が緊急に必要とされたのであろう。

ベアルン艦上のブリュスターB339

これにこたえてアメリカ海軍は、時間の短縮を理由に予備役で使用されている機体から五〇機をえらんでカーチス社に送り、同社はこれらを調整してフランス海軍のマーキングをほどこしたうえで、カナダまで飛行させた。

アメリカから航空機輸入のため、四〇年六月十五日、カナダのハリファックスに入港したベアルンは、次の機体を搭載した。

カーチスSBC－4爆撃機　四四
カーチスH75A－4戦闘機　一五
（P36輸出型）
ブリュスターB339戦闘機　六
（F2A－2輸出型）
スチンソンL5連絡機　二五
計九〇機

このなかでカーチスSBCは海軍向け、カーチスH75とスチンソンL5は空軍向けであるが、ブリュスターB339については記録がない。これは本国降伏に

マルチニク島で抑留中のベアルン

より輸出流れとなったベルギー向けの機体（三三機はイギリスに転用）の一部であり、ベアルン艦上の写真も残されている。グラマンG36Aの輸入が困難となり、緊急手段として代わりの艦戦の導入を図ったものと思われる。旧式なD376に代わる近代的な単葉艦戦は、少数なりともフランス海軍は入手したかったに違いない。

六月十六日、カーチスH75六機を搭載した巡洋艦ジャンヌ・ダルクと共にハリファックスを出港したベアルンは、本国のブレストをめざした。しかし、途上ドイツ軍侵入による本国の急変を知り、針路を転じて西インド諸島へ向かい、二十七日にマルチニク島フォール・ド・フランスへ入港した。搭載した機体は七月十九日に陸揚げされ、ポアン・デ・サブレの農場に並べられた。

同港には、同じく本国向けの積荷を搭載した巡洋艦エミール・ベルタンも入港しており、三隻共そのまま長期抑留された。

四二年五月になり、アメリカの要求で三隻とも武装解除された。その間、機体は野天にさらされ、のちに全機スクラップとなった。なお四〇年夏に、ベアルンに搭載されなかったカーチスSBC五機がカナダからイギリスに送られ、イギリス空軍に引き渡された。本機はクリーブランドIの名称があたえられ、メカニックスクールで地上整備訓練機として使用された。

フランス海軍はアメリカから三機種の輸入をはかったが、発注の遅れで実際に入手できたのはV156Fだけであった。

一九三九年九月の対独開戦時に、フランス海軍は三五三機の第一線機を保有していたといわれ、そのなかでベアルン所属の艦上機と見られるものは四七機（V156F×九、LN401、411×四、PL101×四、PL7×一三、D376×二七）である。この数字は、着艦設備のないLN411一、二機を差し引く必要があり、また原型のLN40七機をくわえて、開戦時、ベアルンは約五〇機の使用可能機があったと見ることができよう。

このなかの新鋭機がLN40、LN401、V156Fの爆撃機群である。他は精鋭なドイツ空軍に立ち向かうには旧式すぎて力不足であることは、一目瞭然であった。

フランス海軍の航空部隊編成は三九年九月の開戦で戦時体制となり一変していた。それは航空艦隊（フロティーユ）と飛行中隊（エスカドリーユ）からなり、それぞれ基地を持つ。その後も基地や機種の変更がつづき、四〇年五月の編制では四航空艦隊と四八中隊（このうち一一中隊が航空艦隊に直属）の構成となった。

中隊は爆撃（B）、急降下爆撃（AB）、艦載爆撃（HB）、戦闘（AC）、艦載戦闘（HC）、長距離偵察（E）、偵察（S）、雷撃（T）の諸任務にわかれ、それぞれのイニシャルと番号で隊名が付けられた（なお、艦載は艦載水上機を示す）。

空母艦上機の所属部隊のみ解説する。ベアルン所属飛行隊（F1A航空艦隊直属）の三九年末の状況（基地と機種）を紹介しよう。各隊には艦上機以外の航空機がふくまれることもあるが、それについては「他」として機種名は省略した。艦上機でも空母に搭載されていないときは、これらと一緒に基地航空隊として使用される。

◆急降下爆撃隊

AB1（ランベオク・プルミック）

V156F、PL7

AB2（同）

LN40、LN401、PL101

AB3（ベルク）

V156F

◆戦闘隊

AC1（ケルクヴィル）

D373、D376他

AC2（イエール）

D373、D376他

◆偵察隊

2S3（ランベオク・プルミック）
PL10他

この時はまだ新旧混在の状態だが、四〇年にはいって新しいV156FやLN401が補充されてくると、PL7やPL101は姿を消し、母艦航空隊のなかで戦闘価値があるのは急降下爆撃三中隊だけとなった。

第二次世界大戦と仏海軍

一九三九年九月三日、フランスがドイツに宣戦布告をした時、海軍に課せられた最初の任務は海上交通路の防衛であった。輸入量の四分の三を海上輸送に依存しているフランスにとって、商船の安全確保は最重要課題である。

おなじ立場にあるイギリスとは緊密に連絡をとって護衛船団の運行を開始した。艦艇、水上機が動員され、地中海沿岸からビスケー湾、イギリスにいたる航路では、フランス海軍が護衛の責をになった。

一方、ドイツ海軍はUボートとともに大型水上艦による通商破壊戦を開始した。開戦前に大西洋に乗りだした装甲艦アドミラル・シュペーは九月三十日、ペルナンブコ沖で最初の獲物として英貨物船一隻を沈めた。

遭難船員の上陸により、南大西洋でドイツ軍艦の活躍を知った英仏両海軍は、十月五日に戦艦二隻、巡洋戦艦一隻、空母三隻、重巡一〇隻、軽巡四隻を主力とする八部隊を編成し、

ベアルンを発艦するＡＢ１中隊のヴォートＶ１５６Ｆ

大西洋各方面に派遣して、その追跡にあたらせた。

そのなかのＬ部隊には仏戦艦ダンケルク、軽巡ジョルジュ・レイグ、グロアール、モンカルムとともに空母ベアルンも参加しており、ブレストを基地として大西洋上にドイツ艦の影を追いもとめたのである。

十二月に南米沖で英艦隊と交戦のすえ、シュペーは損傷してモンテビデオに逃れたが、自沈して、この大規模な追撃戦は幕を閉じる。実際の戦闘には参加しなかったものの、これが戦時下におけるベアルン唯一の協同作戦として記録されている。

フランス海軍航空隊は大規模な海上戦闘がなかったので、空軍の支援や沿岸警備に従事することが多く、空母ベアルンがアメリカからの航空機輸送に使用されたため、その所属機は基地にうつされて、進攻してくるドイツ軍との戦闘に投入された。

旧式機は少しでも新しい機種にあらためられた。２Ｓ３偵察中隊のＰＬ10艦偵はＰＬ14水偵とともに姿を消し、代わりにＡＢ２急降下爆撃中隊のＰＬ１０１が補充（一部は２Ｓ４へ）された。

ＡＢ２中隊ではＰＬ１０１の後を、ＬＮ40や整備をおえたＬ

N401、陸上用のLN411で埋めていた。AC1、AC2戦闘中隊のD373／376艦戦はかねてより性能的にも問題となっていたが、一九三九年十二月にAC2中隊の一機がツーロンで死亡事故を生じたことから全面的に使用禁止となり、両隊ともポテーズ631双発戦闘機（後にドボアティーヌD520戦闘機もくわえられた）にあらためられた。

ちなみに、両隊に配備されたドボアティーヌ艦戦の総計は、D373が八機、D376が二三機であった。

旧式機の整理により、艦上機で実戦に参加したのは急降下爆撃隊のV156F（AB1、AB3）とLN40、LN401だけとなった。これも機数を総計すると、V156Fが三九機、LN40が五機、LN401が一四機（一機はLN411編成のAB4に編入）となった。

AB1中隊は一九三九年九月、ブレスト軍港近くのランベオク・プルミックで開隊し、輸入したV156F艦爆一二機でスタートを切った。一ヵ月後にシェルブール、さらにブーローニュ・アルプレシュトと基地をうつし、四〇年三月にふたたびランベオク・プルミックへもどった。

そこから艦爆群をイエールへ南下させ、地中海でベアルンとの発着および爆撃訓練を五月初めまで実施して、北方の基地へ帰った。

四月にドイツ軍はノルウェーへ進撃し、フランス海軍は軽巡エミール・ベルタン以下の支援部隊をノルウェー水域に派遣したが、フランス軍はこれで西ヨーロッパへの侵攻はすぐにはないものと判断し、海空軍とも遅れていた航空兵力の増強に力をいれた。戦時下、搭載機を基地へうつし、ベアルンを航空機輸入のためアメリカへ送ったのも、その一環を示すものであったろう。

ドイツ軍との悲惨な戦い

しかし、五月十日にドイツ軍はオランダ、ベルギーへの侵入を開始、同時にフランス各地の飛行場もドイツ空軍機の爆撃をうけ、海軍航空隊との戦いも本格化した。

ＡＢ２中隊は三九年九月の開隊当時はランベオク・プルミックを基地とし、ＰＬ１０１で編成されていた。この時までに基地はエルクへうつされ、機種もＬＮ40を経てＬＮ４０１にあらためられて、一二機の基準編成となっていた。

五月十五日、ＡＢ２中隊のＬＮ４０１九機はオランダのワルヘラン島にあるドイツ軍砲兵陣地を攻撃した。十六日にはＡＢ１中隊のＶ１５６Ｆ九機とＡＢ２中隊のＬＮ４０１九機が同島付近の運河閘門を爆撃したが、一機の被害もなく帰還している。

十七日には、ＡＢ１中隊のＶ１５６Ｆ一〇機とＡＢ２中隊のＬＮ４０１三機がワルヘラン島、つづいておなじくＶ１５６Ｆ二機がフレシング付近をそれぞれ爆撃したが、帰途中にＶ１５６Ｆ一機をうしなった。

五月十九日、ＡＢ２中隊のＬＮ４０１一一機とＡＢ４中隊のＬＮ４１１九機はベルレモン付近のドイツ戦車基地を攻撃して、戦車と車両多数を破壊したが、激しい対空砲火をうけてＬＮ４０１、４１１各五機の計一〇機をうしなうかなりの損害も生じた。

五月二十日、AB1中隊のV156F一一機は、AB2中隊のLN401一機、AB4中隊のLN411二機とともにオアズ川およびサンブル川のオリニー・サント・ブヌワエ橋爆破に向かったが、護衛の英戦闘機隊と合同できなかったため、橋破壊には成功したものの、ドイツのBf109戦闘機隊に襲われ、V156F六機とLN一機をうしなう。

六月にはいり、AB1中隊はケルクヴィルにうつり、ダンケルク防衛戦に参加する。撤退作戦は成功したが、同中隊は損失が多く、のちに解隊されている。

AB2中隊はその後、五月下旬までに兵力を補充して地中海沿岸のイエールに基地をうつし、イタリアの参戦にそなえた。六月十日にイタリアが宣戦布告をすると、同中隊はイタリア沿岸の偵察や艦隊の砲撃作戦の護衛に従事し、十八日にはAB4中隊とともにインペリア、ノービ・リグーレ港の夜間爆撃を実施した。

AB3中隊は三九年十二月にV156F一二機で発足した。基地はランベオク・プルミックからベルクへ、四〇年にはブーローニュ・アルプレシュトへと変遷したが、五月十日にドイツ空軍ハインケルHe111爆撃機の攻撃をうけ、地上で一三機が破壊される大打撃をこうむったが、ブレストで再編成されて二十三日には戦列に復帰した。

六月のイタリア参戦時にはイエールに移動して作戦に従事したが、六月十五日のイタリア空軍の攻撃により、V156F一機が撃墜され、六機が地上で破壊されたので、残存機は二十四日に北アフリカのボーネへ移動した。のちに他のAB中隊の残存機も、すべて北アフリカへ逃れた。

フランス降伏後、急降下爆撃隊はすべて解隊され、唯一の空母も本国になく、フランス海軍艦上機部隊の歴史は、ここでいったん閉じられることになった。ドイツ軍政下のフランスでは、V156Fは残存機のすべてがスクラップとなり、一九四二年には一機もなかったといわれる。

AB2中隊のLN401はLN411とともに、パイロットや燃料タンクの防弾装備が不十分なため、対空砲火などで被害をうけやすく、おなじ急降下爆撃機でも、ドイツのユンカースJu87が電撃戦で戦車隊を支援して盛名をあげたのにたいし、いささか悲惨な戦歴を残すことになった。

制空権を奪われたことや、本機が軍用機としては脆弱であったことが原因とされている。実用化された近代的な国産艦上機を他に持たないフランス海軍としては、精いっぱいの働きであったろう。

なお、LN401を改良し、高出力エンジンを装備して最大速力を向上させようという計画が一九三九年六月に生まれ、同年秋までにSNCAO(軍事産業国営化法によりLN社とブレゲー社を統合)で一機だけ試作された。

十一月に初飛行し、テストの結果は高度四〇〇〇メートルで最大速度は三七八キロ/時と期待されたほどではなかった。形状的にはLN401と大差なく、生産はされなかったが、試作された最後の艦爆となった。計画された要目は次のとおりである。

発動機イスパノ・スイザ12Y31八六〇馬力、全幅一四・〇〇メートル、全長一〇・二五メートル、全備重量二・八六トン、最大速度四七〇キロ／時、航続距離一一〇〇キロ、機銃三（二〇ミリ×一、七・五ミリ×二）、爆弾五〇〇キロ、乗員一名。

休戦後、ヴィシー政権下で残っていた部品により、ＳＮＣＡＯで四二年三月までに二〇機のＬＮ４１１が製作されたが、すべてドイツ側に接収された。ＬＮ４０１／４１１の残存機（一五機）も、戦時中の捕獲機とともにドイツ軍により破壊されて姿を消した。

その他、ＬＮの発展型としてエンジンをイスパノ・スイザ12Ｘｃｒｓ一一〇〇馬力に強化し、主翼を直線化させたＬＮ42が四〇年に一機試作されたが、休戦によりそれ以上の発展はなかった。機体は隠匿されて戦後まで残り、テストをしたところ、高度四〇〇〇メートルで最大速度四六二キロ／時を記録した。

艦上機ではないが、先のＬＮ４０２と同様な発動機改良試作の成功例で、比較の意味で付記しておく。

運搬艦となったベアルン

マルチニク島で管理されていたベアルンは、一九四三年六月三十日に軽巡エミール・ベルタンやジャンヌ・ダルクとともに自由フランス海軍に引き渡された。自由フランス海軍はフランス降伏後、ロンドンに脱出したド・ゴール将軍の下で、同様に本国を逃れたミュズリエ提督が組織した。

旧式戦艦パリ、クールベの二隻を中心に、大型駆逐艦二隻、駆逐艦二隻、水雷艇六隻、潜水艦五隻など、いずれも脱出または英海軍に捕獲された艦艇で編成され、四二年十一月現在、約六〇隻の兵力があった。

乗員もフランス人の他に、イギリス、オランダ、ポーランドの外人部隊も多数くわわっており、英海軍の支援をうけて行動していた。船団護衛や哨戒、通商破壊などの実施だけでなく、英海軍の指揮下にダカール攻撃や仏領ソマリア解放などの大作戦にも参加していた。

四三年七月、自由フランス海軍はインドシナをのぞく全域で海軍の統一に成功し、四四年一月現在の兵力は、戦艦三隻、航空母艦（ベアルン）一隻、重巡三隻、軽巡六隻、駆逐艦一三隻、潜水艦一九隻など総計一四〇隻、二三万六〇〇〇トンにまで成長していた。

空母を増勢したものの搭載機はなく、英米海軍の艦上機の貸与をうけても、低速でカタパルトをもたぬベアルンでは新型機の運用ができない。結局、航空機運搬艦に改造されることになり、アメリカのニューオリンズに回航された。

ベアルンの改装工事は四三年十二月から翌年十二月まで、ニューオリンズのトッド造船所で実施された。

飛行甲板は前後を短縮されて長さ一八〇メートル、幅二七メートルとなり、着艦制動索などは撤去された。エレベーターは従来と変わらず、長さ一二四メートル、幅一九・五メートルの格納庫と連絡している。搭載機数は機種により異なるので一定していない。

艦橋後部のクレーンのほかに、飛行甲板左舷中央部に米海軍式の一七トンクレーンが新設された。これは米海軍航空機貸物輸送艦（ＡＫＶ）キティホーク級装備のものと同種と思わ

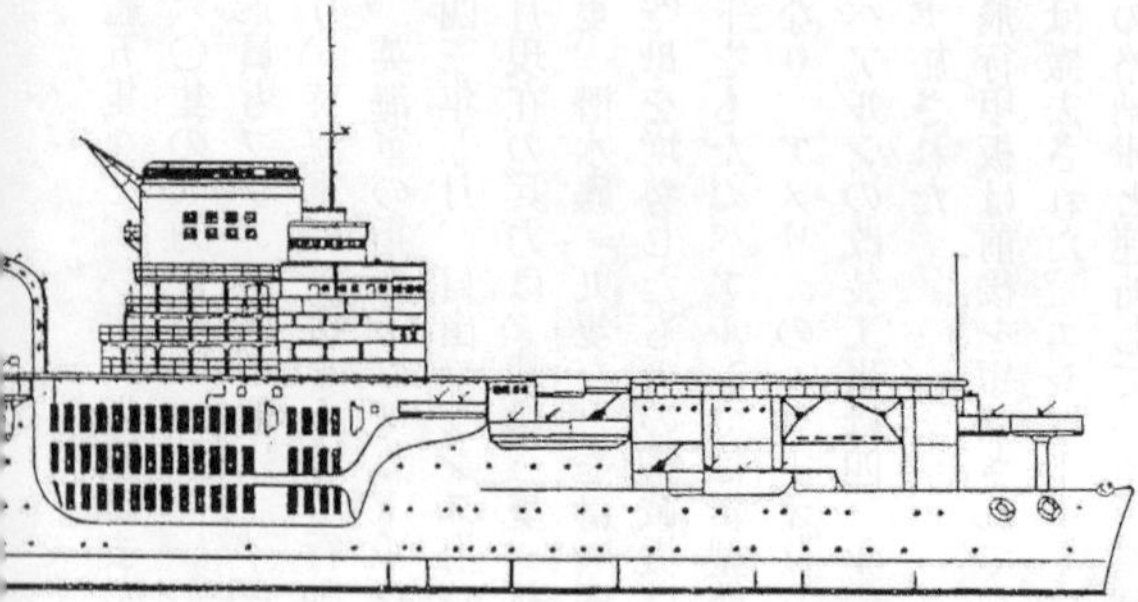

れる。この結果、コンソリデーテッドPBYカタリナ飛行艇の自力積載も可能となった。航空機運搬艦としての新設装備である。ガソリン庫の容積は一〇〇立方メートル。

在来の兵装は全て撤去され、アメリカ式の兵器に改められた。今や遺物となった水中式の魚雷兵装もやっと姿を消した。

アイランド艦橋も一部増設され、電子兵装として、対空用のSF探索レーダーがマスト上に設置された。

改造後の要目は次のとおり。

基準排水量二万二一四六トン（新造時の数値をそのまま継承）、満載排水量二万八四〇〇トン、全長一八二・六六メートル、最大幅三五・二〇メートル、吃水九・五〇メートル、主機タービン二基、レシプロ二基（四軸）、FCMed缶六基、出力二万七二〇〇馬力、速力二〇・五ノット、燃料搭載量四五〇〇トン、航続力一〇ノット－七八〇〇海里。

装甲（最大）舷側八三ミリ、甲板七〇ミリ、飛行甲

航空機運搬艦に改造後のベアルン（1943年）

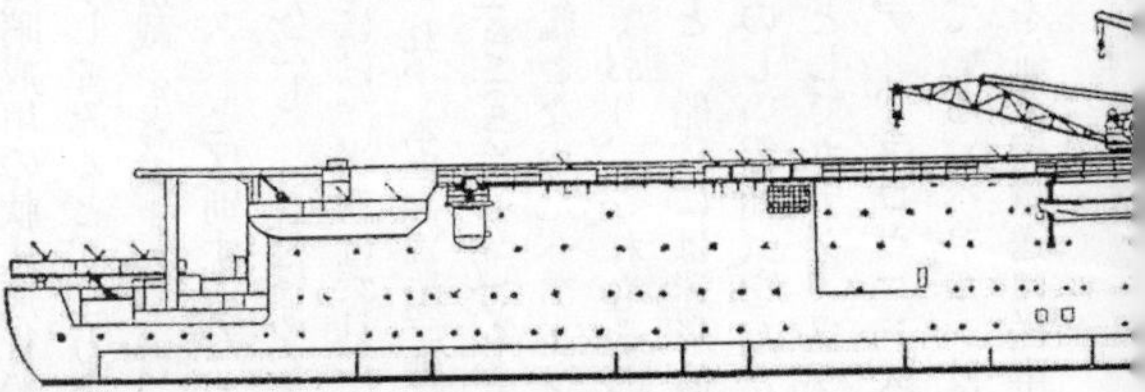

米国で航空機運搬艦に改造され任務についていた頃のベアルン

板二四ミリ。

兵装一二・七センチ高角砲四門、二八ミリ四連装機銃六基、エリコン式二〇ミリ単装機銃二六梃。

乗員士官二七名、兵員六二四名、計六五一名。

艦種はポルト・アエロネフス（Port-aeronefs）と改められ、通常の空母ポルタ・ヴィヨン（porte-avions）と区別されている。このアエロネフのネフは船を意味し、飛行機の外気球、飛行船、宇宙船なども含む広範囲の「空飛ぶ機械」を示す用語である。

大型クレーン装備で可能

となったカタリナ飛行艇（戦後フランス海軍は本機の他に旧ドイツ海軍のドルニエＤｏ24も保有）を始め、飛行甲板が短くても搭載可能の連絡機やヘリコプターの他に、アメリカ海軍が用いていた哨戒用の軟式飛行船の導入まで想定していたのかも知れない。

大戦が終了してみると、二万トンの航空機運搬艦は大型すぎるので、この状態で運用可能な航空機の搭載を考慮する一方、四六年にイギリスから貸与を受けた軽空母アロマンシュ（旧コロッサス）と区別するために、広い範囲の航空機搭載艦の新造を考案したのではないだろうか。（ただし、これはあくまで筆者の推測である）

しかし実際には、当初は容易に片付くと思われたインドシナ戦争は、その後八年の長きにわたり続けられ、本艦は航空機輸送に専念せざるをえなくなり、艦種名も航空機運搬艦（transport d'avions）に改められた。

航空機運搬艦となったベアルンは、改造前とくらべて燃料搭載量が二倍以上になって航続力が延伸されており、これもその任務に基づくものであろう。

写真を見ると、船体には迷彩塗装がほどこされており、強化された対空兵装とともに、戦時下のものものしい雰囲気をただよわせている。

改造後は主としてカナダ、フランス間の航空輸送に従事したとされ、四四年以降に実施されたノルマンディ、プロヴァンス、ツーロンへの上陸作戦のような激しい戦闘には参加せずに終戦を迎えている。ベアルンは、第二次大戦をほとんど戦わず、抑留期間と改造期間をはさんで、前後を航空機輸送に従事して生きのびた珍しい空母だったともいえよう。

もしアメリカへ航空機輸送に向かわなければ、おそらく四二年十一月にフランス海軍の諸艦とともにツーロンで自沈していたものと思われ、その点でも幸運な艦であったようだ。

第二次大戦後の四五年十月十五日から三十日にかけて、インドシナ半島のサイゴンにフランス艦隊が入港したが、それは空母ベアルンに重巡シュフラン、軽巡コルベールなどに護衛された兵員輸送部隊で、戦艦リシュリューなどの先遣部隊につづく第二陣であった。ベアルンの飛行甲板上には、新しい戦場向けの軍用機が翼をつらねており、約八年にわたるインドシナ戦争の幕あけであった。

下駄バキ航空機の新世代

水上機母艦コマンダン・テストの搭載機は、一九三六年に7S2中隊のグールドゥ・ルスールGL811を改良型のGL813にあらためるなど、GL810系列の三座双浮舟水偵の使用をつづけていたが、三八年四月にこれをロワールLN130艦載飛行艇に改編、一新させた。

ロワール社が一九三三年にフランス海軍の要求に応じて、戦艦、巡洋艦のカタパルト発進艦載機として開発したのがLN130単発飛行艇で、三四年十一月に初飛行した。主翼上に支柱で保持された推進式のエンジンをそなえ、二基の補助フロートは主翼と胴体に支柱で連結されるという異色の機体であった。性能的な特色はなかったが、頑丈な構造が評価され、フランス海軍の主力艦載機となった。

本国用《メトロポリタン》のLN130Mのほかに、構造を強化した植民地用《コロニヤル》の130Cも製造され、総生産数は一五〇機に達したといわれる。

発動機イスパノスイザ12Xirs1七二〇馬力、全幅一六・〇メートル、全長一一・三メートル、全備重量三・三トン、最大速度二二五キロ/時、航続距離一一〇〇キロ、七・五ミリ機銃二、爆弾または爆雷一五〇キロ、乗員三名（人員輸送時は他に七名が搭乗）。

これより先、一九三七年から7B2中隊のP14にかわって配備がはじまったのがピエール・ルバスールPL15水上雷/爆撃機である。前機と同じくPL系列の複葉双浮舟の機体で、最大速度と上昇限度はいくぶん増したものの、雷装時の航続力は低下しており、その生産は一六機で打ち切られた。

一機は改造されて陸上用のPL154となり、改良型のPL151も一機試作されたが、それ以上の発展はなかった。

PL15は全備重量が四・三トンもあって、コマンダン・テストのカタパルトでは射出できず、雷装時には艦尾のクレーンで直接海上へ降ろして発進させた。このとき、二〇〇キロ/時の最大速度は約一六〇キロ/時まで落ちたといわれ、これでは、敵艦への攻撃にさいし多数の犠牲が予想されよう。

結局、本機は空母への搭載を断念、開戦後は大西洋岸での警備や哨戒任務に従事している。

一九三九年春、7B2中隊はHB2中隊に改編され、機種もPL15から最新のラテコエール298水上雷/爆撃機に変更された。

トリポリに向けて爆撃機輸送中のコマンダン・テスト。カタパルト上にはロワール130が見える

ラテコエール298は、一九三三年にフランス海軍が出した水上偵察雷撃機の要求にもとづいて開発された単葉複座双浮舟の多用途水上機で、原型一号機は三六年五月八日に初飛行した。

翌年八月、沿岸の水上機基地用の298Aが二五機、主翼と尾翼の折りたたみ機構と後部銃座の後方に観測手席をもうけた水上機母艦用の298Bが一一機発注された。その後、298B一五機と主翼を固定式にした298D三〇機も追加され、三種あわせて八一機に増加、開戦後さらに六五機が発注された。

最大速度こそPL15を五割近く上まわったが、その他の性能がとくに傑出していたわけでもないのに、本機が運用部隊で好評を博したのは、偵察、雷撃や地上攻撃任務など多用途に対応できる頑丈な機体とすぐれた操縦、運動性能、武器搭載能力（魚雷、爆弾など八〇〇キロ）にあったといわれる。また、一応の機数をそろえて実戦化できたことも一因とされている。

その使用はヴィシー政権下でもつづけられ、四二年三月にはドイツ休戦委員会の承認を受けて、D型の操縦系統を改良した298Fが三〇機発注されたが、ドイツ軍の使用を嫌った工員のサボタージュで一機も完成しなかった。

発動機イスパノスイザ12Ycrs1八八〇馬力、全幅一五・五〇メートル、全長一二・五六メートル、全備重量四・八トン、最大速度二九〇キロ／時、航続距離八〇〇キロ（爆撃）、一五〇〇キロ（偵察）、七・五ミリ機銃三、魚雷一または爆弾八〇〇キロ、乗員三名。

L298原型機は三八年十月から雷撃中隊T1、T2の乗員訓練に使用され、まもなく298Aの生産機も両隊に配属を開始した。三八年初めには298Bが完成するまでのつなぎとして、298Aがコマンダン・テストのHB1中隊にも引き渡されるようになった。すでに開戦の気配は濃く、雷撃隊の整備がいそがれていた。

戦時編制になった三九年末のコマンダン・テストの所属飛行隊（F1H航空艦隊直属）の機種は次のとおりで、基地はいずれもツーロン軍港ちかくのサン・マンドリエである。

◆F1H（コマンダン・テスト航空艦隊）
　ロワール130
◆HB1（艦載爆撃隊）
　ラテコエール298
◆HC1（艦載戦闘隊）

ロワール210
◆HS1（艦載偵察隊）
ロワール130

水上戦闘機実用化への夢

ロワール210は三三年にフランス海軍が発した水上戦闘機の要求により生まれた機体で、巡洋艦以上の大型艦に搭載してカタパルトで射出し、艦隊防空をになうものであった。

水上戦闘機の歴史は第一次大戦中にはじまり、ドイツのハンザ・ブランデンブルクやイギリスのソッピース、イタリアのマッキ（戦闘飛行艇）で製作され、実戦にも参加した。大戦間でもイタリアやドイツではそうした開発がつづけられており、そのような情報を得てフランス海軍も水上戦闘機の開発に乗りだしたものであろう。

これにはロワール社のほかに、ベルナール、ポテーズ、ロマノ各社が参加、その審査に本機はベルナールH110、ポテ453、ロマノR90に打ちかって採用されることになった。

ロワール210は三五年三月二十一日に初飛行した。羽布張りの主翼以外は全金属製のモダンな機体で、胴体は操縦性にすぐれたロワール46のそれを基本とした単葉単浮舟（補助浮舟付き）単座水上機であった。飛行試験は三六年六月に開始されたが、量産発注は三七年三月にずれこみ、量産型第一号機はさらに遅れて、三八年十一月にやっと飛行するありさまであった。

量産型は翼内に七・五ミリ機銃四梃（原型二梃）をそなえ、火力的にはドボアティーヌD376艦戦をしのぐものがあったが、大きなフロートを下げた機体に高い速度性能や機動性を求められて、実戦化にかなり苦労したようだ。

カタパルト射出テストは三九年一月に実施され、サン・マンドリエのHC1中隊と、ランベオクのHC2中隊に配属されたのは開戦直前の八月であった。後者はブレストを基地とする戦艦ダンケルクとストラスブールに搭載された。

全部で二〇機が量産されたが、実艦配備してみると、数機が事故で喪失され、主翼の構造的な欠陥が明らかとなった。翼下面に補助浮舟を付けた羽布張りの主翼は、カタパルト射出の衝撃に耐え得なかったようである。

残った一五機のロワール210はすべて陸揚げされ、三九年十一月二十二日にHC1、HC2両中隊は解隊された。フランス海軍艦載水上戦闘機隊の夢は、こうしてはかなく消え去ることになった。HC1中隊配属が確認されている本機は八機である。

改良型としてノーム・ローン14M2エンジンを搭載したロワール211が計画されたが、計画のみで終わっている。

発動機イスパノスイザ9Vbs七二〇馬力、全幅一一・七九メートル、全長九・五一メートル、全備重量二・二トン、最大速度二九九キロ／時、航続距離七五〇キロ、七・五ミリ機銃四、乗員一名。

第二次大戦中、水上戦闘機として本機のほかに、イタリア海軍がメリディオナリ（IMA

M）、Ro43水偵の機銃兵装を強化したRo44をはじめ、イギリス海軍でスーパーマリン・スピットファイア、アメリカ海軍でグラマン・ワイルドキャット両戦闘機を水上機化した例があるが、前者は性能的にも劣り、後者は試作段階で終わって、いずれも実用化にはいたらず、開発困難な分野と考えられている。その点、日本海軍は二式水戦や「強風」のかがやかしい実績があり、航空史上に異彩を放っている。

仏印方面に残存した水偵

コマンダン・テストは、一九三六年にはじまったスペイン内戦時に北アフリカのオランに出陣、搭載機をもちいて航路防衛に従事したのち、三八年に入渠修理を実施した。

翌三九年に新編制となり、ツーロン在泊の本艦に配備されたのは、HS1中隊のロワール130六機とHB1中隊のラテコエール298B八機で、このほかに予定されていたのがロワール210のHC1中隊であった。しかし、既述のように本機の配備は中止となり、HC1中隊も解隊されて、防空戦闘機の搭載は断念せざるを得なくなった。

開戦後、本艦は北アフリカ方面の海外基地にたいする航空機輸送に従事することになり、四〇年一月に所属中隊の水上機はすべて陸上基地にうつされた。

アフリカへ渡ったHB1中隊（L298一〇機）とHB2中隊（同三機）は、イタリア参戦後の四〇年六月四日にジェノア港のイタリア船舶を攻撃した。さらに、チュニジアのウベイラ湖を基地として船団護衛を実施し、その襲撃に出撃したイタリア軽巡戦隊を爆撃している。しかし、悪天候のため命中弾は得られなかった等の戦歴が伝えられている。

独伊との休戦後、コマンダン・テストは諸艦とともに北アフリカへ脱出し、アルジェリアのメルセルケビルに在泊した。七月三日、イギリス艦隊が同港のフランス艦隊を攻撃し、戦艦ブルターニュは沈没、ダンケルク、プロヴァンスは擱座などの損害をうけたが、本艦は被弾をまぬかれ、ブルターニュの乗員救助を行なって、ツーロンへ引き揚げることができた。

しかし、所属航空隊もなく、ツーロンに繋留される日がつづいた。そして十一月二十七日、ドイツ軍がツーロンのフランス艦隊の接収をはかろうとしたため、港内にあったフランス艦艇はいっせいに自沈をとげ、その数は七七隻に達したが、そのなかにコマンダン・テストもふくまれていた。

左舷に傾いて着底したが、船体のほとんどは水面上にあり、内部破壊作業もおこなわれず、修復可能とみられた。四三年にイタリア側で引き揚げを計画したが、実現はしなかった。船体の浮揚作業は戦後に持ちこされることになった。

アフリカに渡ったL298のHB1、HB2中隊は四〇年八月に1HT、2HTと改称され、のちに残存機はT1、T2、T3の現地中隊に分散して引き取られて、解隊した。

HS1中隊については四〇年五月六日、アフリカのアルジェに進出したL130三機が地中海艦隊に編入されて、アレキサンドリアへ向かうイギリス戦艦ウォースパイトと駆逐艦三隻を護衛した記録がある。この中隊も休戦後、八月一日に1HSと改称され、基地もアルジェに移された。

艦尾のハイン式着水幕によりＧＬ８１０水偵を収容中のコマンダン・テスト

ロワール130はヴィシー政権下でも生産がつづけられ、三七年から四二年までの生産数は一二四機に達した。

戦艦や巡洋艦の艦載機として、占領後はドイツ軍も使用したが、四二年十一月にフランス艦艇のカタパルトが撤去されたため、艦上機の役割りは終了した。

フランス領インドシナにも本機は派遣されており、日本軍の仏印進駐により、現地軍は日本軍と共同戦線を張るかたちとなり、かなり後まで残っていた。とくに71号機は四七年八月まで使用され、除籍処分されたのは五〇年三月であった。

本機は数字的な性能では傑出した水偵ではないが、扱いやすいため永年使用されたことがうかがえよう。

コマンダン・テストに関連して、取り上げておきたいものに「着水幕」（tapis d'amerrissage）がある。

航行中の艦艇に帰艦着水した水上機の収容装置の

代表的なものにハイン（Hein）式着水幕、略して「ハイン・マット」がある。ドイツのハイン氏の考案になり、特殊な帆布製幕を艦尾から展張して、帰投した水上機を幕ごと引きよせ、艦尾のデリックで吊り上げて艦上に収容するものである。

このハイン・マットを最初に採用したのが、一九三三年に竣工したコマンダン・テストであった。ハイン・マットは期待されたほどの効果はなく、各国が導入して実験後ほとんどが間もなく撤去している。

フランスでは、一九三二年に最初重巡フォッシュで着水幕を装備実験し、翌年コマンダン・テストに移して実験を続けた。本艦では艦尾の大型リールに巻かれており、使用時には艦尾から展張して水上機を載せ、七トン・クレーンで後甲板へ吊り上げ、格納庫扉を開いて収容した。

同様な着水幕にキウル（Kiwul）式と称するものもあり、構造の相違は不明だが、大きさや使用法は大差なかったようである。フランス海軍は、これを制式に採用し、三五～三七年に竣工した軽巡ラ・ガリソニエール級六隻の艦尾に装備し、搭載したグールドウ・ルスールGL832HYおよびロワール130水偵の収容に用いた。同級の二隻（ジアン・ド・ヴィエンヌ、ジョルジュレイグ）はキウル式、他の四隻はハイン式であった。

本級のものは長さ一二メートル、幅七・八メートルで、速力八ノットで航走しつつ、着水幕を流して水上機を収容するのに、二〇分以上を要したといわれる。後に速力一〇～一五ノットで航走しても収容可能と伝えられた。

本級の三隻は一九四二年にツーロンでコマンダン・テストと共に自沈し、残る三隻も四三年にアメリカで修理をした際に、航空兵装と共に着水幕も撤去され、装備艦はなくなった。

ライバルはドイツ新空母

建造は認められなかったが、フランス海軍は一九二〇年代末から三〇年代にかけて、空母の設計をつづけてきた。当初はワシントン条約の限度いっぱいの大型空母も設計されたが、財政事情と「国民戦線《フロント・ポピュレール》」とよばれた社会主義政権の軍備抑制方針により実現は困難と知って、その規模を縮小、一万三〇〇〇トン台まで落としながらも、空母新造を諦めずに研究と設計作業をつづけていた。

イギリス海軍は大型軽巡のカレージャスとグロリアスを改造、二八～三〇年に空母として完成させたが、基準排水量は二万二五〇〇トン、搭載機は四八機にたっした。

アメリカ海軍も新造空母レンジャーを三四年に竣工させ、一万四五〇〇トンの中型空母ながら搭載機は八六機に増大していた。

こうした海外の情報はフランス海軍にも影響をあたえ、その設計する空母もしだいに大型となり、排水量も搭載機数も増すようになった。

一九三四年に設計されたＰＡ13案は、基準排水量一万九〇〇〇トン、全長二二〇メートル、搭載機七二機、兵装一〇センチ高角砲一〇門と、機数はそれまで最高であったＰＡ２の五四機をはるかに超えていた。艦型は右舷中央に大型煙突をそなえたアイランドを有し、艦首はエンクローズされていた。

つづくPA14はその改型で、排水量は不明だが、搭載機数は六〇機に減ったものの、兵装は一〇センチ高角砲一二門（配置をあらため艦尾を増強）と若干増している。艦容はほぼ同じ。

この頃、英米海軍ではさらに新しい空母が計画されていた。

アメリカ海軍は一九三三年度にヨークタウン級二隻、イギリス海軍は一九三四年度にアーク・ロイヤルという二万トン前後の空母の建造を承認したが、それはそれぞれの運用経験に最新技術をくわえて生みだした、新時代のスタンダード・キャリアーであった。

搭載機数は六〇〜八〇機、速力は三一〜三三ノット、飛行甲板は艦の全長を超え、近代艦上機の運用に十分な能力があった。

さらに三五年六月、英独海軍協定の成立により、ドイツ海軍も空母建造に乗りだすことが確実となり、フランス海軍としても新空母建造に真剣に取り組まざるをえなくなった。

こうした諸事情を反映してか、フランス海軍の空母設計案も大型になり、搭載機数も増した。三五年九月のPA15は基準排水量二万九九〇〇トン、全長二四二メートル、搭載機七二機、速力三四ノットというPA1〜2いらいの大型空母であった。

これには複数の案があり、排水量二万二八〇〇トンのG《ガンマ》案のほか、一三センチ連装高角砲六基、搭載機六八機などの断片的な資料ものこされており、英米の新空母を参考として、さまざまな設計案がつくられ、検討がかさねられたようだ。

ＰＡ12以前の諸案とくらべるといちだんと大型になり、兵装や搭載機数も増強されているのが認められる。これも英独海軍協定の衝撃と、自国兵力増強への焦りの一端をしめすものといえよう。

英独海軍協定でドイツ海軍に認められた空母の建造枠は、イギリス海軍の保有量の三五パーセントに相当する三万八五〇〇トンであった。これから逆算すれば一万九二五〇トンの空母二隻が建造可能となる。

対抗上、フランス海軍としても、二万トン級空母二隻以上を早急に建造しなければならない。

そこで一九三五年にフランス海軍が最初に着手したのが、デュケーヌ級重巡二隻の空母改造であった。これで必要な空母が得られれば、経費、工事期間を考えても新造より得策といえる。

しかし、四案をつくって比較検討したが、既述のように、いずれも性能的に中途半端なものしかえられず断念されて、新造の方針が決定した。これまでの試案作成とことなり、空母建造が現実のものとなって、情報と技術を結集した設計作業がすすめられた。

ジョッフル級の建造計画

こうして一九三七年にＰＡ16となる一万八〇〇〇トンの空母設計がまとめられた。一九三八年度予算で二隻の建造が承認され、ジョッフルおよびパンルヴェの艦名も決定した。

建造所は、三五年に豪華客船ノルマンディ、三八年に戦艦ストラスブールを完成させ、現代艦船建造にすぐれた技術をもったサン・ナゼールのプノエ造船所に発注されることになった。

ジョッフル級空母の最大の特徴は飛行甲板にあった。飛行甲板は全長二〇一メートル、幅二七メートル、その中心線は船体のそれより六・八三メートル左舷にずれて配置され、飛行甲板の左端は舷側より張り出したかたちとなり、船体にたいし非対称となっている。

この結果、右舷中央部のアイランド艦橋は飛行甲板の外におかれ、飛行甲板は全幅にわたって有効に使えることになり、巨大な艦橋構造物とのバランスをとるうえでも利点があった。艦橋構造物の前後には一三センチ連装両用砲各二基、三七ミリ連装機銃各二基が装備され、対空用の射界も広い。したがって、通常空母にみられる両舷側の対空火器用のスポンソンは、本級では皆無である。

その結果、左舷側の火器は飛行甲板下の一三・二ミリ四連装機銃一基のみである。

この点、対水上戦を考慮して両舷に砲廓式の一五・五センチ砲八門や水中魚雷発射管まで装備したベアルンとは対照的で、英米海軍の空母と同様に対空重視の兵装となった。左舷飛行甲板下は端艇七隻が配置されている。

飛行甲板は全長にわたり一六ミリの鋼板防御がほどこされており、前方に最大幅一七メートル、長さ一三メートルのT型をした前部エレベーターをもうけ、大型機でも翼を展張した状態で搭載可能である。

後部エレベーターは飛行甲板後端に接するかたちで、長さ一二・五メートル、幅六メートルの細長い五角形をしたものがもうけられている。

格納庫は上下二層にあり、上部格納庫は飛行甲板直下に長さ一五八・五メートル、幅二〇・八メートル、高さ四・八メートルの容積があり、中間に防火カーテンをもうけ、火災発生にそなえている。前部エレベーターをかいして飛行甲板に機体を昇降する。

サン・ナゼールのプノエ造船所で建造中のジョッフル

その一層下の中央後方寄りに長さ七九メートル、幅一四メートル、高さ四・四メートルの下部格納庫がもうけられた。その前方に長さ一三メートル、幅七メートルの内部エレベーターがあって、上部格納庫と連絡している。
上部格納庫後端二〇メートルのエリアは航空作業甲板である。格納庫の機体はここで発艦準備をととのえ、後端の後部エレベーターによって飛行甲板へ上げられ、着艦した機体を格納庫に運ぶ。上部格納庫後方側面

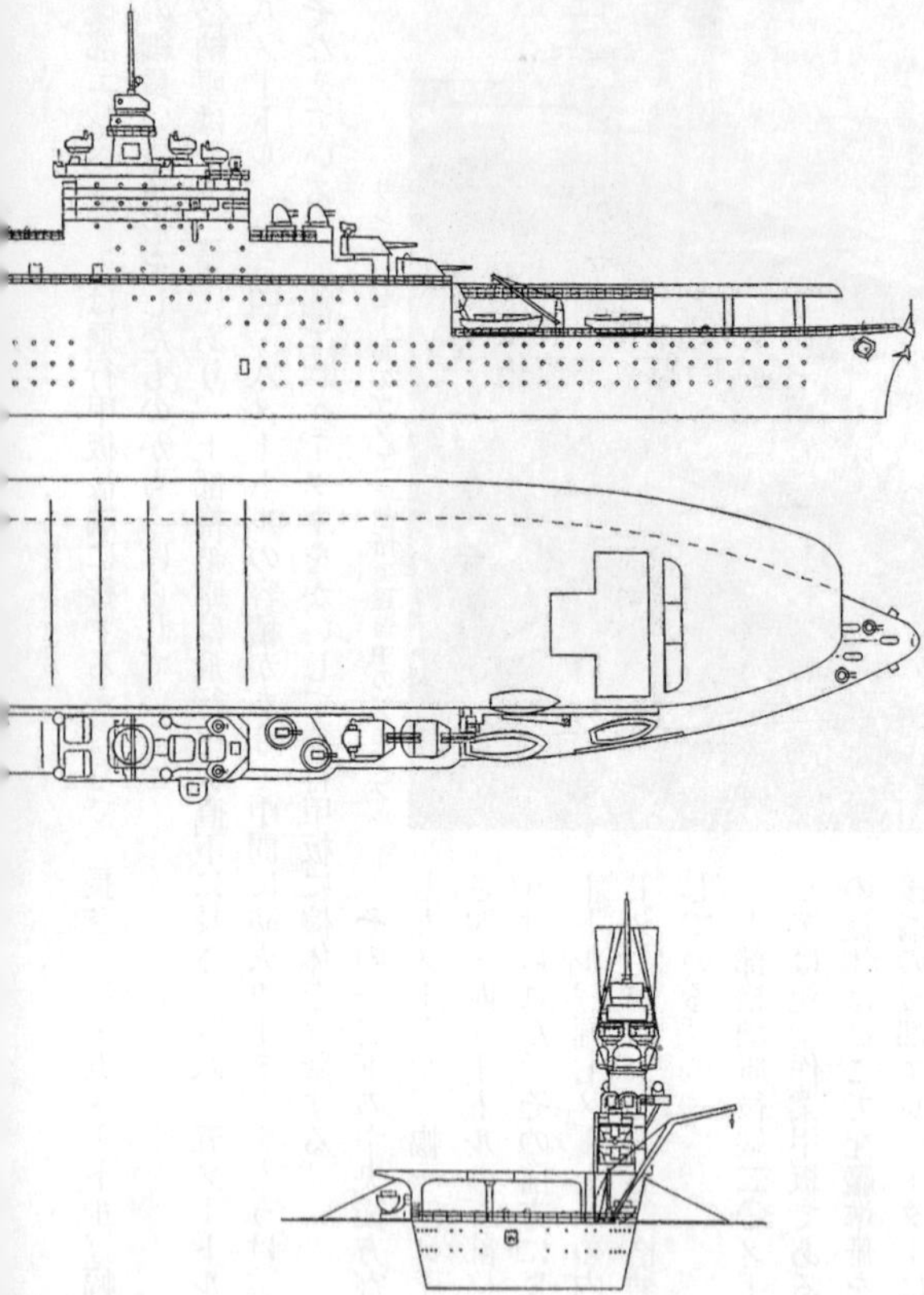

新資料をもとに描かれた空母ジョッフル

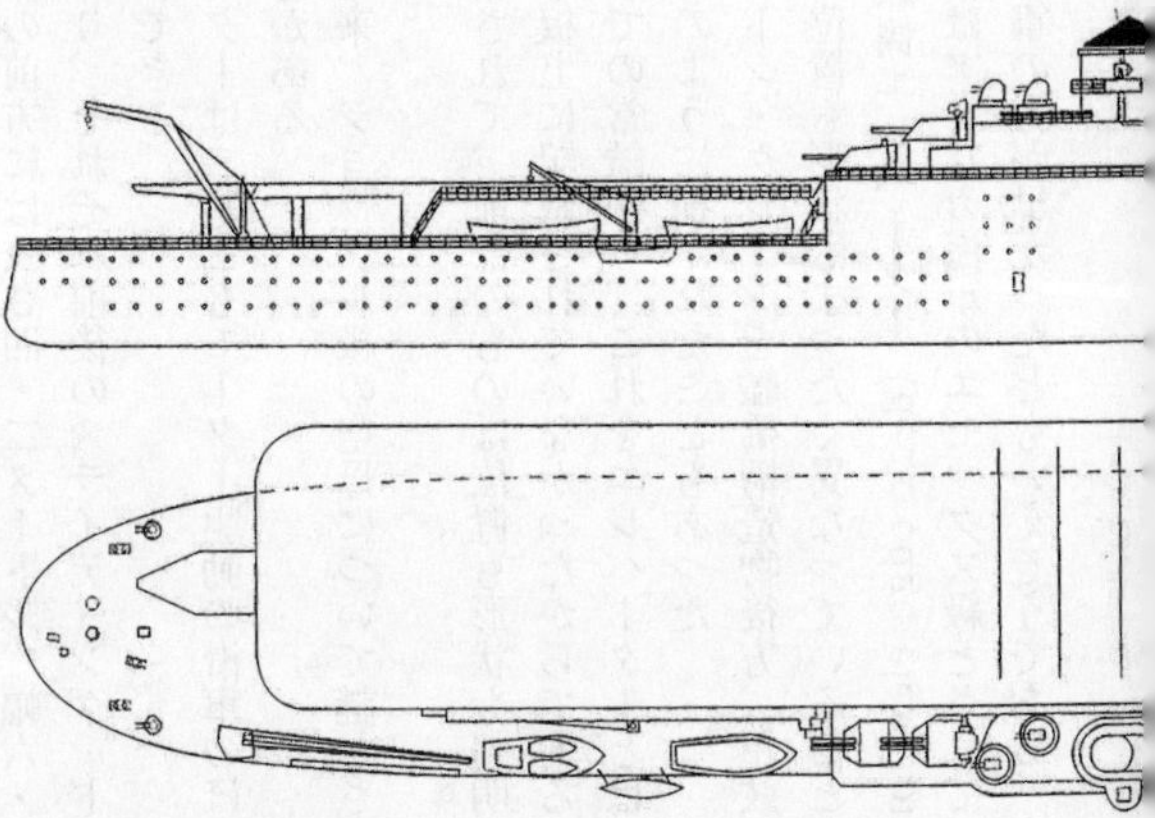

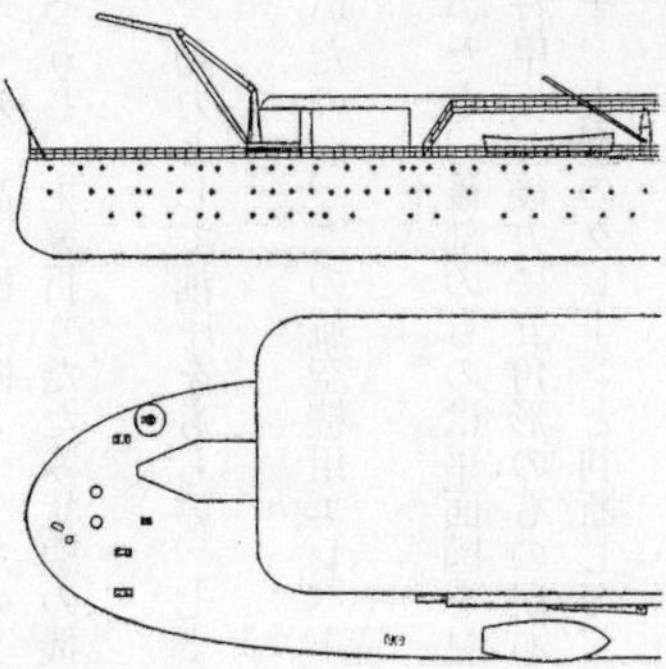

従来の艦型図の艦尾

に爆弾や魚雷収納庫があり、そのリフトもうけられている。

なお、後部および内部エレベーターに搭載する機体は、主翼を折りたたまねばならない。後部格納庫の前方には長さ四・二メートル、幅六・六メートル、高さ四・四メートルの予備格納庫があり、それぞれ前後のスライディング・ドアをつうじ、主翼折りたたみ状態の機体を出し入れできる。

エレベーターは二基ともモーター駆動の滑車のほかに、動力として油圧をもちい、七トンの搭載能力がある。

じつは従来、ジョッフル級の空母について謎とされていたのが、この航空機用エレベーターであった。

二基装備されて、前部のものは位置も形状も判明していたが、後部のものは平面図を見ても、飛行甲板上に記載されていなかったからである。飛行甲板の後方に五角形のものがあるが、これまでの常識から、これをエレベーターとは考えず、大型のクレーンと判断して、側面図ではそのように描かれたこともあった。

実際に七トン・クレーンを艦橋構造物後方、左舷艦尾寄りの後甲板にもうける予定であったが、その位置も形状もまったく異なっていることを、掲載図から確認していただきたい。

空母の舷側エレベーター（deck-edge elevetor、直訳すれば飛行甲板外縁エレベーター）の元祖はアメリカ海軍のエセックス級とされているが、位置は異なるけれど、発想上はフランス海軍の方が早かったともいえそうである。

このようにジョッフル級の最大の特徴は、飛行甲板にあったといっても過言ではあるまい。前部エレベーターは上部格納庫の前端ギリギリの位置に、後部エレベーターを後端に配することにより、飛行甲板は搭載機の発着作業に広く使用することが可能となる。前部エレベーター前に遮風板がある。

着艦制動装置は飛行甲板中央部、アイランド艦橋前面に九索配置され、その間、飛行甲板中心線上に前後二個の着艦基準点がもうけられた。通常、後方に配置される着艦制動装置を中央にもうけたのは、北大西洋で高波のピッチングによる着艦時の事故防止を配慮したものといわれる。

このように本艦の飛行甲板、エレベーター、着艦位置、格納庫などの航空艤装は、他海軍の空母にはみられぬフランス海軍ならではの発想にもとづいており、航空関係要員の編成や運用システムも、独特のものが予定されていたようである。

期待をになう新世代軍艦

煙突、主檣をそなえたアイランド艦橋は、上部格納庫のある第三甲板より七層で構成され、上部艦橋台、航海艦橋、司令官艦橋、発着艦指揮所などが配置される。飛行甲板レベルには航空指揮室、搭乗員待機室、応急治療室などがもうけられている。

前述のように、アイランド上には一三センチ連装両用砲、三七ミリ連装機銃および射撃装置が配置され、その前後の右舷上甲板には端艇類が置かれている。

なお、右舷後方の大型クレーンは一六メートルのブームをそなえ、端艇の外に大型水上機の揚収が可能である。コマンダン・テストと同様に、必要があれば航続力の大きい大型水上機を搭載し、直接海上で運用することも計画されていたのであろう。そのさいは、機体を航空作業甲板に収容する予定であった。

機関構成はラ・ガリソニエール級軽巡と同様に、缶機缶機の交互配置方式を採用して抗堪性をたかめている。主機はパーソンズ・ギヤードタービン二基、主缶は蒸気性状二七キロ／平方センチ、三五〇度C使用のアンドレ缶八基による二軸推進で、出力一二万馬力、速力三三・五ノットを出す。高速力発揮により、搭載機はベアルンよりもかくだんに近代化されることになった。

防御は当時の巡洋艦と似た方法となり、機関区画、弾薬庫、航空燃料庫をふくむ区画を長さ一二〇メートル、深さ三・七メートルにわたり一〇五ミリの装甲帯を装着し、前後に七〇ミリの防御隔壁をもうけて重防御域としたほか、艦尾の舵取装置区画も二六ミリの防御鋼板で包囲した。

主甲板は機関区画三〇ミリ、弾薬庫と航空燃料庫区画は七〇ミリ、アイランド上の砲塔、測距儀にも二〇ミリの防御がそれぞれほどこされた。

主兵装の一三センチ四五口径連装両用砲は戦艦ダンケルク級に装備されたものと同じである。最大射程二万一〇〇〇メートル（仰角四五度）、射高一万四〇〇〇メートル（仰角七五度）にたっし、毎分一〇～一二発の発射が可能である。

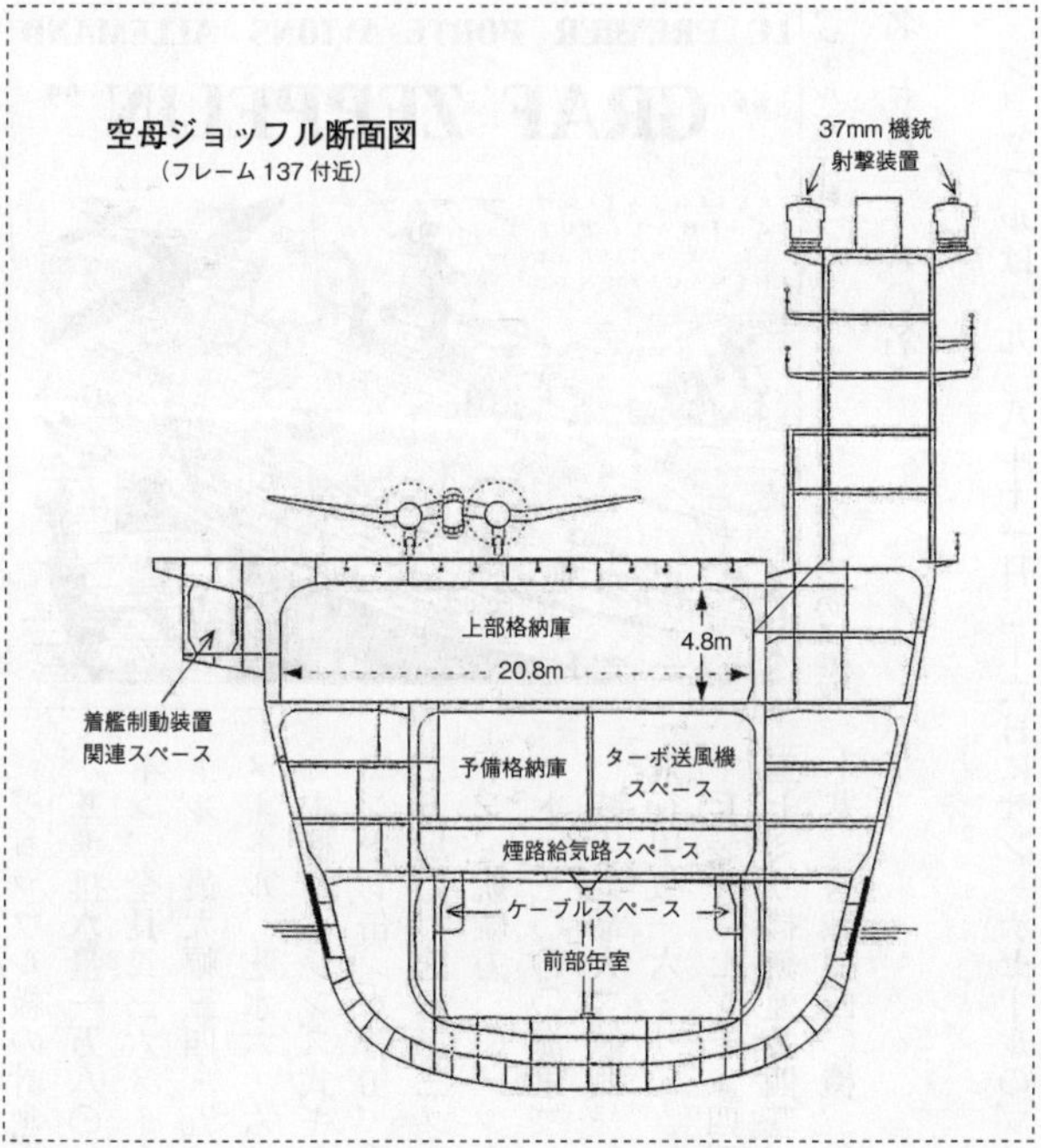

前橋上の射撃装置は対水上用六メートル、対空用五メートルの測距儀をそなえている。

三七ミリ（M１９３５）連装機銃は自動式で、毎分一六五発の射撃が可能である。ホチキス式一三・二ミリ（M１９２９）四連装機銃は毎分七〇〇発、艦橋上から艦の前後、左舷上甲板と広く配備されている。これらもダンケルク級と同一兵器の採用である。

搭載機は艦上戦闘機一五機、艦上攻撃機二五機の計四〇機である。

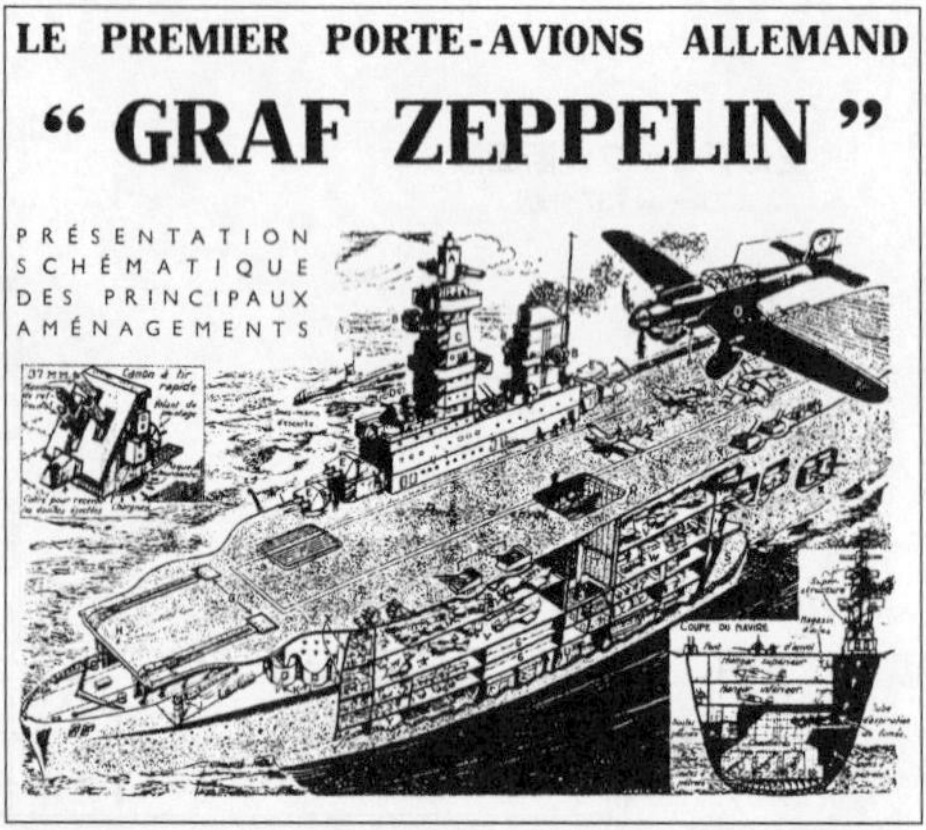

「レール」誌に載ったグラーフ・ツェッペリンの予想図

ジョッフル級の計画要目は次のとおりである。

基準排水量一万八〇〇〇トン、常備排水量二万トン、全長二三六メートル、垂線間長二二八メートル、最大幅三四・五メートル、水線幅二四・六メートル、吃水六・六メートル。

主機パーソンズ式ギヤードタービン二基／二軸、アンドレ缶（水管缶、重油専焼缶）八基、出力一二万馬力、速力三三ノット。燃料搭載量四五九四トン、航続力二〇ノット－七〇〇〇海里（三三ノット－三〇〇〇海里）。

装甲（最大）舷側一〇五ミリ、甲板七〇ミリ、飛行甲板一六ミリ。

兵装一三センチ（四五口径）両用砲連装四基、三七ミリ機銃連装四基、一三・二ミリ機銃四連装七基。搭載機四〇機、乗員一二五〇名（士官七〇名、兵員一一八〇名）。

ジョッフルは一九三八年十一月二十六日にサン・ナゼールのプノエ造船所で起工され、四二年の完成をめざした。パンルヴェは同艦の進水後に同じ船台で着工の予定であった。

しかし、ドイツ海軍は一万九二五〇トン級空母二隻の建造を計画し、第一艦仮称「A」は一九三六年十二月に起工して鋭意建造中で、フランス海軍としても工事を急がずにはいられなかった。

同艦はジョッフルの起工の一二日後に進水してグラーフ・ツェッペリンと命名され、二番艦も建造中との情報も流れた。

これで空母にかんしては、ドイツ海軍が一歩先んじていたことが明らかになり、フランス海軍関係者にはかなりの衝撃であったにちがいない。それはフランス国民も同様であったようだ。

フランスの評論誌「レール」四〇年三月号は、当時完成間近と見られていたグラーフ・ツェッペリンを解説し、その竣工予想図を掲げて、Ｊｕ87やＢｆ１０９といった優秀機の搭載を推定している。

対するフランス海軍では、新空母は建造中、あるのは旧式なパラソル翼か複葉機搭載の時代遅れのベアルンだけという現状にたいする国民の失望と不安が、この記事から読みとれるようである。

前時代的なベアルンの代艦として、ジョッフル級三番艦の建造が承認されたのは一九四一年であった。

仏海軍懸案の艦上雷撃機

フランスは第一次大戦いらい、航空工業のさかんな国であった。一九三六年八月の軍事産業国営化法により、航空機会社を地域別に六社に統合したさいは、二十数社が存在していた。しかし、これが裏目に出て航空機の生産は低下し、平和時代の技術的な立ち遅れや戦力強化の不手際もあって、開戦後のフランス空軍や海軍航空隊の戦歴は見るべきものが少ない。そんな状況下でも、国産航空技術にたいするフランスの矜持と自信は失われることはなかった。それは戦雲のただよう時期に建造の決定したジョッフル級空母の艦上機選定にさいしても変わることはなかった。

一九三九年にフランス海軍はアメリカから艦爆や艦戦の輸入をはかったが、これはドイツとの開戦危機がせまったための緊急処置であり、アメリカの近代的な航空技術導入のねらいもあった。

しかし、これは一時的な方策で、長くつづける予定はなく、新空母には国産艦上機を採用する方針であった。新空母はベアルンより飛行甲板が広く、高速力も出せるのだから、それに見合った艦上機を国産機から調達する予定だった。

ベアルン時代からフランス海軍の懸案とされていたのが艦上雷撃機である。

開戦時まで残存していたＰＬ７は最大速度一七〇キロ／時、航続距離六〇〇キロと低性能で実用にならず、水上雷撃機隊が重視されるようになって、ラテコエール２９８が生まれた経緯は説明したが、空母側としても、これは解決せねばならない問題であった。

1936年9月22日、ベアルンに着艦するポテーズ56E。双発機が空母の発着艦にはじめて成功した歴史的な光景だった

それで考え出されたのが双発艦上機である。その高馬力により、魚雷搭載から高速力発揮など、性能面の向上をめざすものだった。同様なこころみは、複葉機時代の一九二七年にアメリカ海軍でダグラスT2D、二九年に日本海軍で七試艦攻（のちの九三式陸攻）で実施されたが、いずれも艦上機としては失敗に終わっている。

フランス海軍が双発艦上雷撃機の研究を開始したのは一九三四年のはじめで、第一の問題は、低速で飛行甲板が一八二メートルしかないベアルンに発着可能な双発機を探し出すことであった。

フランス海軍が目を付けたのは、一九三四年に初飛行したポテーズ56という乗客八名の双発軽旅客機である。その機体を強化し、折りたたみ翼と着艦フックをつけたポテーズ56Ｅ（Ｅはembarque艦載の意）を作り、これをもちいて空母への発着艦テストを開始した。

同機は一九三六年九月二十二日に、ツーロン沖でベアルンへの発着艦にはじめて成功し、双発艦上機への道を開いた。

本機は旅客機として燃料四五〇キロ、乗客八名、貨物一〇一キロの積載が可能であり、落下増槽をつけて航続力を増すこともできた。しかし、先の改造をほどこし、機銃を装備して六五〇キロの魚雷を装備すると、さらに重量を増し、速度、航続力も低下し、発着艦にも支障をきたす。

いろいろ研究されたが、ポテーズ56Eはベアルンの艦上雷/爆撃機には適さず、汎用機として使用された。その要目は、次のとおりであった。

発動機ポテーズ9Ab（一八五馬力）×二、全幅一六メートル、全長一二メートル、全備重量一・六トン、最大速度二九〇キロ/時、航続距離一〇五〇〜一六〇〇キロ（落下増槽付）、七・五ミリ機銃×一、爆弾二五〇キロ、乗員三名。

本機を改造してエンジンを一基あたり二四〇馬力としたポテーズ56T3（全備重量二・七四トン、最大速度二七五キロ/時）も製造されたが、偵察機か高等練習機として使用され、爆撃機にはなりえなかった。

ちなみに、フランスにつづいてアメリカでも双発機の空母発着艦実験が行なわれた。一九三九年八月三十日、双発旅客機を改造したロッキードXJO3（四五〇馬力×二、全備重量八・七トン、三二六キロ/時）が、コロナド・ローズ沖の空母レキシントンへの発着艦に成功、アメリカ海軍はそのデータをもとに双発艦上戦闘機の開発に着手し、四一年にグラマンXF5F-1の試作を経て、四四年に初の双発艦戦グラマンF7Fを誕生させている。

新空母搭載機二つの任務

フランス海軍はベアルン用の双発艦上攻撃機を断念（代わりにＬＮ４０１やラテコエール２９９を開発）、一九三八年度計画の新空母に新しい双発艦上機を採用することにした。艦隊防衛と長距離偵察である。来攻する敵機にたいしては艦上戦闘機が迎撃するが、洋上に敵艦隊を求めて広範囲の情報を集め、これを探知して攻撃をくわえるには、従来の艦載水上機では能力不足であり、航続力と攻撃力のすぐれた艦上攻撃機が必要であった。

これまでフランス海軍は、艦上偵察機、爆撃機、雷撃機を別々の機種として用いてきたが、これを兼務させて一機種に統一し、艦上戦闘機との二本立てにあらためたのである。

これに関し、フランス海軍が参考としたのがイギリス海軍の空母搭載機フェアリー・ソードフィッシュ雷／爆撃機とブラックバーン・スクア爆撃機の組み合わせ、あるいはフェアリー・アルバコア雷／爆撃機とフェアリー・フルマー戦闘爆撃機のコンビであったという。機種が少なければ、管理、経費の面でも有利である。

この新偵察攻撃機に双発機を採用することにした。新空母はベアルンより飛行甲板も長く、高速力も出せるから、魚雷装備の双発機でも運用可能であり、ポテーズ56Ｅの実験データもこれに活用されることになった。

新空母の搭載機数は四〇機、戦闘機対偵察攻撃機の比率は一五対二五であった。これについてもイギリス海軍の事例を参考にしたといわれる。

ドボアティーヌD520

この頃、イギリス海軍の空母カレージャス（二万二五〇〇トン）の搭載機数は四八機、一九三七年末の編成は、第八〇〇戦闘中隊、第八一一雷撃／偵察中隊、第八二〇雷撃／観測／偵察中隊からなっており（当時の英海軍公表データ）、本級あたりを参考にしたものと思われる。

戦闘機については、フランス空軍の新鋭戦闘機ドボアティーヌD520が検討された。本機は、一九三七年に航空省から当時テスト中であったモラン・ソルニエMS405の後継戦闘機の仕様が提示され、それにもとづいて最大速度五二〇キロ／時以上をめざして開発された低翼単葉の全金属製液冷戦闘機で、三八年十月に初飛行した。

当時、ドイツのBf109戦闘機に対抗できる唯一の戦闘機と目されており、海軍も本機を改造して艦上戦闘機とすることになった。

D520は三九年四月に空軍から二〇〇機、六月に四〇〇機が発注された。生産は遅れがちで、生産型の一号機が初飛行したのは十一月であり、その二号機からエンジンは過給器付きの新型のものにあらためられ、これを基本として海軍の艦上戦闘機の設計がすすめられた。

主な改造点は、主翼を折りたたみ式とし、着艦フックをもうけたことで、プロペラ軸の二〇ミリ機銃は変わらなかったが、七・五ミリ機銃は四梃から二梃に減っている。本機の翼幅は一〇・三メートルあったが、折りたたみ時は幅四・六メートルとなり、飛行甲板後端の幅のせまい後部エレベーターでも積載可能であった。

本機は機種名をD790とあらためて一二〇機が発注されたが、四〇年六月の休戦時に原型機二機が製作中で、一機も完成せずに終わった。その計画要目は、次のとおり。

発動機イスパノ・スイザ12Y45V九五〇馬力、全幅一〇・三メートル、全長八・八メートル、最大速度五五〇キロ／時、航続距離九九〇キロ、二〇ミリ機銃×一、七・五ミリ機銃×二、乗員一名。

原型のD520はドイツ軍のBf109より最大速度や上昇力は劣ったが、運動性ではまさり、はげしい急降下にも耐えることができたとされ、総合的には対抗しえたと評されている。

大戦中、独仏の新空母が完成し、大西洋上で両者が交戦したと仮定すれば、Bf109TとD790の壮絶な空中戦が展開したかも知れないが、実際にはともに未成で終わり、そうした場面は発生しなかった。なお、D520は海軍のAC1、AC2中隊に十数機が配備されている。

選定された夢の双発艦攻

攻撃機については、一九三七年にA47技術計画による仕様書が海軍から航空会社に提示された。その内容を要約すると、次のとおりであった。

一、最大速度三〇〇キロ／時以上。
二、全備重量四・五トン以下。
三、偵察時乗員三名、七五キロ爆弾二個装備で航続時間六時間。
四、雷撃時乗員二名、六五〇キロ魚雷装備で航続時間三時間。
五、爆撃時乗員三名、一五〇キロ爆弾四個プラス二二五キロ爆弾二個または四五〇キロ爆弾一個で航続時間三時間。
六、兵装として七・五ミリ・ダルン機銃三梃装備。

その他、主翼の折りたたみ、着艦フックなど艦上機として必要な装備をそろえねばならぬことは申すまでもない。なお、この段階では単発か双発かの区別はなく、既述のラテコエール299も、この仕様にもとづいて水上雷撃機ラテコエール298を艦上機に改造したものであった。

A47により二種の双発機が設計され、一九三九年にそれぞれ原型機が発注された。いずれも低翼双発双垂直尾翼付の三座機で、爆撃手席を操縦席の後方一段高くもうけるという似たタイプの機体であった。

その一つはSNCAO（西部国有航空機製作会社）の設計したCAO600で、一九三九

CAO600

年六月に海軍の発注を受け、原型一号機は四〇年初めに完成した。

四〇年三月二十一日にビラクプレーで公式テストが実施されて、高度一五〇〇メートルで速度三八〇キロ/時を記録した。ノーム・ローン14M大型エンジン二基を装備した逆ガル式テーパ翼、角型直立垂直尾翼をそなえた全金属製の機体で、二段になった風防の低い前方が航法兼爆撃手席、後方の高い位置が操縦席、その後方が無線兼後方射撃手席である。

テストは六月二十五日までつづけられ、三五回飛行したが、休戦により中止となった。一号機は解体されて保管されていたが、四二年十一月、南仏地域独軍占領後、スクラップとなった。

原型二号機は完成間近となっていたが、四〇年六月、独軍がパリ地域に進攻したさいに製造中止となり、そのまま放棄された。

CAO600の要目は次のとおり。

発動機ノーム・ローン14M六七〇馬力×二、全幅一六・五メートル、全長一二・四メートル、全備重量四・七トン、最大速度三八〇キロ/時、航続距離九〇〇(雷爆撃時)〜一五〇〇(偵察時)キロ、七・五ミリ機銃×三、爆弾一五〇キロ×四または四五〇キロ×一、(雷撃時)六五〇キロ魚雷×一、乗員二〜三名。

A47によるもう一つの双発艦上攻撃機は、SNCAM（中部国有航空機製作会社。旧ドボアティーヌ社）の設計したドボアティーヌD750である。本機も三九年七月に海軍の発注により製作されたが、その仕様は三八年一月に発せられたA47技術計画書第三版にもとづいている。

本機も低翼単葉全金属製の双発機で、形態的にはCAO600と同様だが、エンジンはルノー12R空冷式四五〇馬力二基で、出力では前者より落ちるが、テストの最大速度は大差なかった。兵装はおなじだが、偵察時に煙幕展張も可能であった。

大きさはひとまわり小型で、操縦席は一段と高く、全高は二・九メートルある。主翼も楕円翼、垂直尾翼も楕円形で、デザイン的に両者はかなりことなっている。

原型一号機は四〇年初めに完成し、ツールーズからフランカザールに運ばれ、五月六日に初飛行した。テスト中に高度一五〇〇メートルで速度三六〇キロ／時を出している。

本機のテストもCAO600とおなじく六月二十五日に中止となり、その後にスクラップされた。二号機も製造中止により完成しなかった。

発動機ルノー12R四五〇馬力×二、全幅一五・九メートル、全長一〇・四メートル、全備重量四・五トン、最大速度三六〇キロ／時、航続距離九〇〇〜一五〇〇キロ、七・五ミリ機銃×三、爆弾一五〇キロ×四または四五〇キロ×一または六五〇キロ魚雷×一、乗員二〜三名。

一九三九年にA80技術計画が発表され、これにブレゲー社が応じて、四〇年初めに空軍のブレゲーBr693爆撃機を艦上攻撃機に改造したBr810の設計案を提出した。Br693は三九年十月に初飛行した中翼単葉引込脚をもつ全金属製双発爆撃機で、すぐれた性能と洗練されたデザインをそなえ、目下生産中であった。

性能・兵装ともに前二機をうわまわり、期待される内容であったが、戦況悪化により原型機もつくられずに計画は中絶した。

計画要目は次のとおり。

発動機ノーム・ローン14M－6七二五馬力×二、全幅一五・三六メートル、全長一〇・三メートル、全備重量五・五トン、最大速度四九〇キロ／時、航続距離一三五〇キロ、二〇ミリ機銃×一、七・五ミリ機銃×四、M26DA魚雷×一または爆弾四〇〇キロ、乗員二～三名。

艦上機に必要な折りたたみ翼（米海軍機のような後方折りたたみ方式。そのさいの幅は五メートル）、着艦フック、エア・ブレーキをそなえたBr69シリーズ最後の機体であった。

世界初の双発艦攻を計画し、三機種も選定しながら、時機を失したために、新空母とともに消滅せざるをえなかったフランス海軍夢の艦上機であったといえよう。

ジョッフル級の設計思想

一九三八年にサン・ナゼールで着工された空母ジョッフルの工事は、翌年九月の第二次大戦開戦後は工程も遅れがちとなり、四〇年六月の休戦時には二〇パーセントの進捗で、進水にほど遠い状態であった。これにより工事は中止され、船台上の未成船体は解体されること

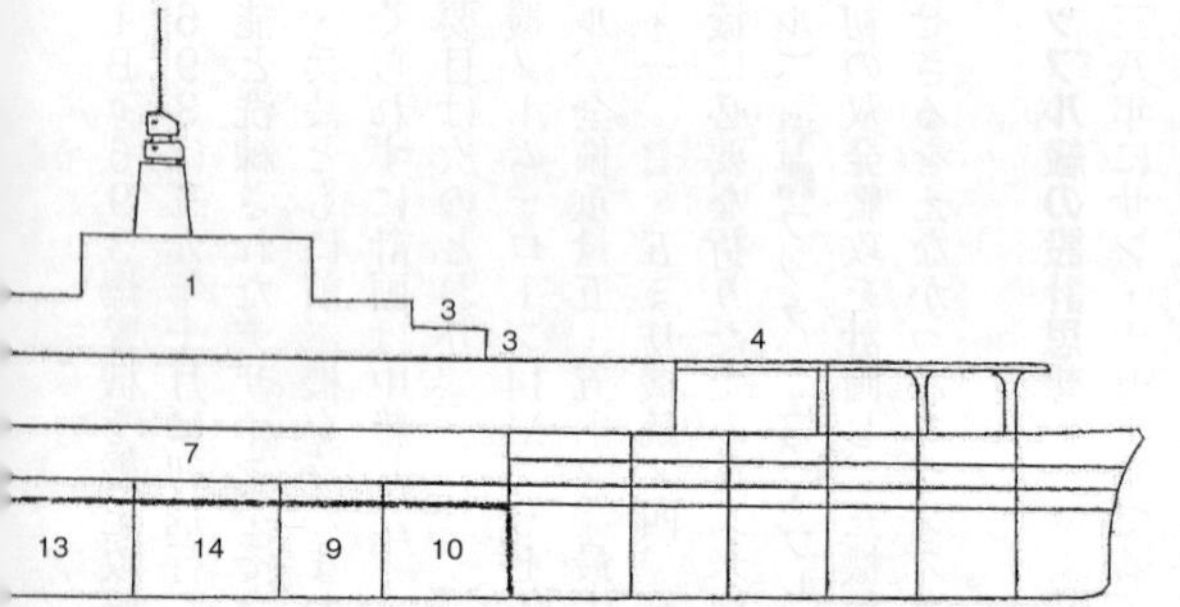

になった。

四〇年一月の状態では、主甲板が張りかけで、機関部分まで達してなく、別掲写真撮影時（一〇七ページ、三九年三月）よりたいして進んでいないようである。

本艦の進水後に同じ船台での建造を予定していたパンルヴェは着工もされずに消え、三番艦は発注もなく、艦名も未定であった。

もっとも、ジョッフルが建造されたプノエ造船所第一船台は、四〇年四月に四〇年度計画の新戦艦アルザス級第一艦の着工が決定されたといわれるから、たとえドイツ軍の進撃がなかったとしても、パンルヴェの建造は絶望的であったようだ。

しかし、戦時中のこの時点で、空母より工期も経費も要する戦艦の建造を優先させたのは奇異に思われる。

フランス海軍当局は、戦争の前途を楽観していたのだろうか。

空母ジョッフル艦内配置図

1. アイランド艦橋
2. 後部エレベーター
3. 13cm4 連装砲座
4. 前部エレベーター
5. 上部格納庫
6. 下部格納庫
7. 居住区
8. 操舵機室
9. 航空機燃料庫
10. 弾薬庫
11. 後部機械室
12. 後部缶室
13. 前部機械室
14. 前部缶室

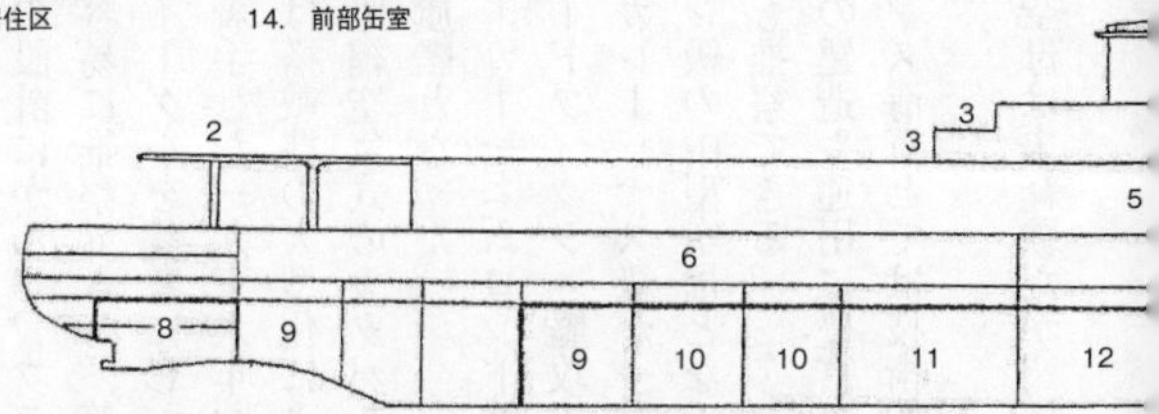

なお、ジョッフルに搭載予定のパーソンズ・タービンは、戦後の一九四七～五一年にブレスト工廠に電力を供給するポルツイク地下動力局に設置されて利用されたといわれる。

未成に終わったが、空母ジョッフルはフランス海軍が建造目的で設計した最初の空母であった。ベアルンの竣工後、同海軍がさまざまな空母の設計をかさねてきたことは紹介したとおりだが、そのほとんどは、設計はしても建造が承認される見込みのない空母であった。

しかし本艦については、仮想敵たるドイツ海軍が空母建造に乗りだし、対抗上フランス海軍も空母を建造せざるを得なくなって設計された、いわば建造が承認された空母であり、デザインもそれまでの空母プランとは一変している。

ベアルンの運用経験から、どのような議論がかさねられて決定にいたったのか、空母として設計の主眼はどこに置かれていたのかを知りたいところだが、今回その資料は得られなかった。それにかんして、若干の推定をくわえて以下に考察することにしたい。

ジョッフル級の設計にかんし、フランス海軍が一番参考にしたのはイギリス海軍の空母であろうことは、容易に推察できる。第一次大戦いらいの友好関係にあり、ベアルン改造のさいもイギリスのイーグルを参考にした前例もある。

本級の設計に着手した一九三六年頃、イギリス海軍ではアーク・ロイヤルが建造中、カレージャス級二隻は搭載機の大型化により、下段飛行甲板が使用不能となり、上段飛行甲板を延長して前端に圧縮空気式のカタパルトを装備するなどの近代化改装を実施、カレージャスは空母部隊の総旗艦となった。

搭載機ではホーカー・ニムロッド艦戦やブッラクバーン・シャーク艦攻にくわえ、新鋭のフェアリー・ソードフィッシュ艦攻の進出がめだっている。

情報としてもカレージャス級が一番得やすかったであろうし、ドイツ海軍に対抗しての緊急建造で二万トン級の中型空母となると、本級あたりを参考にしたであろうことは、搭載機選定の経過からも推察できる。

ただし、空母の建造や運用に豊富な経験をもつイギリス海軍と、ベアルンいらい空母建造実績のないフランス海軍とでは技術的較差が大きく、カタパルトの装備などは望むべくもない。

ドイツ海軍も空母は未経験だが、搭載機には優秀機の登場が予想される。それでフランス海軍が考えた対抗手段が、先の実験で曙光の見えた双発艦攻搭載の空母ではなかったろうか。

本艦の特徴である左舷にずれた飛行甲板は広く使うことが可能であり、竣工時のベアルンと比較すると、長さでは二一メートル長いだけだが、幅はベアルンのように前後で狭められることなく、発着甲板ほぼ全域にわたっておなじ寸法を保っていた。アイランドが飛行甲板外に配置されたこともあって、この長さでは最大のスペースがもうけられている。

この配置により、大型のアイランドも構成可能となり、指揮中枢能力の向上をはかることもできよう。前後のエレベーター間隔を最大にとり、着艦制動索を中央部に配置したのも、双発機運用を考慮したものかと思われる。格納庫面積はベアルンの一・七八倍にもなった。ただし、この段階では、どのような双発艦上機が生まれるか不確定の状態にあり、飛行甲板、格納庫ともに可能な範囲で最大の面積を用意したのではないだろうか。

搭載機種と機数については、一九三六年度のカレージャス級は艦戦一二機、艦攻（雷・爆・偵兼用）三六機の構成になっており、これを参考に双発機採用も勘案し、艦戦一五、艦攻二五の四〇機としたのではないかと考えている。

しかし、世界最初の双発単葉艦上機の実験に成功はしたものの、新空母建造が遅れたために、実際には計画倒れに終わったことは惜しまれる。

発着実験成功の直後から、双発艦上機の開発と、これを搭載する空母の設計と建造に着手していたなら（これは軍備全般にもいえることだが）、そして開戦時にジョッフル一隻でも完成していたならば、開戦後の局面も変わっていたのではないか。

海軍の建艦計画がもう二年早く進められていれば、ダンケルク級戦艦、ラ・ガリソニエール級軽巡などと組んだ有力な空母部隊が生まれていたかも知れないのである。スタートを切るのが遅すぎたのが最大の誤算であった。

非公式に進めた空母研究

かりに一九四〇年にドイツ軍の進攻がなく、空母の建造や艦上機の開発がそのまま続けられたとしても、フランス海軍は完成した双発艦上機の発着訓練はどのように実施する計画だったのか。ジョッフルの完成は四三年以降になったろうし、ベアルンでは実施困難だったと思われる。新鋭の艦上機はLN401やV156Fと同様に結局、陸上の戦闘に従事する運命にあったのではなかろうか。

本級の兵装や防御なども、第二次大戦の水準からみれば問題がありそうだ。ジョッフルが建造中止となった後、ヴィシー政権下でも非公式に空母の研究と設計は続けられ、いくつかの資料が残されている。その中にはPA16の改正案もある。本級についても、ドイツ軍管理下でひそかに研究が進められたことが確認された。

四五年一月のPA16A案では、基準排水量は二万二一三二トンに増加し、機関出力は変わりないが、速力は三二・四ノットといくぶん低下した。

主兵装は同じだが、機銃兵装は四〇ミリ二八門に増加し、搭載機は三〇機（機種不明）に減少したが、航空燃料の備蓄量は原案の二〇〇トンから三七五トンに増えている。この辺の修整は、戦時中に得た情報や知識にもとづいていよう。

同じくPA16B案では、基準排水量は二万二六五〇トンとさらに増加しているが、その詳細は不明である。

このヴィシー政権下で生まれた空母案の中から、デザインの概要が判明しているものを二例紹介しておきたい。

その一つは、戦艦か巡洋戦艦の主砲のような大口径砲を装備する空母である。開戦後、四〇年六月に英空母グローリアスがノルウェー沖でドイツ戦艦の砲撃で撃沈され、四一年五月に戦艦ビスマルクが北大西洋で英戦艦らの集中砲撃を浴びて沈められた戦例から、空母が洋上で敵戦艦と交戦した場合を想定して大口径砲を装備し、これに対抗させようとした設計である。

一種の航空戦艦とも見られようが、主砲は飛行甲板後方に一基装備するだけで、空母機能はほぼそのまま残されている。砲塔は防衛的な性格が強く、やはり大口径砲装備の空母プランといえよう。

これも最初は三〇・五センチ砲装備の計画だったようで、その第一案と見られるPA1は常備排水量二万八七六四トン、三〇・五センチ四連装砲塔一基、長さ二四一メートル、主機電気推進の六万馬力で速力二五ノットとなっているが、搭載機数は不明である。

続くPA1PCは、おなじ三〇・五センチ砲装備だが、防御を強化して最大三五〇ミリとしたので、排水量四万一四五一トン（他に四万七〇〇〇トン、四万九〇一五トン案あり）に増大し、機関出力も一〇万五〇〇〇馬力に上昇した。

この三〇・五センチ砲はクールベ級搭載の四五口径砲と見られるが、連装砲しかないので、四連装砲ともなれば新規に設計しなければならない。

この後に生まれたのがPA1PC1で、主砲は三三センチ砲にあらためられた。これはダンケルク級に装備した五二口径のM1931砲と見られ、四連装砲塔一基を後部に搭載、排水量は四万八〇〇〇トンとさらに増加した。

その最終案がPA1PC2であろう。排水量四万七六一七トン、垂線間長二四二メートル、装甲(最大)二五〇ミリ、三三センチ四連装砲塔一基、一一・五センチ砲二四門、電気推進二軸の出力一二万馬力(速力不明)との記録が残されている。

これではあまりに大きすぎる——との反省が生まれたのか、PA2では主砲を二八センチ四連装砲にあらため、排水量は二万九〇〇〇トンにまで下げられた。しかし、PA3、PA4と主砲は変わらないが、排水量はふたたび増加しはじめる。

まぼろしの巨砲搭載空母

PA5Bは、こうした紆余曲折をへた巨砲搭載空母の最終決定案といえるものであろう。基準排水量四万二〇〇〇トン、全長二四六メートル、巨大なアイランドのデザインや飛行甲板中央に配置された着艦制動索などはジョッフル級によく似ているが、艦首はエンクローズされ、飛行甲板はスタンダード配置となり、後部主砲配置から後部エレベーターは飛行甲板後部にうつされるなど、いくつもの変化が見られる。

兵装は後甲板装備の二八センチ四連装砲塔一基のほかに、一一・五センチ両用砲一二基、二五ミリ機銃三〇梃を装備、左舷外にもスポンソンをもうけるなど、ジョッフルよりはるかに強力である。防御も舷側二五〇ミリ、甲板三〇ミリと重装甲になっている。

これも大戦中の戦訓を取り入れたにちがいない。搭載機種と機数は不明だが、前後のエレベーター・サイズから見て、双発艦攻の使用は変わりないようだ。

機関出力は一一万馬力、二軸の速力三〇ノット。乗員は兵員だけで一五〇〇名を予定となっている。

主砲の二八センチ砲や一一・五センチ砲は、当時のフランス海軍兵器の規格になかった。実際に建造するとなれば、新設計しなければならず、後部主砲発射時の爆風の影響などとともに気になるところだ。しかし、最初から実現は難しく、いわば造船官の習作のようなものであるから、そこまで考える必要はないのかも知れない。

なお開戦後、海戦における航空機の攻撃力はさらに強化され、空母が戦艦を襲っても、戦艦が空母を砲撃する機会は少なくなった。だから、かりにフランス海軍がこのような大型艦建造が可能になったとしても、巨砲装備空母が実際に建造される可能性はなかったのではないか。

次のＰＡ25Ｃは、一九四四年一月に作成された中型空母案だが、排水量は不明である。その前のＰＡ25Ａ2は排水量二万八〇〇〇トンあったが、本艦の垂線間長は一九〇メートルと

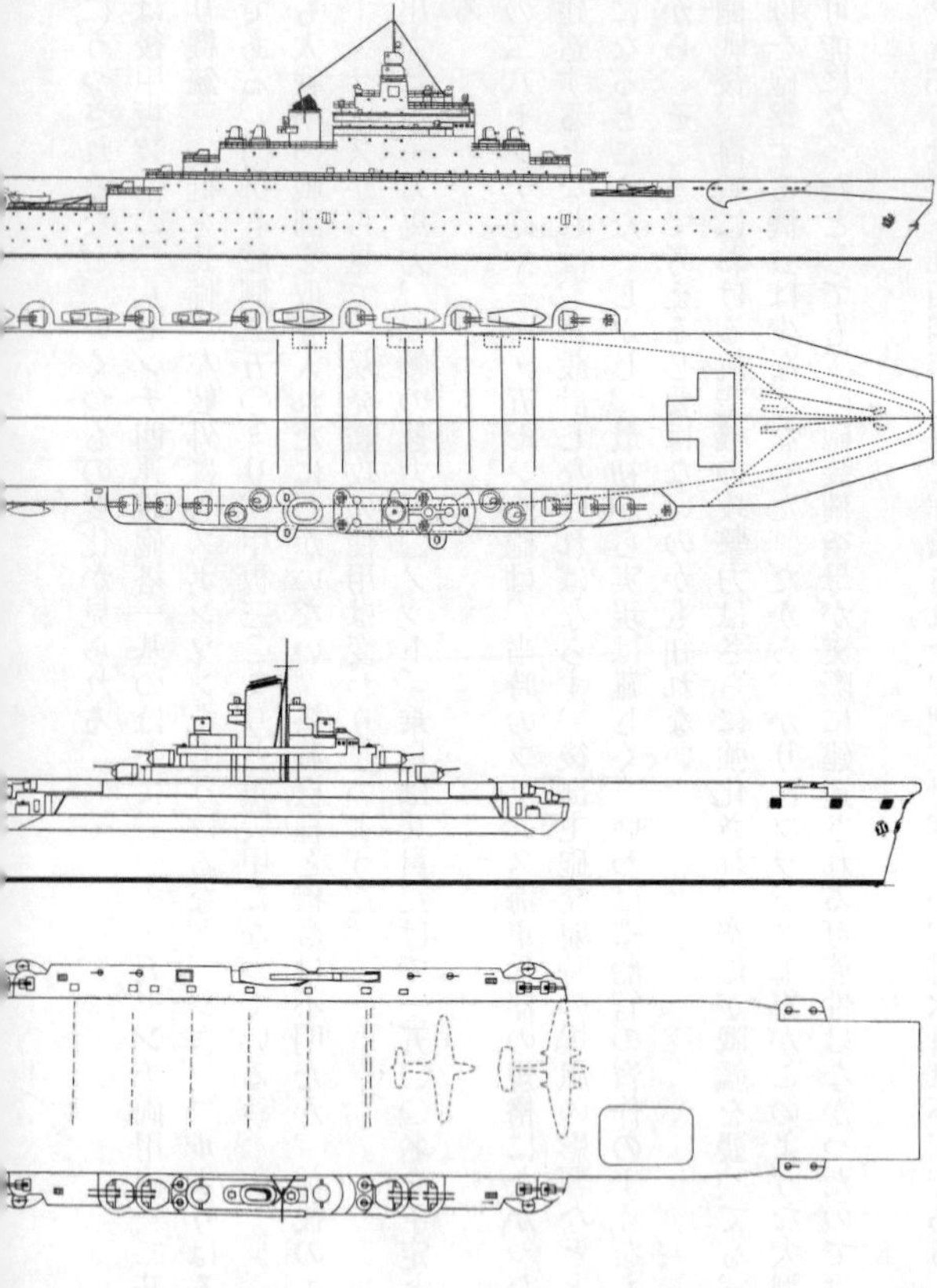

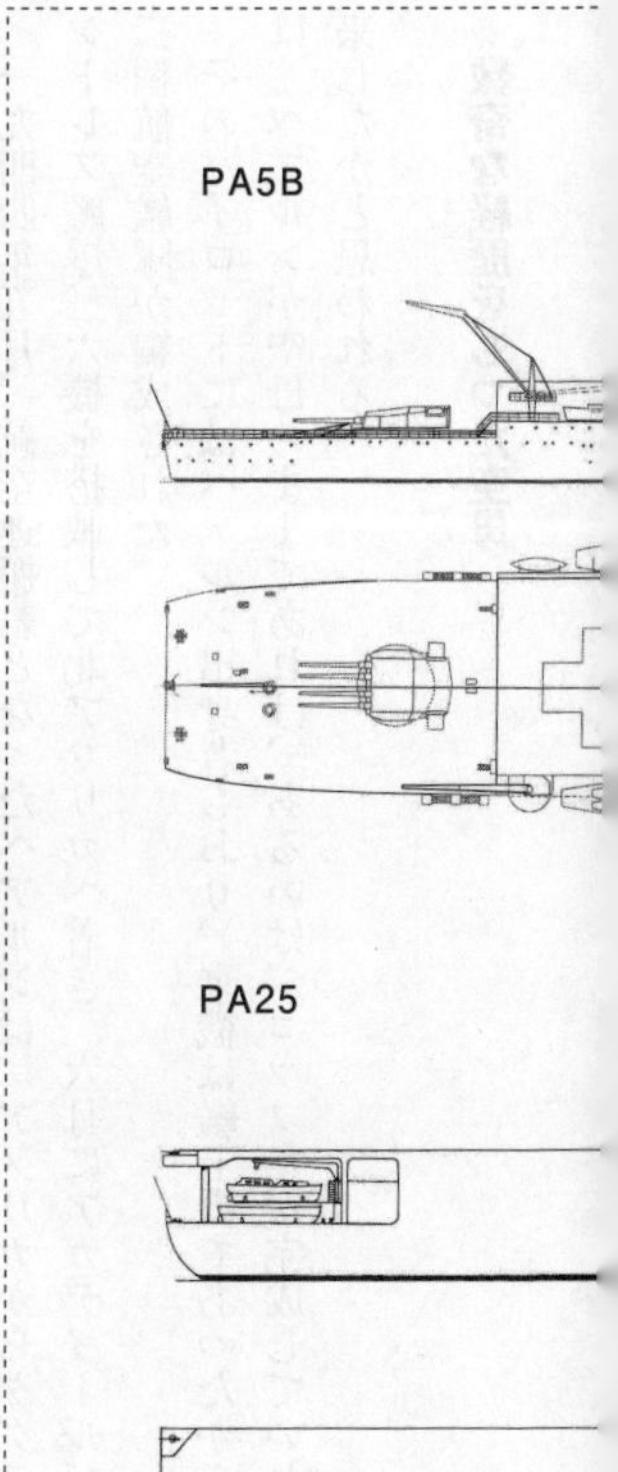

記録されており、さらに軽量であったかと思われる。

着艦制動装置は前級と同じく飛行甲板中央に配置されている。前後のエレベーターは小型になって右舷へ寄せられ、甲板上に双発機と戦闘機のシルエットが描かれているところから、搭載機種はジョッフル当時と変わらず、やはり主翼折りたたみの艦戦と双発艦攻の使用が予定されていたのであろう。

本艦の兵装は一〇センチ高角砲八門、四〇ミリ機銃一六梃、二〇ミリ機銃二〇梃と対空用小火器が増備されている。艦首はエンクローズされ、飛行甲板前後両舷にも機銃が配置されるなど、対空戦闘の強化が確認できる。

この一〇センチ高角砲は、巡洋艦や駆逐艦にも装備した四五口径のＭ１９３０砲と思われるが、四〇ミリと二〇ミリ機銃は自由フランス海軍の諸艦がアメリカで装備されたボフォース式やエリコン式のものを想定しているのだろうか。この後のＰＡ25Ｄでは、四〇ミリ機銃は三二梃に増強されている。

これより前に設計されたＰＡ23は、常備排水量八万八〇〇〇トン、長さ三〇一メートルの超巨大空母であったと伝えられるが、詳細は不明である。ヴィシー政権下で続けられたこれらの諸空母は、いずれも重視されるべき搭載機数が空欄となっているようだ。

この作業は造船部門単独で内密におこなわれたので、航空関係の情報や意見は反映できなかったのかも知れない。

それにしてもドイツ軍管理下で、建造される見込みのない空母設計を続けるフランス海軍造船官の心中を筆者には忖度《そんたく》できないが、国産空母建造への強い願望と熱意は感じられよう。

その伝統が、後のシャルル・ドゴールやＰＡ２の建造につながっているのであろう。

一九四四年五月、航空運搬艦となったベアルンは、アメリカからダグラスＳＢＤ－５ドーントレス艦爆三六機を搭載して北アフリカへ着き、六月にアガディールで３ＦＢと４ＦＢの二個航空艦隊が編成された。

そのパイロットにはベアルン出身者もおり、乗機は艦上機であったから、かれらの胸中には、ベアルンが空母のままであれば、あるいはジョッフルが完成していれば——の思いが去来したかと思われる。

数奇な経歴をもった空母

英海軍から引き渡し時のディズミュード。甲板上に飛行艇が見える

一九四四年、アフリカ戦線でアメリカから届いたダグラスSBDに搭乗した自由フランス海軍のパイロットたち、とくにベアルン乗り組みだった者の間から、空母の存在価値が議論されるようになり、これを望む声が高まってきた。

彼らは洋上で船団護衛に活躍する護衛空母を目撃しており、これらは低速ながらカタパルトを装備していて、SBDのような新しい艦上機も運用できることを知ったからである。これは上層部にも伝えられて、同年十一月、イギリス海軍関係者と会議のさいに、フランス側から要望として出された。

イギリス海軍はアメリカ海軍とも協議して、アメリカから貸与された護衛空母の中から、損傷して任務を離れている二隻を探しだし、貸与可能と連絡した。それは、四四年八月にUボートの雷撃をうけてスカパフローで繋留中のナボブと、おなじ月にグリーノックで出火事故を生じ、その状態で同地にあるバイターであった。

交渉の結果、バイターをクライドで修理のうえ、フランスに引き渡すことになった。

一九四五年四月七日、整備されたバイターはグリーノックに回航され、九日にフランス海軍が受領した。同日付でバイターはアメリカにいったん返還され、あらためてフランスに貸与されて、艦名はディズミュードとなった。フランス海軍としては、ベアルンにつぐ二隻目の空母である。

バイターは最初、C3型P&C（M）貨物船として三九年十二月二十八日、米チェスターサン・シップビルディングで起工された。四〇年十二月十八日に進水してリオ・パラナと命名されたが、イギリス海軍向けの護衛空母（BAVG3）に改造されることになり、四一年九月にブルックリンのアトランティック・ベイスン鉄工所に回航され、空母への改造工事にはいった。

四一年九月十五日に英海軍籍にはいりバイターと改名、四二年五月五日に竣工、D97の艦番号があたえられた。六月二十三日、イギリスに回航され、本国艦隊に編入される。九月に第八〇八中隊（フェアリー・フルマーⅡ艦戦六機）と第八三三中隊（フェアリー・ソードフィッシュ艦攻六機）が配属されて船団護衛訓練にはいる。

本艦はアメリカで建造されたアーチャー級五隻の三番艦にあたり、新造時の要目は次のとおり。

基準排水量一万三三六トン、満載排水量一万五七〇〇トン、全長一四九・九六メートル、幅二一・一八メートル、吃水六・四〇メートル。

主機ドックスフォード式ディーゼル二基／一軸、出力八五〇〇馬力、速力一七ノット。燃料搭載量三二〇〇トン、航続力一〇ノット―一万四五五〇海里、装甲・舷側などに九・五〜

一二・七ミリの薄い防御がほどこされている。

兵装一〇・二センチ（五〇口径）単装砲三門、二〇ミリ機銃一〇門、一二・七ミリ機銃六梃、搭載機一五機、カタパルト一。乗員五五五名。

本艦は通常アーチャー級の三番艦とされているが、アーチャーは主機型式や排水量などが他とことなるため、二番艦の名をとってアヴェンジャー級と呼称されることもある。

これら四隻はアメリカで建造されてイギリス海軍に貸与されたことから、米海軍ではBAVG（英海軍貸与航空護衛艦）と呼称され、バイターはBAVG3である。BAVG1のアーチャーは米海軍護衛空母（当時はこの名称はなく補助空母）第一艦のロング・アイランド（AVG1）にほぼ近かった。

また、BAVG4とされながら、イギリス海軍パイロット養成のため、アメリカに残って米海軍艦籍にはいりAVG30となったチャージャーは、アヴェンジャー級と兵装はことなるも同型といえるかと思う。

その代艦として、イギリス海軍には四三年にアタッカー級のトラッカー（BAVG6）が貸与された。

後部エレベーターの謎

イギリス海軍では受領後、BAVG1のアーチャーは飛行甲板延長や露天式航空指揮所の設置、米海軍の一二・七センチ砲からイギリス海軍の一〇・五センチ砲へ換装、対空および対水上レーダー、高周波方位測定機などを装備する諸工事が実施された。

つづく三隻も同様に施工されたが、艦首の小船首楼が廃されて軽いシーアがもうけられ、バイター以降は航空指揮所にかえて、右舷前方に小型艦橋をもうけるなどの近代化が進められた。

就役後、対空兵装は強化されて二〇ミリ機銃が増備された。したがって、アーチャーとアヴェンジャーは平甲板型だが、本艦とダッシャーは、以降の護衛空母と同様に小型のアイランドをそなえて、外観上も相違している。

バイターの飛行甲板は長さ一三四・七メートル、幅二一・三四メートル、薄い鋼板をほどこした木製で、前方に三基のバリアー、その後方に着艦制動索九基がもうけられて、六〇ノットで着艦する四・五トンの機体を制止可能である。

左舷前方に油圧式のH2型カタパルト一基を装備し、三・二トンの機体を六一ノットで射出する能力がある。後方に長さ一〇・四メートル、幅一二・八メートルのエレベーターがあり、長さ五七・九メートル、幅一四・三メートル、高さ四・九メートルの格納庫と直結している。

航空燃料庫は三万六〇〇〇ガロンを貯蔵できる。搭載機数は定数一五機であるが、機種や主翼折りたたみなどにより、最大三〇機程度まで可能とされている。

先に、ジョッフルの後部エレベーター位置がわからず問題になった例を紹介したが、バイターについてもエレベーターに関する疑問が生じていた。

1950年代のジェーン軍艦年鑑に掲載されたディズミュードの艦型図

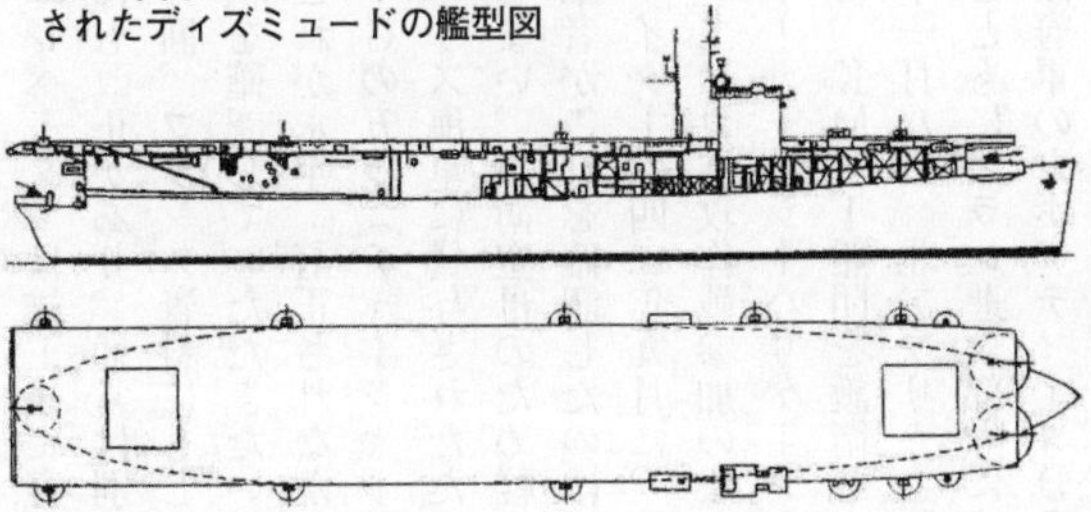

ディズミュード平面図

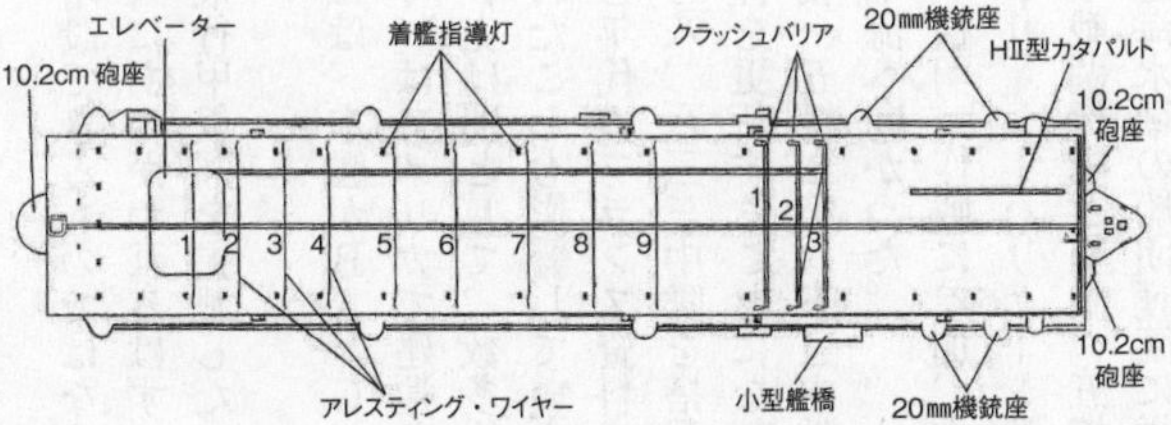

それはフランスに移ってディズミュードと改名して以後の話であるが、本艦の飛行甲板上のエレベーターが前後二基とされた艦型図がいくつかの資料でももちいられていることだ。

ネームシップのアーチャーやアメリカに残されたチャージャーは後方に一基なのに、同級である本艦では前部にもう一基そなえたことになっている。

そのルーツをたどっていくと、一九五〇年代のジェーン軍艦年鑑が最初らしい。一九七〇年代にフランスで出版された空母資料にも、そうした平面図が載っていたから、他国でそう思われたのも無理はなかったのかも知れない。

エレベーターは竣工後に容易に増設できるものではなく、その数が増えれば重量も増し、他にも改正があり、通常は別クラスにあつかわれるはずである。

今回、フランス資料にもとづく飛行甲板図を掲載したので、正しいエレベーターの位置や形状を確認していただきたい。

これが永年、訂正されなかったのは、本艦がBAVGであったことも関係ありそうだ。BAVGの五隻（チャージャーを除く）はアメリカで建造されながら、米海軍艦籍にはいらずイギリス海軍に貸与されたため、戦史は別として、数多くの英米空母建造技術資料から洩れてしまい、護衛空母のため軽視されたことも影響していよう。

筆者がこれを確認したのは、九〇年代のフランス資料であった。

バイターは四二年九月に、第八〇八、八三三中隊を搭載して実戦配備についた。しかし、北アフリカ進攻作戦参加のため機種を更新することになり、十月には搭載機を第八〇〇中隊のホーカー・シーハリケーンⅡ艦戦一五機と第八三三中隊のソードフィッシュⅡ三機にあらため、KMF1船団を護衛して地中海へ向かった。

十一月八日、北アフリカ上陸の「松明《トーチ》」作戦に参加、本艦は空母フューリアス、ダッシャーとともにオラン進攻部隊にくわわり、シーハリケーン戦闘機は艦爆隊を護衛して仏ヴィシー政府軍のドボアティーヌD520戦闘機隊と交戦、五機を撃墜したという。

四三年四月、イギリス本土西側近海水域《ウエスタン・アプローチ》の船団護衛に従事、第八一一中隊のソードフィッシュ艦攻とワイルドキャット艦戦によりUボートの警戒にあたった。下旬にはハリファックス向けのONS4船団を護衛、四月二十五日、北大西洋で駆逐艦パスファインダーとの協同攻撃でU203を撃沈する戦果を上げた。

五月も北大西洋で船団護衛に活躍し、HX237、SC129船団に随行、五月十四日には駆逐艦と協力してU89を撃沈した。

十月にはON207船団、十一月にはHX265およびSC146船団を護衛、この時はUボートの攻撃をうけたが、被害はなかった。十一月十六日、搭載したソードフィッシュ一機が舷側に墜落、その装備魚雷が爆発して本艦の舵を損傷、修理に一ヵ月を要した。

四四年二月、空母トラッカーとOS68およびONS29船団を護衛、二月十六日、グライダー爆弾攻撃をくわえてきた独ユンカース290爆撃機一機を護衛のワイルドキャット艦戦が撃墜した。船団側に被害はなかった。

三月、SL150およびMKS41船団を護衛、四月にはOS73およびKMS47船団を護衛した。四月十四日、バイターに雷撃をくわえた（命中せず）U448を、護衛していたスループのペリカンとカナダ海軍フリゲートのスワンシーが協力して撃沈した。

六月、ジブラルタル行き船団を護衛。八月二十一日、護衛任務から航空機輸送任務に移されてグリーノックに在泊中、火災事故を起こしたのが運命の転機となり、フランス海軍移籍という、他の護衛空母とはまったくことなる道を歩むことになった。その経緯は既述のとおりである。

その間に兵装は、四三年に一二・七ミリ機銃を撤去、かわりに二〇ミリ機銃を増備し、四三年十月、二〇ミリ機銃は二一梃になっていた。四三年の基準排水量は一万二八五〇トンであった。

護衛空母ディズミュード

引き渡し後のフランス海軍の公表要目は次のとおりである。

基準排水量八二〇〇トン、満載排水量一万六二〇〇トン、全長一四九・九六メートル、垂線間長一四一・七三メートル、幅二一・一八メートル、吃水八・七〇メートル。

主機(型式、基数等省略)出力八五〇〇馬力、速力一五ノット。燃料搭載量一九〇〇トン、航続力一四ノット一二万四九〇〇海里。

兵装一〇・二センチ砲三門、二〇ミリ機銃一九梃、搭載機一五機、カタパルト一。乗員八〇〇名。

バイター時代とくらべて基準排水量の開きが大きいが、これはバラストなど英仏海軍での基準の相違によるものと説明されている。

ディズミュードはカサブランカ経由で五月二十七日にツーロンに入港、その姿をフランスの人々に披露した。商船改造の護衛空母のためベアルンより小型で、搭載機数や性能も劣っていたが、カタパルトの装備により艦上機の運用能力はベアルンより優れていた。

すでに欧州の大戦は終了しており、本艦に課せられた最初の任務は、アフリカ方面から帰

予備艦となったディズミュード

国する人々と貨物の輸送であった。広い格納庫は大型車両でも容易に収容できるので、この任務に適しており、物資輸送任務は一九四六年もつづけられた。

一九四七年からインドシナ戦争がはじまり、本艦はベアルンとともに航空機や弾薬などの軍需物資輸送に従事、さらにアメリカからグラマンF6F、カーチスSB2C-5などの輸入機輸送にあたった。

また、現地でダグラスSBDを発艦させて直接戦闘に介入するなど、その活動は五〇年までつづくが、それを紹介すると長くなるので、詳細は省略したい。

兵装については、四九年一月には一〇・二センチ砲三門と二〇ミリ機銃一五梃を装備していたが、五二年一月四日付で航空機運搬艦に類別され、兵装はすべて撤去され、乗員は三五〇名（士官一一名、兵員三三九名）に縮小された。それ以前の艦種は護衛空母であった。

一九五六年に飛行甲板後方に大型クレーンを設置、四〇ミリ機銃四梃、二〇ミリ機銃一〇梃を再装備して、米ノーフォークでTBM、T6、H21、S58、S55などの諸機種を積載、大西洋と地中海を往来して、ツーロン経由でアフリカのビゼルタやアルジェに運ぶ遠征旅行を実施している。それは五七年以降もつづけられた。

一九六〇年六月十三日、ディズミュードは予備艦となり、旧潜水母艦ジュール・ベルヌにかわる宿泊艦としてサン・マンドリエに繋留された。六六年六月十四日、ツーロンでアメリカに返還され、米ミサイル駆逐艦サンプソンに曳航されてフランスを離れた。その後、本艦は第六艦隊で標的として沈められたという。

一方、ベアルンの航空機輸送によるインドシナ戦争支援は四六年で終了し、四七年からツーロンに兵装を撤去して繋留され、教育訓練艦、潜水艦乗員宿泊艦などに使用された後、六七年三月三十一日に除籍された。後、イタリアの解体業者に売却され、ラ・スペチアで解体された。

飛行甲板上に零式水偵を搭載したベアルン

コマンダン・テストも四六年に引き揚げられ、船体の損傷が少なかったので、一時は高速輸送艦または練習空母への改造も検討されたが、結局は中止となり、五〇年五月十日に除籍売却された。その後、アメリカ関係の倉庫として利用され、解体されたのは六三年であった。

フランス空母のしめくくりとして、珍しい写真をお目にかけよう。ベアルン飛行甲板上の零式水偵（E13A1）である。一九四六年三月九日、インドシナ半島ラ・ノワ入港時の光景で、第八航空艦隊に同機三機が編入されていた。戦後、仏印方面で接収されたものと思われるが、詳細は不明である。

なお、フランス海軍の双発艦上機の研究開発は戦後もつづけられ、雷撃機または攻撃機として、ノール1500（四七年）、サントルNC1070〜1071（四七〜四八年）、ブレゲー1100M（五七年）、121（六九年）が試作されたが、いずれも実用化にはいたらなかった。

現在、シャルル・ドゴールに搭載されているダッソー・ラファールMこそ、フランス海軍が二〇〇二年に取得した最初の国産双発艦上戦闘攻撃機であった。

第二章　ドイツ海軍の空母建造計画

帝政ドイツ海軍は、イギリス海軍やフランス海軍とことなり、第一次大戦前は陸上機、水上機を問わず、航空機搭載艦には関心をもたなかった。

ドイツ軍には、ツェッペリン飛行船に代表される有力な飛行船隊があり、哨戒や遠距離偵察から爆撃にいたるまで、航空作戦には飛行船を主用する方針で、その種の艦を必要としなかったのである。

また、この当時の航空機は兵器搭載量、航続力ともに飛行船におよばず、開戦後、浮上航行した潜水艦に水上機を積んで、洋上で沈下発進させて英仏本土の爆撃を実施したのも、その航続力不足をおぎなうためであった。

だから戦前は空母の研究すら着手せず、開戦当初も他の艦艇建造を優先させていた。もし必要が生じても、戦艦や巡洋艦に何機か搭載すれば十分と考え、多少の水上機を保有していたが、航空戦の主力は陸軍の飛行船隊にゆだねられていた。ツェッペリン飛行船がロンドンを初空襲したのは一九一五年八月であった。

開戦後に飛行機の評価は高まってきたが、海軍が商船の水上機母艦への改造に着手したのは、戦闘目的より、北海の航空基地に水上機を補給輸送するためであったという。だから、対象とされた船も、イギリスよりかなり低速であった。

ドイツ最初の水上機母艦

最初に水上機母艦（当時の艦種は航空母艦＝Flugzeug Mutterschiffe）に改装されたのはハンブルク・ブレーメル・アフリカ汽船の貨客船アンスヴァルトで、一九〇九年九月にフエゲザックのブレーメル・フルカン社で進水した。

工事は一九一四年八月からダンチッヒ工廠で開始され、船橋前面と後甲板に格納庫をもうけて水上機を収容し、揚収は前後檣のデリックを利用する方式であった。

格納庫は最初、帆布製の簡易なものを予定していたが、中の機体が火災の危険や風雨の影響をうけやすいことから、鉄骨と木板の側壁をそなえたものに改められた。しかし、飛行機の出し入れをする側は、作業が容易なように帆布製とされた。

前部格納庫は一六・四メートル×一二・四メートル、後部格納庫は一六・九メートル×一二メートルのサイズで、それぞれ一機を収容したから定数は二機であるが、のちに格納庫上に一機を露天繋止して三機に増強した。他に補用機として、三機を船艙内に分解格納することにより、最大六機の搭載が可能であった。

中甲板には簡易な飛行機修理施設ももうけられた。

水上機を発進させる時は、台車で機体を格納庫からデリック位置まで移動し、デリックで

アンスヴァルト

FSIアンスヴァルト（1916年）

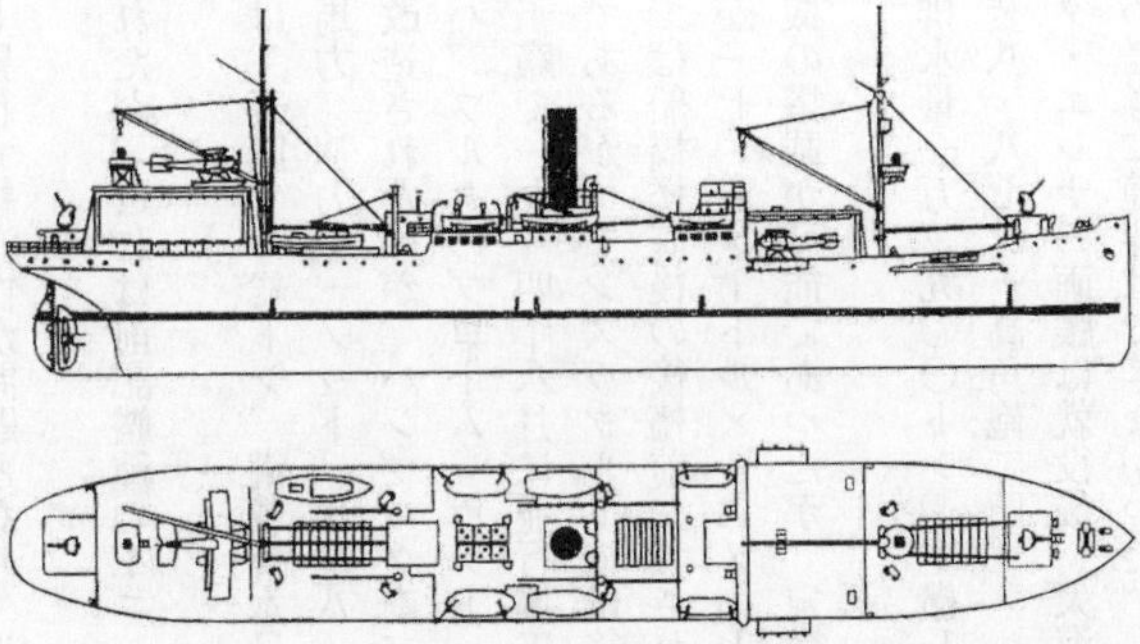

海上に降ろした。この時、デリックを舷外一〇メートル以上も張り出す必要があり、既設のものでは長さが足りず、前後ともにデリックを改めて、舷外一二メートルまで延ばすことができた。

本艦は水上機母艦と水雷艇母艦を兼務しており、水雷艇に補給する石炭、重油、水、修理機材などを搭載し、広い病室もそなえていた。

無線設備、のちには探照灯も装備され、補給後を考慮して三〇〇〇トン以上のバラストも積載していた。

工事は八月下旬に終わり、北海で公試にはいったが、低速と航空装備の増設で重心が上昇して航洋性が問題となり、追加工事とバラストの増載をほどこさねばならなかった。

本艦はFSIとも呼ばれたが、これは前記艦種のイニシャルを取り、その第一号を意味していた。

アンスヴァルトの要目は、五四〇一総トン、満載排水量一万三二〇〇トン、主機レシプロ二基二軸、出力二八〇〇馬力、速力一一ノット。兵装八・八センチ高角砲二門。

つづいて水上機母艦に改造されたのが、ハンブルク南アメリカ汽船会社の貨客船サンタ・エレナで、一九〇七年にハンブルクのブローム・ウント・フォス社で進水した。アンスヴァルトとおなじダンチッヒ工廠で一九一四年八月に並行施工され、FSⅡと称した。

改装要領は前者と同様であるが、アンスヴァルトでは後部格納庫が後檣後方の後甲板にもうけられていたが、本艦では船橋楼直後の後檣前に移されている。

格納庫の大きさは前部が一七・五メートル×一二メートル、後部が一六・七五メートル×一二メートルで、二～六機の搭載が可能であったが、定数は三機（のちに四機に増加）とされた。

七四一五総トン、満載排水量一万三九〇〇トン、主機レシプロ一基一軸、出力二八〇〇馬力、速力一一ノット。兵装八・八センチ高角砲二門。

アンスヴァルトとサンタ・エレナの両艦は就役後、大海艦隊の付属となり、北海沿岸で行動していたが、低速のため艦隊に随伴はできなかった。

サンタ・エレナ

FS II サンタ・エレナ（1916年）

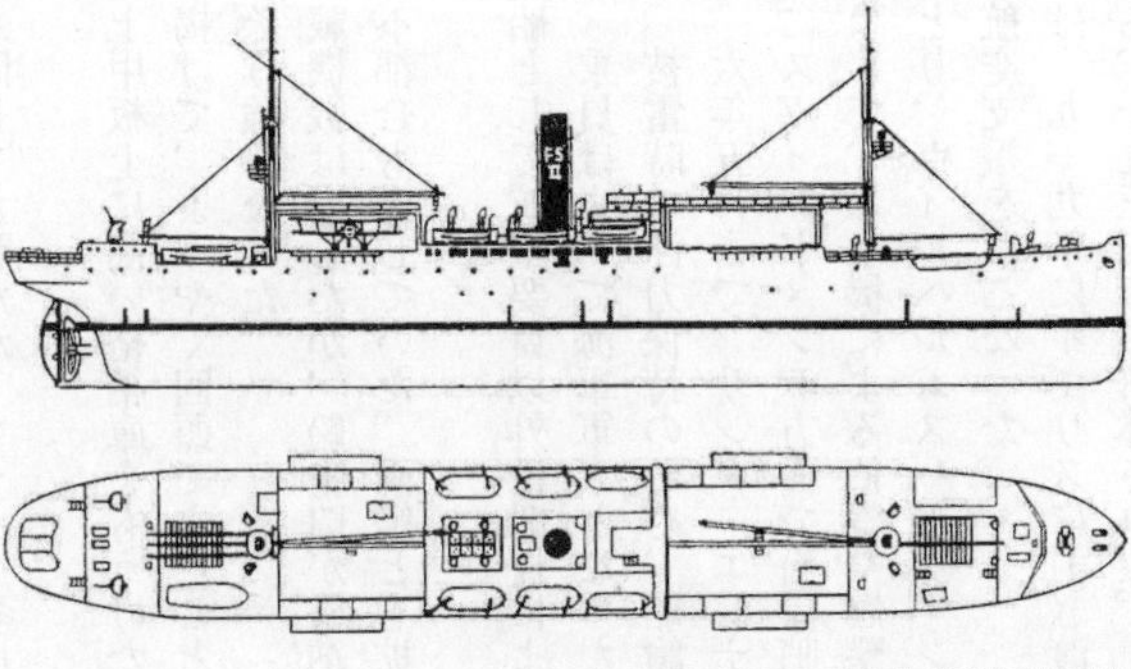

一九一四年十月末、アンスヴァルトはフリース諸島に陸上航空隊の基地が創設されたことから東海艦隊に編入され、サンタ・エレナも一九一五年八月、ボルタムの格納庫竣工後、東海艦隊に移って、ともにリボウを基地としてバルト海で活躍した。

その主要任務はズドン哨戒、バルト海のロシア領への攻撃や敵潜水艦の探索であった。また、陸上航空基地のない港湾へ出動して、海上航空基地として作戦協力も実施した。

搭載機はフリードリッヒスハーフェン水上機で、一九一四年型のＦＦ29から一九一八年型のＦＦ64までの各タイプが使用

（これは後述の他の水母も同じ）されたが、もっとも多用されたのはＦＦ33シリーズであったという。

両艦とも乾舷が高く、上甲板上に高い格納庫をもうけたために、荒天下では航行困難となり、強風下では前に帆を掲げて、ようやく回頭できたこともあった。一九一五年の格納庫拡張後は、その傾向がいっそう強くなった。

この格納庫工事後、搭載機数は増したが、船艙口が格納庫にふさがれ、分解機を甲板下に格納できなくなるなどの不都合も生じていた。両艦とも拡張後は、小型機なら六機まで搭載可能であった。

なお、それまでは特設船として航空要員以外は船員により運行されていたが、この工事後は正式に艦籍にはいって、乗員はすべて海軍軍人となった。高角砲の装備も、この時に実施されたという。そのさい、被雷時の浮力保持のため、船艙内に空き樽を多数搭載した。

アンスヴァルトは一九一六年五月まで、サンタ・エレナは一九一八年十月までバルト海にあり、その後、前者は主にスヴィンドメンデ方面で沿岸哨戒に従事、サンタ・エレナはリガ湾内の諸島進攻作戦に従事して、水上機による偵察や爆撃を実施した。

十一月以降は本国にもどり、ヴィルヘルムスハーフェンを基地として、北海方面の機雷敷設作戦および掃海作戦の航空支援をおこなった。

戦後、アンスヴァルトは一九一九年にイギリスに引き渡されてヴァルカン・シティと改名、商船として使用されたのち、一九三三年に解体された。

サンタ・エレナも一九年にアメリカに渡り、その後、イギリス、フランス、イタリアを転々とし、四三年九月のイタリア降伏によりドイツにもどったが、四四年八月、マルセイユで沈没、四五年に解体された。

拿捕船二隻の数奇な運命

三隻目の特設水上機母艦となったのはオスヴァルトである。

イギリスのインペリアル汽船の貨物船オスウェストリーとして一九〇五年十一月にサンダーランドで進水して運航されていたが、一四年六月の開戦時にダンチッヒでドイツに接収された。一七年夏、掃海母艦オスヴァルトとなり、九月から輸送任務に従事、十一月までアルビオン作戦に参加した。

バルト海方面の航空作戦強化のため、一八年二月からダンチッヒ工廠で水上機母艦への改造工事が開始され、七月に完成してFSⅢとしてバルト海へ派遣された。

改装内容は前二隻と同様であったが、船体は一番小型であった。船橋楼の前後に格納庫（前部二〇・八メートル×一四・五メートル、後部二三・五メートル×一五・四メートル）をもうけ、デリックも増設して水上機四機を搭載した。

第四駆逐隊に所属し、オレ・サウンドおよびカテガット南方で活躍し、主に哨戒従事の潜水艦が帰投のさいの航空護衛を実施した。

三六五七総トン、満載排水量七六四〇トン、主機レシプロ一基一軸、出力二三〇〇馬力、

オスヴァルト

FSⅢオスヴァルト（1918年）

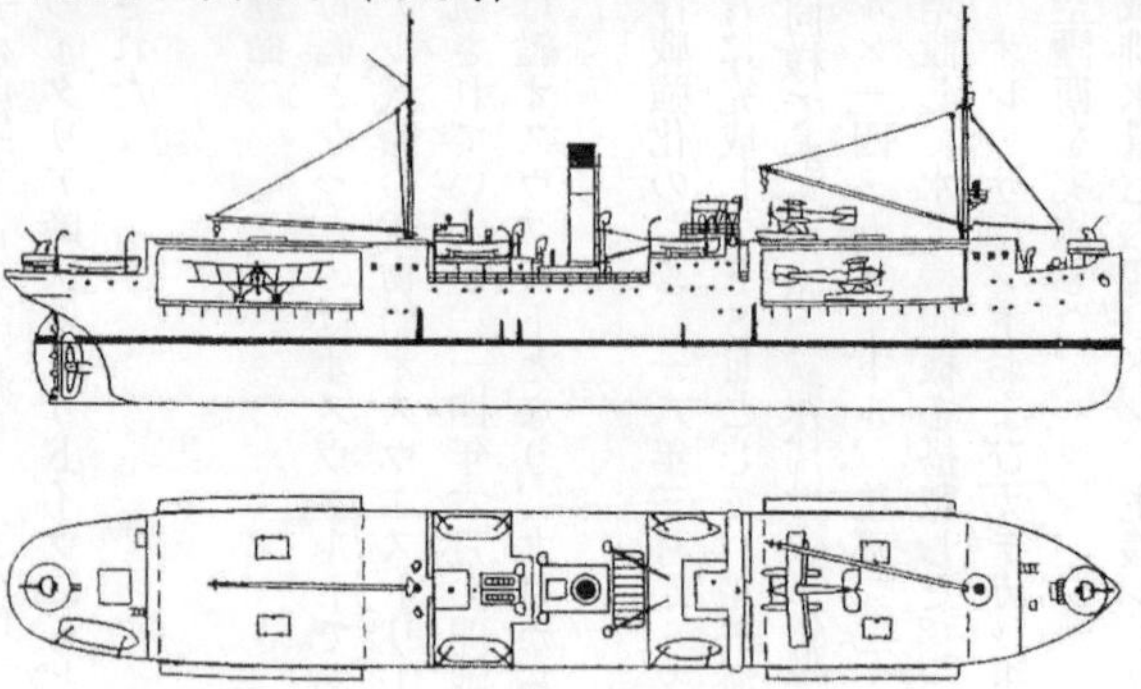

速力一〇ノット。兵装八・八センチ高角砲二門。

　戦後、イギリスに返還されたのち、日本に売却されて大連汽船の「永安丸」（三八二五総トン）となり、一九四五年七月二十五日、鳥取県御来屋《みくりや》沖で空爆をうけて沈没した。

　グリュンドヴルは、開戦時に拿捕した英貨物船グリンドウルを水上機母艦に改装したもので、この工事もダンチッヒ工廠でおこなわれた。船体はオスヴァルトよりさらに小型のため、格納庫はもうけず、水上機二機は後檣前後の上甲板に露天繋止された。

　一九一四年二月に就役し、翌

年初めからバルト海に派遣されてパイロット訓練に従事した。一五年一月に搭載機数を四機に増やし、五・二センチ砲二門を装備して、三月からメメルを基地として航空支援を開始した。

五月にリボウに進出し、サンタ・エレナとともに偵察や爆撃任務に従事したが、六月四日に触雷大破し、リボウで応急修理ののち本国に回航された。

ダンチッヒで修理を実施、そのさい防水隔壁を三ヵ所増設し、船艙内に空き樽を積む浮力保持対策もほどこされた。兵装も一〇・二センチ砲二門に換装された。

一五年十二月、修理を終えてバルト海に復帰したが、修理不十分で現地で作業がつづき、翌年四月まで活動できなかった。一六年九月以降は水上機を降ろし、ズドンの燈光堰船《サーチライト・バリヤー》、または機雷貯蔵船として一九一八年まで使用された。

一四年就役時の要目は次のとおり。

二二四五総トン、満載排水量三六〇〇トン、主機レシプロ一基一軸、出力一六〇〇馬力、速力一〇ノット。搭載機二機。

戦後、一九年にイギリスに返還され、修復のうえ商船アケンサイドとなり、二〇年代にギリシャに売却、第二次大戦も生き延びて、五〇年代に解体されたといわれる。

乗員に愛された日本水偵

以上のほかに、一九〇九年建造の貨物船アデリーネ・フーゴー・シュティネス3（二七〇九総トン、一一ノット）も大戦中に特設水上機母艦になったといわれる。

同船は一四年にドイツ海軍が入手し、水雷艇用の給炭船としたようだが、いつ改装され、どんな任務に服したかは明らかではない。格納庫は持たず、ハッチ上に水上機三機を搭載したとされ、兵装も持たなかったようである。

ドイツ海軍本部編纂の戦史にも記載はなく、実戦には参加しなかったと見られるが、詳細は不明である。

さらに、一九一二年建造の貨物船ヴィクベルト（三三六七総トン）の水上機母艦改造計画もあったが、実施前に同船が触雷大破したので中止された。

ドイツ海軍は、大戦前は英仏海軍のように飛行機発進実験をおこなわず、水上機母艦の整備にも関心がなかったようだが、開戦後はその必要にめざめ、特設水上機母艦四隻をもうけてバルト海方面で諸作戦にもちいたことは前述のとおりだが、水上機の艦上運用はこれにとどまらなかった。

一九一四年九月に、装甲巡フリードリッヒ・カール（九〇八七トン）にアルバトロスWDならびにルンプラー4B2両水上機を一機ずつ搭載し、ドイツ海軍最初の艦載機とした。

同艦は同年十一月十七日、バルト海で触雷沈没したので、あまり活躍する時間はなかったようだが、この時もルンプラー機が搭載されていて、艦と運命をともにしたといわれる。

大戦中、ドイツ海軍は一九一五〜一六年に特設巡洋艦数隻を出撃させて通商破壊戦を実施している。

その一隻ヴォルフ（商船名ヴェストフェルス、五八〇九総トン、一五センチ砲七門、五〇センチ魚雷発射管四基、機雷四六五個、速力一〇・五ノット）はインド洋、太平洋にも進出し、一八年三月に帰国するまでに、捕獲船三五隻、二万八〇〇〇トンの戦果（その中には日本の「常陸丸」もふくまれていた）を挙げている。

本艦はフリードリッヒスハーフェンＦＦ33Ｅ一機を搭載して、偵察ならびに敵船停船用につかっていた。乗員はよく活躍した本機に「狼ちゃん《ヴェルフヒェン》」の愛称をつけたという。

余談であるが、第二次大戦中、通商破壊戦で活躍したドイツ特設巡オリオンは、アラドＡｒ196水偵のほかに、日本から購入した中島飛行機製の九五式水偵一機を搭載していた。同機は取り扱いやすく、高性能で評判がよかった。乗員はメーカーをドイツ語読みして「ナカイーマ」の愛称をあたえ、ボロボロになるまで使用したといわれる。

ドイツ海軍には優れた艦載機にたいし、艦の乗員が敬愛をこめたニックネームを捧げる慣習があるようだ。

第一次大戦でドイツ海軍がもちいた艦載水上機の代表として、フリードリッヒスハーフェンＦＦ33シリーズを挙げておきたい。

本機はベンツ一五〇馬力発動機装備の複葉双浮舟水上機で、乗員二名、一九一六年から五〇〇機以上が製造され、戦闘機、偵察機など、さまざまなタイプがある。最大速度は一二五〜一四〇キロ／時に達した。艦載機にはＥ、Ｆ型などの偵察機タイプが主用されたが、時には爆撃も実施している。

求められた新水上機母艦

第一次大戦開戦後、水上機母艦の必要を認めて、商船数隻を改装して就役させたドイツ海軍であったが、哨戒や局地偵察は実施できても、低速のため艦隊と行動をともにして、敵情偵察をはたすことはできなかった。

艦隊に随伴して、作戦海域の偵察や哨戒をつとめるとなれば、さらに優速で航洋性のある水上機母艦が必要とされる。

それまで実施した北海での機雷敷設や掃海作戦、対潜護衛や偵察、爆撃などの諸任務も、戦局の進展につれて、しだいに陸岸から離れた遠い洋上にうつるようになり、これまでの水上機母艦や陸上基地からの航空支援作戦はますます困難となり、効果も減ってきた。

一九一七年十二月はじめ、大海艦隊から海軍当局へ新しい水上機母艦の要求が出された。ヘルゴラント・バイト水域への機雷敷設ならびに掃海作戦に対して、広範囲の航空偵察が実施できるように、巡洋艦を一隻以上改造して水上機母艦にしてほしい、という内容であった。

北海での機雷作戦、掃海作戦実施にさいして、これを阻止しようと接近するイギリスの海上部隊を、空中偵察や哨戒によりいち早く発見する必要があった。それには、従来の商船改造の水上機母艦では能力不足で、艦隊に随伴可能な航洋力と速力をそなえた巡洋艦クラスの水上機母艦が望まれたのである。

ドイツ海軍では、一九〇七年竣工のダンチッヒ（三七八三トン）、シュテッティン（三八

改造後のシュトゥットガルト

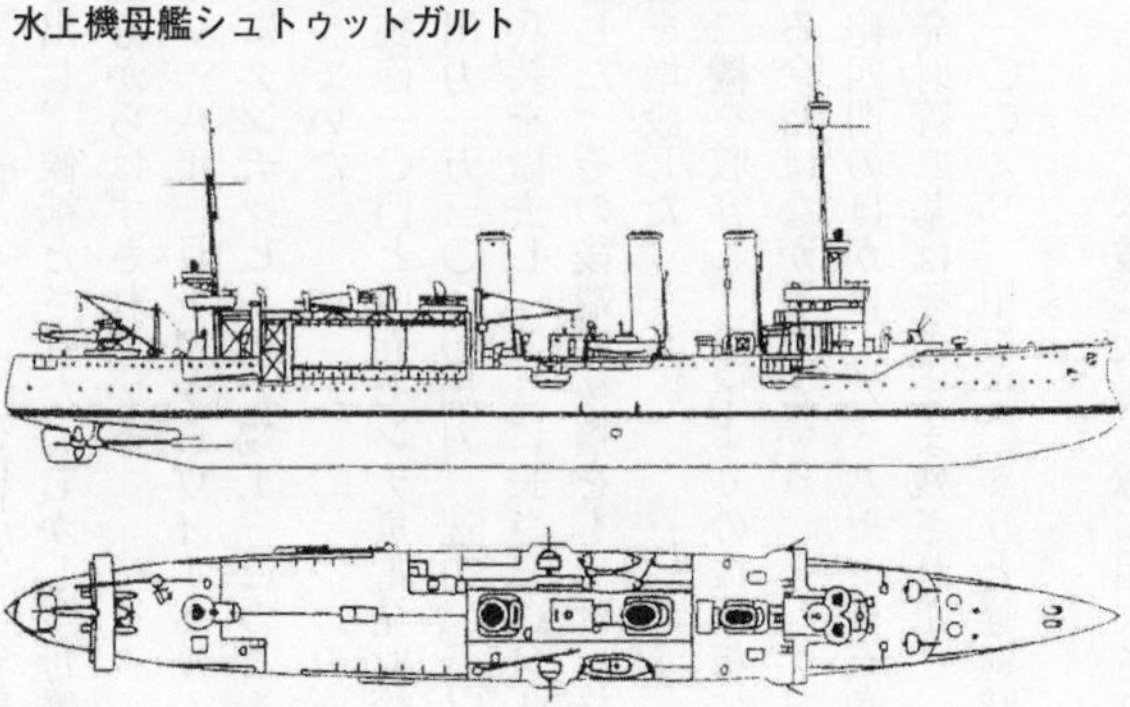

二三トン）、一九〇八年竣工のシュトゥットガルト（三四六九トン）、一九一〇年竣工のコルベルク、アウグスブルク（四三六二トン）、一九一二年竣工のシュトラスブルク（四五六四トン）と、六隻の軽巡をその対象として選び出した。

調査のうえ、一八年一月にシュテッティン、シュトゥットガルトの二隻を水母に改造することになった。

そのさい、優速の商船についても調査をし、大型客船インペラトル（五万二一一七総トン）と近海用小型客船カイゼル（一九一六総トン）の二隻も速力一八ノットを出し、候補とされた。しかし、母艦としては大型あるいは小型過ぎ、速力も不十分として選考からはずされている。

シュトゥットガルトの改造は、一八年一月下旬からヴィルヘルムスハーフェン工廠で開始された。本艦は一九〇八年二月にダンチッヒ工廠で竣工、このころは軽巡として旧式小型となり、開戦前に砲術練習艦となっていた。

兵装として一〇・五センチ単装砲一〇門と四五センチ魚雷発射管（水中）二門を装備し、石炭焚きのレシプロ機関により出力一万三〇〇〇馬力、速力二八ノットを出した。

工事は三番煙突後方の後檣と兵装を撤去し、ここに長さ二〇メートル、幅一二メートルの鉄骨造りの帆布製格納庫を設置した。その後端に後檣をもうけ、格納庫前後と舷側に揚収用のクレーン二基とデリック二基を増設した。

搭載機は三機で、格納庫内に二機を収容し、艦尾よりの後甲板に一機を露天繋止した。小型艦のため、発着甲板を装備する余裕はなかったという。

兵装は両舷の一〇・五センチ砲四門のほかに、八・八センチ高角砲二門を艦橋前に装備し、艦首（水中）の四五センチ魚雷発射管二基はそのまま残された。

装甲は砲塔五〇ミリ、司令塔一〇〇ミリ、甲板三〇ミリと軽巡時代と変わらず、機関関係も同様であった。

改造工事は一九一八年五月に完了し、本艦は大海艦隊に編入されて、所属航空隊の旗艦として指揮官が座乗した。

改造後の要目は、常備排水量三四一三トン、主機レシプロ二基（二軸）、出力一万三〇〇〇馬力、速力二四ノット。兵装、搭載機数は上述のとおり。

水上機母艦に改装後は、偵察艦隊にくわわって掃海作戦に従事したことがあったが、一八年後期はほとんど活動せずに終戦を迎えた。一九年十一月五日に除籍され、二〇年七月にイギリスに引き渡され、二一年に解体された。

せっかく水上機母艦に改造されたものの、その効果はほとんど発揮できなかったようだ。同型のシュテッティンの改造は、シュトゥットガルトの工事後に着工の予定であったが、結局は実施されずに終わり、軍艦で水母となったのは本艦だけであった。

まぼろしの飛行機搭載艦

以上が第一次大戦中のドイツ水上機母艦の実績である。大戦中に実現しなかったが、これ以外にもドイツ海軍は飛行機搭載母艦の計画をいくつか立てており、それを紹介したい。

ドイツ軍令部は前記の要求の後も、さらに大型の水上機母艦を要求した。海軍当局は大型優速客船二隻の改造を計画したが、浮泛力不十分、操縦困難のうえ、多額の改造費を要することから断念せざるを得なかった。

それでも大型水母を望む声は強く、一八年八月に大海艦隊司令部からシュテッティンの代わりに旧式ながら大型の装甲巡洋艦ローン（九五三三トン、二一センチ砲四門、速力二一ノット、一九〇六年竣工）を改造して、大型水上機母艦とするよう再度要求が海軍当局へ持ち出された。

大海艦隊が本国沿岸を離れて大出撃をはたすには、十分な防御力をそなえた水上機母艦の随伴が必要と判断されたためである。水上機の搭載能力もシュトゥットガルトよりかくだんに強化されることになった。

その改造内容は、砲兵装を全面的にあらため、既装のものはすべて撤去して、一五センチ砲六門、八・八センチ高角砲六門を装備した。後甲板にもうけた格納庫内に四機（総計六機といわれ、二機を露天繋止か）を収容して航空母艦とするもの（格納庫をさらに大型にして、水上機八〜一〇機を搭載する案もあったようだ）であった。

この改造には、一九二一年一月から約一年を要する見込みであった。

開戦前、飛行船を重視して、航空母艦（実質は水上機母艦）に無関心であったドイツ海軍としては、たいした変わりようであるが、これには交戦相手のイギリス海軍の水上機母艦の活躍に影響されるところが大きいといえる。

イギリス海軍は英仏海峡の連絡船数隻を徴用して水上機母艦とし、その搭載機を偵察や哨戒だけでなく、攻撃作戦にも積極的にもちいていた。その代表的な例が、一九一四年十二月下旬に実施されたククスハーフェンのドイツ・ツェッペリン飛行船基地への空襲であった。

この作戦にイギリス海軍は連絡船改造の水母三隻を参加させ、九機を発進させた。結果的には飛行船や格納庫に被害はなく、参加機九機のうち六機を失って、作戦的には失敗であっ

装甲巡洋艦ローン

た。

一方、これを受けたドイツ側は、沿岸警備のため、西部戦線から有力な飛行機隊を本国に引き揚げざるを得なくなり、戦略的にはすくなからぬ効果をもたらしたのであった。同様の空襲は一九一六年までに三回実施され、水上機母艦の実戦参加にイギリス海軍は積極的であった。

さらに、一九一六年五月のジュットランド海戦には、グランド・フリートの索敵部隊に同種の水上機母艦エンガーダインを編入し、その水上機は艦種不明の敵発見の報を受けて発進、ドイツ索敵部隊確認の一報をもたらした。海戦に水上機母艦が使用されたのは、これが最初とされている。

この時、海戦には参加しなかったが、イギリス大艦隊の戦闘部隊には大型の水上機母艦が編入されていた。

それは一九一四年に海軍が購入したカンパニアで、前身はキュナード・ライン所属一万二八八四総トンの大型客船であった。新造時には二三ノットの高速力を発揮した優秀船であったが、船齢二〇年を超え、解体寸前をイギリス海軍が引き取って水上機母艦に改造したものであった。

一九一六年までの大改装により、前部に長さ四六メートルの発艦甲板をもうけ、陸上機の発進も可能で、前後に格納庫をそなえて陸上機、水上機一〇機を収容、一二センチ砲六門を装備して、排水量一万八〇〇〇トン、当時もっとも有力な飛行機母艦であった。

こうしたイギリス海軍の動きはドイツ海軍にも伝えられ、同海軍も艦隊とともに行動し、陸上機の運用も可能な大型の航空母艦が必要と、認識をあらためたものと思われる。

一年かけて装甲巡ローンの大型水母改造を計画したドイツ海軍であったが、戦時下、ドイツの工廠や造船所はいずれも予定工事がいっぱい入っていて、この改造工事をいれると、現在の作業が遅れるばかりか、最優先すべき潜水艦の建造にも影響するおそれがあり、同艦の改造は中止せざるを得なかった。

大型客船の空母改造計画

じつはドイツ海軍では、さらに大規模な空母計画も立てていたのであった。海軍航空部長は、商船数隻を陸上機も運用可能な飛行機母艦に改造して、陸上機一三機、水上機一六機の海上航空兵力を整備する案も用意されていたが、これも断念された。

やはり改造に約一年もかかり、改造後も低速、防御不足などの商船特有の弱点が残るところから、不適と判断されたのである。

前記航空部長の商船改造案には、速力一五ノット、一万三〇〇〇総トン級の大型客船ブレーメンやケーニギン・ルイゼに飛行甲板をもうけ、一〇機搭載の母艦とするプランもふくま

大型客船アウソニア改造航空母艦案

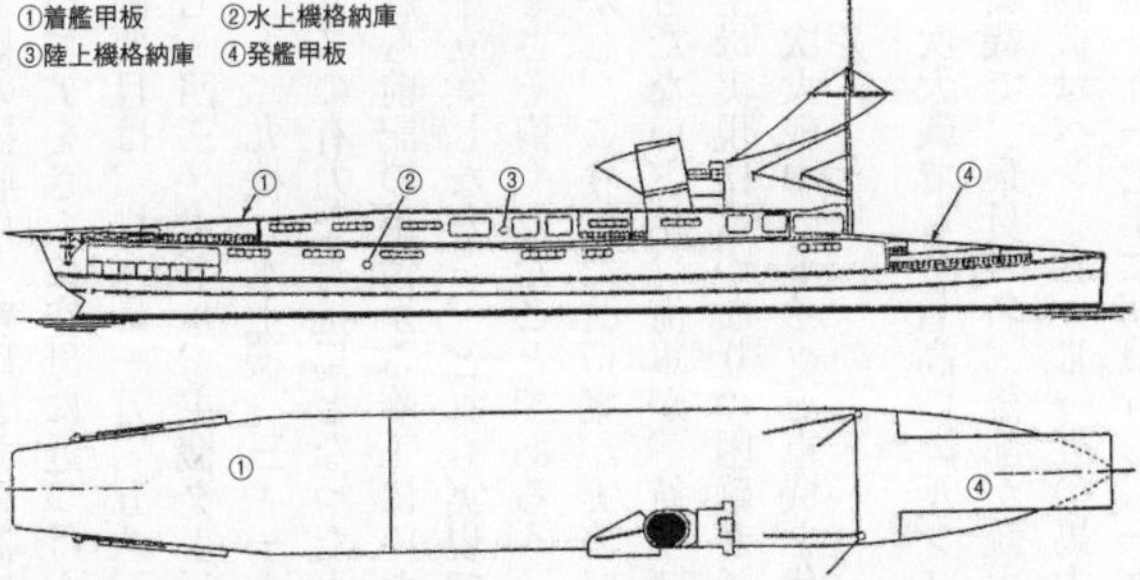

れていたといわれる。
これをさらに発展させたものとして、当時ハンブルクのブローム・ウント・フォス造船所でイタリア向けに建造し、一五年に進水を終えて工事中の大型客船アウソニア（一万一三〇〇総トン）の空母改造計画があった。
これは一八年十月に海軍航空部長が提案したもので、未成の船体を大改造し、別図に示すように、船体前檣位置まで二段の格納庫をもうけ、上段を陸上機、下段を水上機の格納庫とし、最上甲板は飛行甲板として前後に延長し、後部を着艦甲板に使用する。
艦橋と煙突は中央部右舷にアイランドとして寄せられ、形態的にはほぼ後のアイランド空母に似た艦容となった。前檣は両舷に分立して、陸上機揚収用のデリック・ポストを兼ねていた。飛行甲板から一段下がった位置から艦首にかけて発艦甲板（滑走台）がもうけられており、デリックで発艦位置に配置された陸上機の発進が可能である。

水上機の揚収は、艦尾よりの開口部から両舷のクレーンを用いておこなわれ、イギリスのカンパニアをさらに空母に近づけたデザインであった。

計画要目は、排水量一万二五八五トン、長さ一五八・〇メートル、幅一八・八メートル、吃水七・四三メートル、主機タービン二基、出力一万八〇〇〇馬力、速力二一ノット、搭載機二三～二九機（水上機一三～一九、陸上機一〇）となっており、完成すればイギリス空母アーガスの有力な対抗馬となったかも知れない。

これも前記の事情から着工にいたらず、休戦で立ち消えとなっている。かずかずの航空母艦案を立案しながら、どれも実現できずに敗戦を迎えたドイツ海軍航空部長は、自国の立ち遅れをさぞ悔やんだことであろう。

しかし、こうした改造案が実施できたとしても、イギリス海軍のように陸上機の発着艦経験をもたないドイツ海軍が、航空諸設備をどのていど開発できたかは疑問である。この面でも、空母実現にはかなりの困難が予想されよう。

第一次大戦中のドイツ海軍機を代表するものとして、ハンザ・ブランデンブルクW12がある。

第二次大戦でも令名高いエルンスト・ハインケルが一九一六年に設計した複葉双浮舟の水上戦闘機で、乗員二名、後部が銃手席である。

発動機はベンツBzⅢ一五〇馬力で、最大速度一六〇キロ／時、三時間半の後続能力があった。一九一七年に初飛行し、一九一八年までに総計一四五機が生産された。

水上機母艦の搭載機は、主に偵察や哨戒に使用されたので、本機は水上基地に配備されることが多かったようだ。機銃を二～三梃に増備し、偵察型のW19と組んで飛行、敵機の撃攘に威力を示したという。

偵察機としても使用され、大戦中もっとも活躍した海軍機の一つにあげられている。大戦中のドイツ水上機母艦の活動は、機雷敷設作戦や掃海作戦の航空支援や対潜哨戒などのほか、一部は爆撃も実施しているが、局部的であった。艦隊に随伴して大作戦に参加したイギリスや日本のそれと比較すると、見劣りするのはやむを得ないようである。

艦載水上機の運用から見ると、ヴォルフのような特設巡の通商破壊戦での活躍の方がきわだっている。第二次大戦で、日本の特設巡が船上に水偵一～二機を搭載したのも、ドイツの例にならったものと見られる。これは水上機の運用にかんし、ドイツ海軍の実績が国際的にも評価されたことをあらわしていよう。

休戦後、一九一九年六月のヴェルサイユ条約により、ドイツ海軍は前ド級戦艦六隻のみ保有が認められ、新艦建造も一万トン以下、軍用機は潜水艦とともに保有禁止という厳しい制限が課せられた。これでは航空母艦はむろんのこと、水上機母艦も保有できない。

一九二〇年代から三〇年代にかけて、日米英海軍の空母がつぎつぎと進歩していくさまを、ドイツ海軍は横目で眺めている他はなかった。

計画された初めての空母

第一次大戦で敗れたドイツ海軍は、戦後もヴェルサイユ条約の束縛に苦しんでいた。しかし、賠償支払い方法の改訂により経済が復興し、一九二八年には新主力艦ともいうべき最初の装甲艦ドイッチュラントの建造が承認されるまで、財政的にも改善されてきた。

三〇年代に入って、さらに二隻が建造されることになったが、その兵力は英仏両海軍とくらべれば、まだささやかな存在であった。

一九三三年にヒトラー政権が誕生すると、ヒトラーは再軍備を約束して軍部を抱きこみ、三月に議会政治を廃してナチ独裁体制を確立した。

フランス海軍が装甲艦を凌駕する新戦艦ダンケルク級を建造すると、これに対抗して、さらに強力なシャルンホルスト級を装甲艦として着工したが、排水量は公表しなかった。これも工事が進めば、いつわりが露見することは明らかであり、ヒトラーはその前にベルサイユ条約を解消する決意をかためていた。

一九三五年三月、ヒトラーはヴェルサイユ条約の拒否と再軍備宣言をし、徴兵制を復活させた。その一方でイギリスの警戒を解くため、イギリス海軍の三五パーセントに抑える協定の締結を提案し、これが六月に英独海軍協定として成立した。

これでドイツ海軍は、晴れて空母の建造にも着手できることになった。しかし、それ以前に空母の研究ははじめられ、将来建造すべき空母の性能が検討されていた。

一九三四年三月十二日の会議でまとめられた将来の空母の内容は、次のようであった。

(1)行動海域　北海および大西洋
(2)排水量　約一万五〇〇〇トン
(3)速　力　三三ノット
(4)兵　装　一五センチ砲九門または二〇・三センチ砲六門および強力な対空兵装
(5)航続力　一万二〇〇〇海里
(6)防御力　標準的な軽巡相当
(7)搭載機　六〇機（その三分の一は主翼折畳み式）
(8)カタパルト　二基
(9)飛行甲板長　一八〇メートル以上

この会議には海軍司令長官レーダー大将や、のちにグラーフ・ツェッペリン級の主任設計官となるハデラー造船監も参加していた。

席上、レーダーは敵の追撃を受けたさいの後方火力の弱さを指摘し、最小限二〇・三センチ砲六門の装備は必要と主張した。しかし、そうした装備はアメリカ海軍や日本海軍の大型空母に限られ、スペース的にも困難であり、敵重巡などの防衛には護衛艦艇が必要なこと、駆逐艦や航空機の攻撃に対しては直接反撃する火器の装備が欠かせぬことなどを説明され、納得したといわれる。

建造経験のないドイツ海軍の空母に対する認識は、司令長官といえども、当時はその程度であった。ただし、この時の水上砲火力の重視傾向は、今後の空母設計上にも影響をあたえたようだ。英仏海軍との兵力較差を考えた時、ある程度の交戦力も必要と判断したのだろうか。

空母設計を担当したハデラー造船監と、その設計チームが空母に対する基礎調査に着手したのは一九三三年末であった。未経験の分野であり、英米日の既成空母についても調査したが、各国とも新造空母はまったく性能を一新するようで、ほとんど五里霧中であったという。それでも米空母レキシントンの技術資料や英空母カレージャスの設計資料を入手し、海軍各部門からも必要資料を集めて修正をくわえ、三四年六月には新空母の概略スケッチをまとめることができた。

将来の艦艇整備計画にもとづいて、空母の第一艦は一九三五年度に着工されることになった。

Z計画と四隻の空母建造

三五年六月の英独海軍協定の締結により、ドイツ海軍はイギリス海軍の空母保有量の三五パーセント、三万八五〇〇トンの建造枠が認められたことになり、排水量約二万トン（正確には一万九二五〇トン）の空母二隻の建造が可能となった。

これで誕生したのが後のグラーフ・ツェッペリン級二隻である。第一艦仮称「A」は計画より一年遅れて一九三六年度に、第二艦「B」は一九三八年度予算に計上されることになった。

これはさらに拡大されて、一九三八〜三九年に「Z計画」と呼ばれる大建艦計画へと発展する。戦艦一〇隻、装甲艦一五隻、空母四隻、重巡五隻、軽巡二二隻、偵察巡二二隻、駆逐艦六八隻、水雷艇九〇隻、潜水艦二四九隻など七三四隻を一〇年かけて建造しようという壮大なプランであった。

空母四隻のうち、二隻はグラーフ・ツェッペリン級両艦を指すが、他の二隻は空母仮称「C」「D」と呼ばれる小型空母であった。

基準排水量一万二〇〇〇トン、全長一六一メートル、幅一六メートル、吃水五・五メートル、一〇・五センチ連装高角砲四基、三七ミリ連装高角砲四基、二〇ミリ四連装機銃四基を装備、ディーゼル駆動で飛行甲板（一五五×二八メートル）に二基のエレベーター、前部に二基のカタパルトを備え、戦闘機（Bf109）一四〜一五機を搭載する計画であった。防空または航空攻撃掩護を目的とした空母かと思われる。

当初、「C」はゲルマニア社、「D」はドイッチェ・ヴェルケ社で四一年七月に着工し、四四年七月に竣工の予定であったが、その後に延期となり、開戦準備の頃には立ち消えとなった。後述する改装空母に、その任務は引き継がれたといえよう。

計画概案はまとまったが、できれば先進国の空母の実物を見たい。一九三五年に技術調査団がイギリスに派遣され、空母見学の機会をつかもうとしたが、それも得られず、ほとんど収穫もなく帰国した。

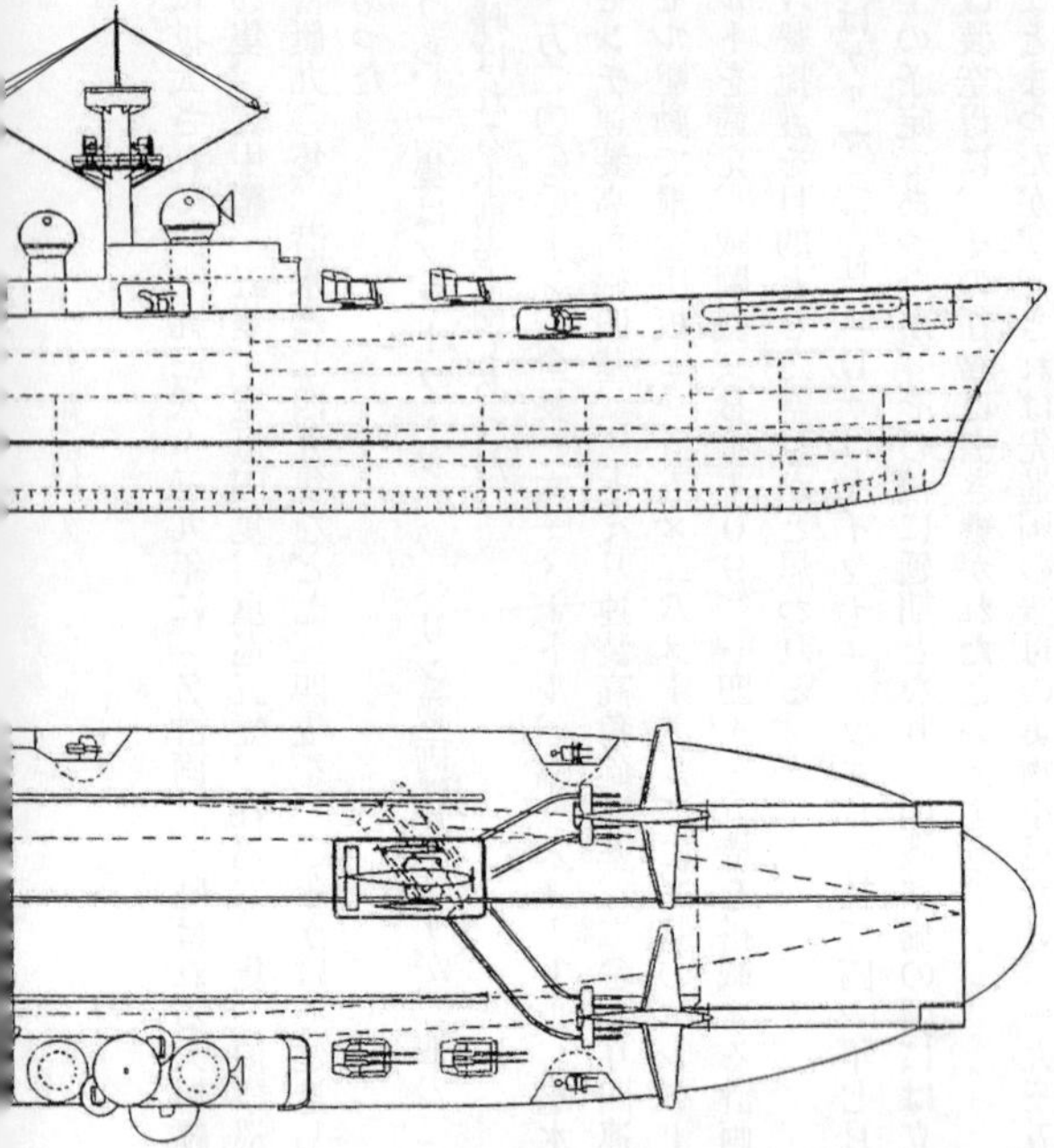

Ｚ計画の小型空母「Ｃ／Ｄ」

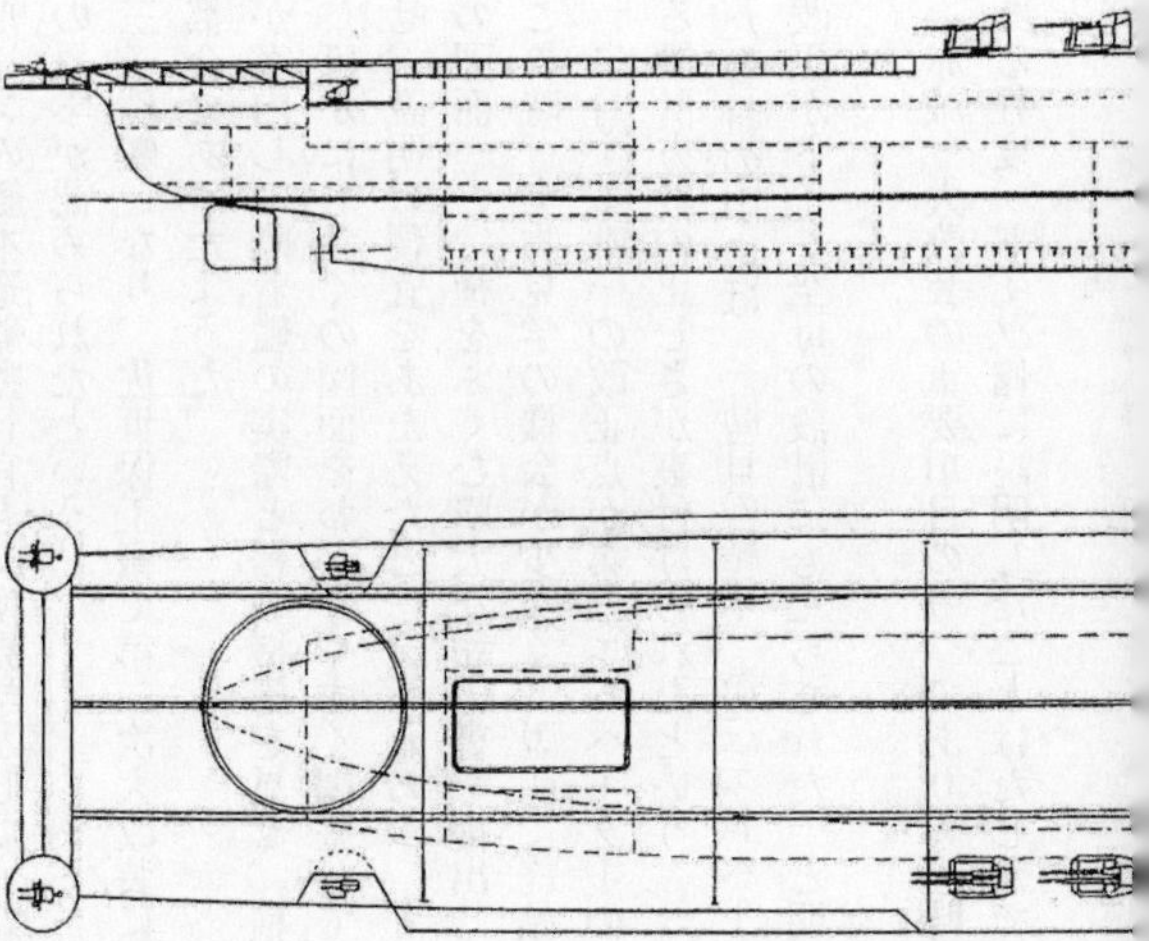

その直後に日本海軍が空母見学と技術指導を許すことが判明、イギリス派遣の技術者や空・海軍用兵者をふくむ調査団が三五年秋に来日し、「赤城」の見学をした。

これに対応する形で、在ベルリンの艦本造船監督官も交換見学として、新造の装甲艦アドミラル・グラーフ・シュペーの見学が認められたという。

「赤城」は十一月十五日に第三予備艦となり、佐世保工廠で第二次大改装に入ろうとした時期であったから、見学には好都合であったようだ。

「赤城」では空母設計主任官が案内して離着艦の実際と艦の機構を見せ、横須賀航空隊で艦上機の訓練状況を視察させた。ほかにも多くの図面をわかりやすく調整して引き渡すなど、前例のないほど詳細に見学させ、説明の便宜をあたえたと伝えられる。

帰国後、調査団は「赤城」の図面一〇〇種をふくむ膨大な報告書を提出した。のちにハデラー造船監の回想によれば、この時、実物見学の機会が少なく、説明に終始してあまり収穫はなかったらしい。空母「A」に対する唯一の改正点が第三エレベーターの設置で、この報告により、空母「A」に対する設計方針の正しさが裏付けられたという。

しかし、今回筆者が調査した資料の中には、「訪日の結果、第三エレベーターの設置、飛行甲板の延長をふくむ多数の改正がドイツ空母の設計にもたらされた」と明記したものもあったことを付記しておきたい。

第三エレベーターの設置は「赤城」大改装の重要項目の一つであり、当時一般には公表されていない、大改装の内容をある程度、ドイツ側に説明したことはたしかであろう。

ドイツ空母技術調査団の来日

一九三五年の独遣日調査団の派遣について、当時の日本海軍側の日程や技術団への対応をまとめた資料が残されていることが判明し、今回入手することを得たので、内容の概要を紹介したい。

それは昭和十年九月に軍務局長が連合艦隊参謀長や二航戦司令官等と協議して、独技術調査団に対し、「赤城」の見学の範囲や質問の対応についてまとめ、稟議書の形で大臣以下の承認を得た文書で、軍務機密扱である。

「赤城」については「日独両国海軍技術交換ノ為、独国航空視察団ニ対シ、軍艦赤城ノ構造、航空諸施設及ビ昼夜ニワタル飛行機発着作業見学ヲ許可セラルル内意」と目的が技術交換(例のグラフ・シュペー見学をさすものと思われる)にあることを示している。

日程については、独技術団は十月四日から九日まで日本に滞在、大演習を終えた「赤城」は十月七日をこの見学にあて、東京湾外へ出動することになった。二航戦司令官は八日午後六時二十五分にこの作業が終了した旨の報告をしている。

なお、この後「赤城」は十日から十七日にかけて仮設艦橋装備工事と実験を行ない、十九日か二十日に横須賀を離れ、佐世保に回航の予定となっている。写真に見える飛行甲板前端の「加賀」の仮設艦橋の移設はこの時実施されたようである。

当時、空母「加賀」は大改装中で第二予備艦となっており、航空艦隊は一航戦（龍驤、鳳

第2次大改装直前の「赤城」。まだ飛行甲板右舷前端、仮設艦橋の「加賀」からの移設工事は行なわれていない

翔）、二航戦（赤城）で編成されており、間もなく大改装を終えた「加賀」が二航戦に編入され、代わって「赤城」が予備艦となり佐世保工廠で大改装に入る予定であった。

独技術調査団に対する文書説明では日本空母に対する主要目（公表要目）を提示し、煙突所在場所における飛行甲板の幅を示す横断面図を渡す。

以下、相手の質問を予想して、回答を提示する想定問答形式になっており、「現場案内」とあるのは、現場を見せて差し支えないことを示している。

装甲（外装甲、内装甲、吃水線下装甲）については「鉄甲ハアルモ真ノ厚サハ発表セラレズ。舷側装甲ハ三インチ位ニテ吃水線下マデ延ビオルコトヲ述ベテ差支エナシ。甲板ノ装甲ノ厚サハ一切発表セズ」と厳しく注意しているのが目を引く。

以下主要項目について、次のような回答を指示している。

武装

(1)火砲ソノ他武器ノ様式ト配置取付

二〇センチ砲一〇門、一二センチ高角砲一二門、機銃（一

「赤城」の45口径十年式12センチ連装高角砲。片舷3基ずつ、両舷に装備していた

三ミリ）ニ二門。二〇センチ砲塔見セテモヨシ。但シ説明ハ二〇・三センチノコトハ一切フレズ。

火砲指揮装置や高射砲発火指揮所については現場案内とするが、方位盤受信器には覆いを掛けておくよう注意している。

飛行甲板　航空機関係
(1)停止乃至制動装置ハ使用セラルルヤ使用ス。甲板ニ装置セラレタル制動施設様式（形状、様式ノ記述トソノ作動様式）ハ横式ヲ使用ス（油圧、摩擦又ハ電動機ニテ作動）
(2)飛行機ガ着発ノ際過度滑走等ニヨリ海中ニ転落スルヲ防グ安全装置
横ハ網ヲ以テス。前方制止装置ハ現場ニテ説明
(3)甲板上ニ司令艦橋ノ如キモノアル際（アイランド型）ニ於ケルソノ飛行機ニ及ボス（着艦ノ際）影響（気跡、気筋ニ依ル）
アッテモ大シテ差支エナシ
(4)耐風安全装置固定式ナリヤ可動式ナリヤ

起倒式　現場ニテ説明
(5)飛行機ノ着艦ノ際ニ於ケル甲板勤務員ノ場所（ポケット――現場ニテ説明）
(6)昇降機
鋼索ニテ吊リタル方形昇降機ヲ使用シ使用セザル際ハ固定装置ノ上ニ載セアリ平常下ゲアル昇降機ニハ別ニ天蓋ヲ有ス現用艦上機ノ何レノ昇降ニモ充分ナル大キサヲ有スソノ数、位置、形状並ビニ寸法（現場ヲ見セテ寸法ハ発表セズ）
(7)積載力、運転様式（電気的カ他ノ動力ニヨルカ等）、上昇速度、安全装置
最大四トン、上昇所要秒時約三〇秒、安全装置トシテハ陸上昇降機ニ同ジ。電気的。
格納室（格納庫）
(1)寸法（実用シ得ル高サト幅員）
現場ヲ案内ス
(2)飛行機格納ノ様式（翼ハ格納ニ際シテ全部折畳マルルヤ、或ハ一部分ノミ折畳マルヤ並ビニ格納後ノ飛行機ノ固定ニツイテ）
現場ニテ説明（大型機ハ折畳ミ小型機ハ折畳マズ）
(3)格納庫内飛行機支持法、支持装置ノ幅及ビ長サ
飛行機脚部ハ車輪止メノ外甲板上ニ固縛支持ス。大型飛行機ハ主翼ヲ折畳ミ要スルハ翼支柱胴体支柱等ヲ装備ス。右以外支持装置ナシ。
(4)二個ノ格納庫ヲ重置シアル母艦アリヤ

加賀、赤城ハ重置シアリ
（格納庫に関し、各種航空母艦の横断図面、特に水線上に於ける上甲板の高さ、煙突所在場所に於ける飛行甲板の幅を示す横断面図）
(5)着艦ノ際飛行機拘束設備
目下研究中ニシテ一定シ居ラズ
「クルソー」会社が提供セシ「フイユー」式装置（フユー式着艦制動装置）ハ何艦ニ設備サレアリヤ――加賀ニ設備シアリ
(6)航空燃料油
燃料油ハ揮発油比重〇・七五ノモノヲ主用シ発動機ノ種類ニ応ジ之ニ「ベンゾール」ヲ混用ス。潤滑油ハ「カストル」油ヲ主用ス。ナオ鉱物性油ヲ研究中ナリ
(7)飛行機用燃料ノ貯油所並ビニ貯油方法
艦艇ニ「タンク」ヲ設ケ貯蔵シ「ポンプ」ニヨリ飛行機マタハ燃料車ニテ補給ス。片舷数ケ所ニ配給口ヲ有シ「ピストル・パイプ」ニヨリ直接飛行機ノ油槽ニ供給ス
(8)飛行機並ビニ発動機ノ工作所及ビ予備飛行機部分品倉庫ノ数、様式、大キサ
現場ニテ説明
(9)飛行機射出機
空気式火薬式発條（スプリング）式ノ何レモ使用シアリ
(10)水上飛行機ノ収容装置ト能力

「デリック」を使用シ最大力量四トン（現場案内）

⑾搭載飛行機

搭載飛行機ノ数、機種、寸法

飛行機ノ大小ニ依ルヲ以テ一定セズ。現在約五〇機

⑿夜間着艦用照明

装置アリ（希望ニヨリ見学セシメ差支ナシ）

⒀飛行機用弾薬

投下爆弾並ビニ魚雷ノ種類、艦載数、艦内収蔵（説明セズ）

投下爆弾並ビニ魚雷ハ如何ニ母艦内ニテ運搬セラルルヤ（格納室ヨリ甲板へ）

昇降機及ビ運搬車ニテ行ウ

弾薬、爆弾等ハ何處ニテ飛行機ニ収備セラルルヤ（格納室及ビ甲板上何レニテモ行ウ）

飛行

母艦ニテ飛行機操縦者ハ特殊教育ヲ受クルヤ

陸上ニテ充分教育シ艦上ニテ着艦訓練ヲ行ナウモ特殊教育ト言ウ程ノコトモナシ（更ニ質問アレバ操艦訓練ノ方法ヲ説明ス）

飛行準備完了ニ要スル時間ト一定時単位ニ於ケル発艦度数（説明セズ）

数機同時ニ着艦シテヨリソノ同一機ガ飛行準備ヲ完了シテ発艦シ得ル迄ニ至ル時間（説明セズ）

「加賀」に着艦する八九式艦攻。同機は「赤城」にも搭載され独技術調査団も来日時に見学したものと思われる

スタビライザー
航空母艦ノ海上ニ於ケル安全性極メテ良好ニシテ鳳翔ニ於テモ「スタビライザー」ヲ使用スレバ着艦時ニ於ケル動揺ヲ二度程度ニ制限シ得ルナリ。赤城・加賀ニハ装備セズ。水槽ニヨル「スタビライザー」ハ試用シタルコトナシ。鳳翔ト龍驤ニハ「スペリー」式各一個ヲ装備ス。両艦装備ノモノハ全ク同製ニシテ其ノ要目次ノ如シ。「ローター」径一二フィート六インチ、重量七五トン、回転数一一五（毎分）、専用発電機ヲ加エ全装置総重量約二〇〇トン。
各施設ノ詳細（赤城・加賀・鳳翔・龍驤）
(1)煙突
赤城（右舷側ニ出シ帰着甲板下ニテ斜外下方ニ屈曲セシメ停泊時用ノモノ一部ヲ直立セシメアリ）
加賀（両舷ニ別レテ帰着甲板下両舷側ニ沿イ水平ニ艦尾迄導キ斜外下方ニ開口セシム）
鳳翔（初メハ直立シ着艦時ニ外方ニ傾斜セシメ得ル装置トセシガ其ノ必要ナキ為現在ハ外方ニ傾斜セシメタルママ固定シアリ）

龍驤（赤城ノ如ク帰着甲板下ニテ斜外方ニ屈曲セシム）
何レモ飛行作業及ビ焚火作業ニ対シ満足ナル結果ヲ与エ居レリ、但シ加賀型ニテハ煙突通路附近ハ幾分加熱セラルル欠点アリ
前部ニ於ケル繋留、曳行、被曳行装置何レノ甲板ニ右装置ヲ装備シアリヤ
前甲板ノ直下ノ甲板ニ装備ス。普通戦艦ト同程度ノ装備ノ外艦首中心線上ニ繋留用「ホースパイプ」一個ヲ装備セリ
(2)短艇（数及ビ配備）
赤城一六　加賀一四　鳳翔八　龍驤九
一部ヲ中央及ビ前部ノ両舷飛行甲板下ニ吊リ上ゲ其ノ大部ハ最後部上甲板上ニ格納ス
(3)艦橋（操縦ヲ如何ニスルヤ）
中心線上ニ主艦橋ヲ置キ其ノ両舷ニ補助艦橋ヲ設ケ何レヨリモ自由ニ操縦命令ヲ出シ得ル如クス
(4)指令塔、砲火指揮所
指令塔ハ設備シアラズ　両舷飛行甲板下ニ射撃指揮所アリ、各其ノ舷ノ砲火ヲ指揮ス
(5)探照灯（艦橋両舷及ビ後部ニ配備シアリ）
(6)飛行甲板（各種航空母艦ノ戦術的用法）
前甲板（下段飛行甲板）ハ小型飛行機ノ発艦ニ利用シ得ルモ現在飛行機ノ発着ニハ飛行甲板（最上部）ノミヲ使用シツツアリ。飛行機ヲ前甲板ニ移動スルコトハ不可能ニアラザルモ

困難ナリ　各母艦ノ飛行機搭載数ハ飛行機ノ大小ニヨリ一定セズ
現在航空母艦ニ課シアル任務ハ偵察及ビ攻撃ニシテ排水量ノ大小ニ依リ其ノ用法異ナルコトナシ
（公式備考S10、艦船巻2、公式備考S10、外事巻8）
（原文は一部重複あり、また判読困難な箇所もあるので、整理省略して構成も改め漢字・仮名遣い等も一部修整。文責筆者）

以上が独技術調査団に対する日本海軍側の説明（回答）要旨である。実際に「赤城」見学を終えた後、ドイツ側からどのような質問があったか、その報告もなされたはずだが、その記録は残されていない。

一部「説明セズ」と回答を拒否する箇所もあったが、これは軍事機密上当然のことで、艦内も見学させ、当時としては、ある程度の説明責任は果たしたといえるのではなかろうか。

帰国後、独技術団は「赤城」の図面約一〇〇種と膨大な報告書を提出したといわれるが、これだけの資料を作成する材料を日本海軍は提供しているのである。日本の空母設計主任官自らが案内して、離着艦作業や機構を見せ、横須賀航空隊での訓練状況を視察させ、多くの図面を判りやすく調製して引き渡したのは事実と思われる。

ただ、日独の空母設計思想に根本的な相違があって、ハデラー造船監が期待した資料が、この訪日調査では得られなかった可能性はあり得よう。

「赤城」の第三エレベーター増設は、この後の第二次大改装後のことで、現場案内のこの時説明する筈もないが、ドイツ側はどこでこれを知ったのであろう。第三エレベーターは、既にフランスのベアルンで実現しているのである。

一九三五年十一月十六日、ドイツ海軍から空母「A」建造の内命がキールのドイッチェ・ヴェルケ社に発せられた。その内容は、基準排水量一万九二五〇トン、一五センチ砲一六門、一〇・五センチ高角砲一〇門装備、搭載機四〇機、出力一二万馬力、速力三三ノット等といわれる。

当時、同社は戦艦グナイゼナウ、重巡ブリュッヘル以下、駆逐艦、潜水艦などを受注していて船台に余裕がなく、同艦が同社の二五二番船として起工したのは、一年後の三六年十二月二十八日であった。

この間の「赤城」見学などにより、さまざまの修整がくわえられ、着工後もそれは続いて、当初のデザインとはかなり変化し、重量も増加することになった。

のちにグラーフ・ツェッペリンと命名される空母「A」の一九三八年当時の要目は、次のとおりであった。

基準排水量二万三二〇〇トン、満載排水量二万九七二〇トン、全長二五七・三メートル、水線長二五〇・〇メートル、水線幅二七・〇メートル、吃水七・三五メートル。

主機ブラウン・ボフェリ式ギヤード・タービン四基／四軸、ラ・モント式高圧缶一六基、出力二〇万馬力、速力三五・〇ノット。燃料搭載量五一八七トン、航続力一九ノット－八〇〇〇海里。

装甲（最大）舷側一〇〇ミリ、甲板六〇ミリ、飛行甲板二〇ミリ、一五センチ砲三〇ミリ。

兵装一五センチ（五五口径）砲連装八基、一〇・五センチ高角砲連装六基、三七ミリ対空機銃連装一一基、二〇ミリ機銃単装七梃、搭載機四二機。乗員一七二〇名。

空母ツェッペリンの門出

飛行甲板右舷中央部に煙突と構造物をそなえたアイランド型で、構造物は二層と高さは低いが、前後約八〇メートルと細長くもうけられた。

上層最前部に艦橋、煙突前後に射撃装置や測距議、マストなどがもうけられているが、三脚檣上に射撃指揮所などをもうけた主檣を持つ英米海軍の空母と比較すると、本艦のアイランドはきわめてシンプルである。

飛行甲板は長さ二四四メートル、最大幅三〇メートル、前後および中央に八角形をした三基の電動エレベーター（一三×一四メートル）がある。その表面にも防御がほどこされて五トンの重量があるが、六・五トンの機体を七五センチ／秒の速度で運搬可能である。

飛行甲板前端には二基のカタパルトが設置され、その運搬軌条は第二エレベーターから第一エレベーターを経てカタパルトまで連絡している。このFL24カタパルトは圧縮空気式で、二・五トンの戦闘機を一四〇キロ／時、五トンの爆撃機を一三〇キロ／時の射出能力がある。

飛行甲板の下には二層の格納庫があり、上層のものは長さ一八五メートル、幅一五・五メートル、高さ六メートル、下層は長さ一七二メートル、幅は同じ、高さ五・六メートルで、その総面積は五四五〇平方メートルある。

当初の計画では、上部格納庫にJu87C艦爆一三機、Bf109T艦戦八～一〇機、下部格納庫にFi167艦攻一八機の計三九～四一機の収容が予定されていた。

飛行甲板後方に第三エレベーターをはさんで四条の着艦制動索がもうけられている。着艦機は、これを使って格納庫へ収容されるのであろう。

砲兵装のうち、主兵器として当初二〇・三センチ砲の装備を予定したが、装備困難とわかり、一五センチSKC／28砲（五五口径）を連装（C／36）として船体前後の砲廓に二門ずつ、計八門を配置して水上戦に備えた。最大俯仰角はマイナス一〇度プラス三五度で、最大射程は二万三五〇〇メートルに達した。

日本の「赤城」「加賀」は大改装後も砲廓式の主砲を残しており、これにならったものであろうか。

対空用の一〇・五センチSKC／33砲（六五口径）は戦艦、重巡用に一九三五年に開発されたもので、最大射程一万七七〇〇メートル、発射速度毎分一五～一八発、連装砲六基がアイランド前後に配置されている。

ラインメタルの三七ミリ機銃は八三口径のSKC／30連装式で、発射速度毎分一六〇発、仰角八五度で射高は六八〇〇メートルに達した。艦首および両舷のスポンソンのほか、右舷アイランド上に総計一一基装備され、これをおぎなうかたちで二〇ミリ単装機銃（C／30、

進水するグラーフ・ツェッペリン

最大射高三七〇〇メートル、発射速度毎分二八〇発）七艇が両舷スポンソンに配置される。
主機は減速装置付きのブラウン・ボフェリ式（空母「B」はクルップ・ゲルマニア造船製海軍式）ギヤード・タービン四基を三機室に収め、前機室（タービン二基）で外軸、うしろ二機室で内軸を駆動し、これと主缶の蒸気性状七〇キロ／平方センチ、四五〇度C使用のラ・モント缶一六基による四軸推進で出力二〇万馬力、速力三四・五ノットが可能である。
なお、本艦は乾舷が高く、舷側も広いため、キール運河のような狭い水域を航行するさいに岸壁と接触する危険が高いので、前部艦底に四五〇馬力の隠顕式フォイト・シュナイダー・プロペラ二基を装備して、その操作により事故を回避する配慮もほどこされた。
乗員は一七二〇名（平時、戦時は三〇六名増）。この他に航空要員として士官四一名、兵員二三五名、計二七六名の乗艦が予定されていた。なお、この航空要員は空軍に所属し、海軍軍人ではなかった。

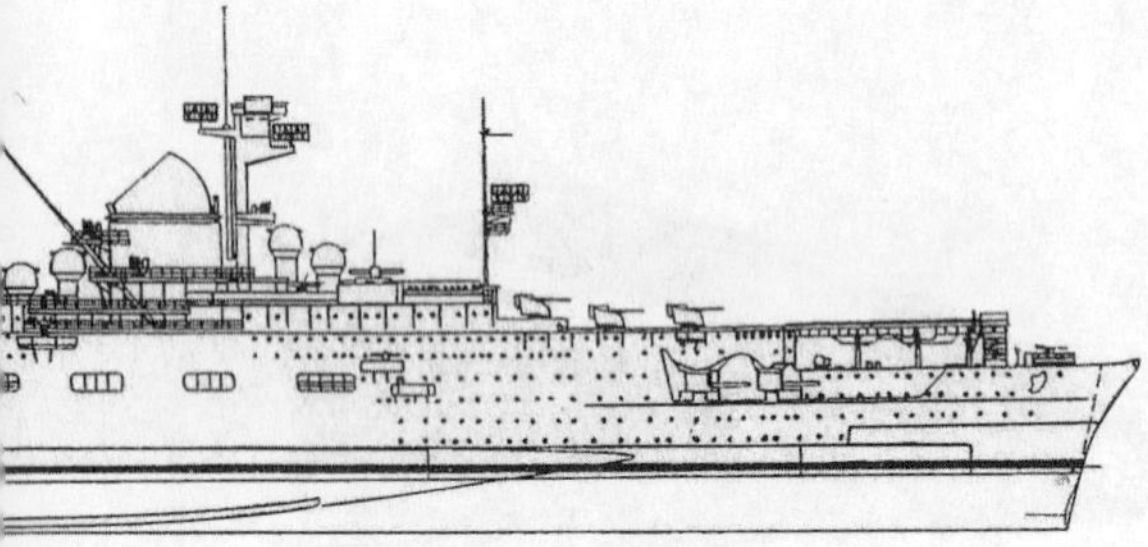

1942年プランの煙突上面図

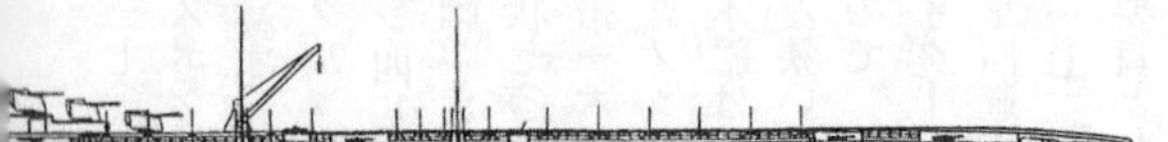

空母グラーフ・ツェッペリン 1942 年改装プラン

ほぼ原案に近い1940年の状態

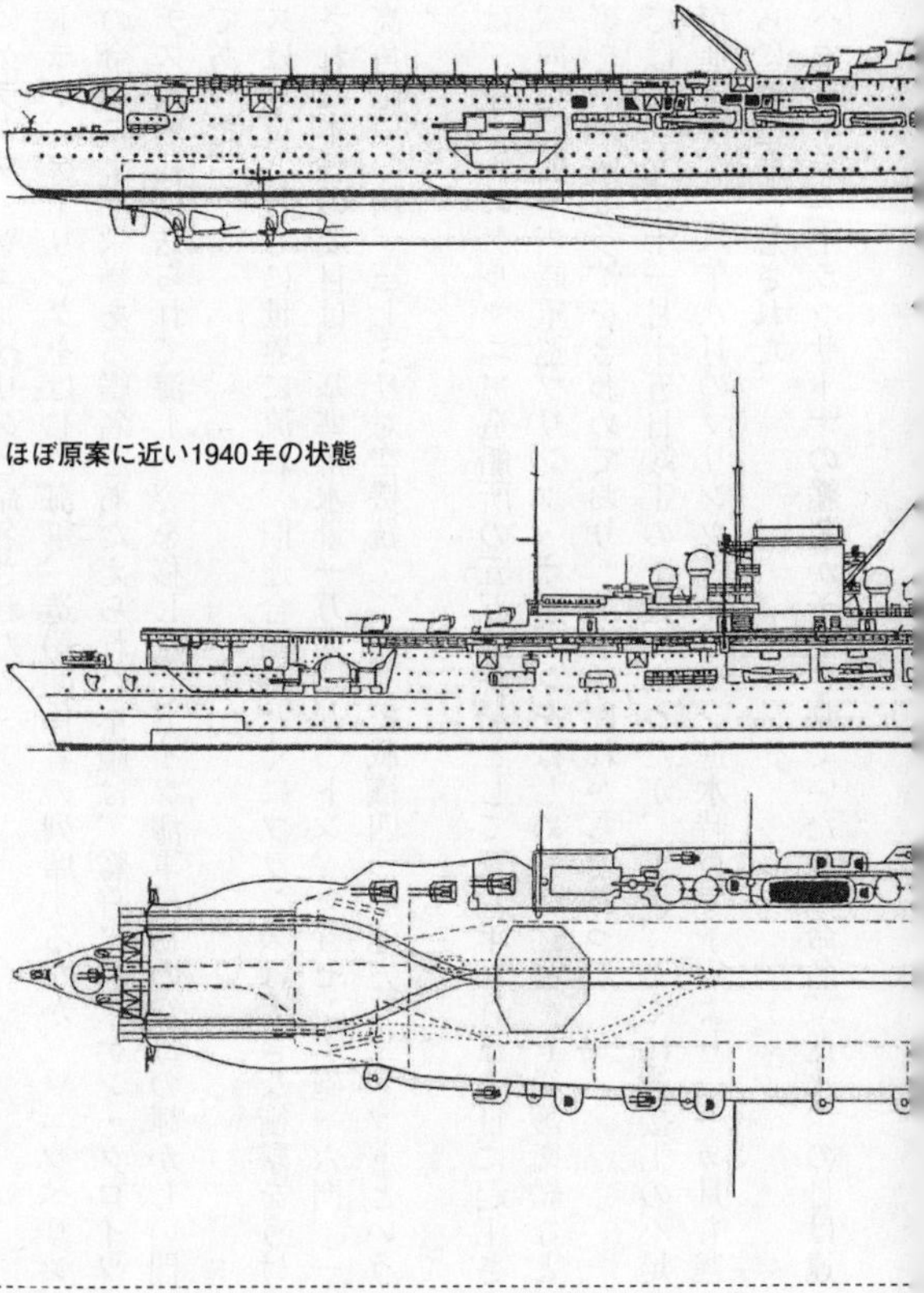

三六年十二月に着工した空母「A」は、改正（ドイッチェ・ヴェルケ製のカタパルト装備が三七年四月の会議で決定したのは、その一例）を織り込みつつ工事を進め、三八年十二月八日に進水し、グラーフ・ツェッペリンと命名された。

この日、ヒトラー、ゲーリングをはじめ海軍、造船関係者の列席するなか、ツェッペリン飛行船設計者の令嬢により栄誉ある艦名をあたえられた本艦は、艦首にハーケン・クロイツ旗を掲げ、ナチス式敬礼に送られて海上へ姿を移した。ドイツ海軍最初の空母の輝かしい門出となるはずであった。

このニュースは写真とともに世界に流れ、旧連合国、とくにフランスは大きな衝撃をうけた。当時公表された本艦の要目は、基準排水量一万九二五〇トン、一五センチ砲一六門、一〇・五センチ高角砲一〇門、三七ミリ対空機銃二二門、搭載機四〇、速力三二ノットというものであった。

空母「B」は、キールのゲルマニア造船所の五五五番船として三六年九月三十日に起工された。しかし、同造船所も当時重巡プリンツ・オイゲンをはじめ、駆逐艦やF級護衛艦など多数の建造工事をかかえて多忙をきわめており、工事は遅れがちであった。

最初の計画では、三九年十一月十五日竣工の予定であったが、工員、とくに溶接工の不足から船体工事が進まず、三八年八月のプリンツ・オイゲン進水時点で予定より一一ヵ月も遅れており、さらに遅延が予想された。

本艦には「ペーター・シュトラッサー」の艦名が予定されていたが、命名（進水）の日は遠のくばかりだった。

ツェッペリンの翼の研究

ドイツ空母「グラーフ・ツェッペリン」級に搭載する艦上機の研究が開始されたのは一九三五年一月、ドイツ空軍の下に艦上偵察機、艦上多用途機、艦上急降下爆撃機についてテスト、訓練などをあつかう三つの準備グループ（のちの第一八六中隊）が編成されてからであった。

●アラドＡｒ１９５

一九三五年にアラド社が輸出を見込んで製作したＡｒ95汎用水上機のチリ向け陸上機型Ａｒ95Ｌを、三七年にさらに艦上攻撃機としたのがＡｒ１９５である。

全金属製複葉機であったが、主翼を拡大して直線化し、コックピットを前進させてキャノピーで覆うとともに、主脚スパッツを小型化した。艦上機として主翼を折り畳み式にあらため、着艦フック、カタパルト・スプールなどをもうけ、射出可能とした。

三機試作し、三七年に初飛行した。後述するフィーゼラーＦｉ１６７と比較されたが、設計、性能ともに劣り、開発は打ち切られた。

発動機ＢＭＷ１３２Ｍ八三〇馬力、全幅一二・五メートル、全長一〇・五メートル、全備重量三・七五トン、最大速度二八二キロ／時、航続距離六五〇キロ。七・九ミリ機銃×二、七〇〇キロ魚雷×一または爆弾五〇〇キロ。乗員二名。

●アラドＡｒ197

三四年に初飛行したドイツ空軍最後の複葉戦闘機アラドＡｒ68を、三七年に艦上戦闘機としたものである。当初Ａｒ68Ｈと称し、のちにＡｒ197にあらためた。エンジンを液冷式から空冷式として出力を強化し、密閉式キャノピーを採用、主翼機体ともに金属製とした。三七年に三機試作され、二番機から着艦フックとカタパルト・スプールをもうけ、三番機では増加タンクを追加した。エンジンも各機とも若干相違したが、三番機（Ｖ３）の出力がもっとも大きく、性能も向上した。本機はトラフェミュンデのテストで最大速度四〇〇キロ／時を記録、本機を基本として三一機が発注された。

一時は新空母の艦上機として最有力視されていたが、三九年にメッサーシュミットＢｆ１０９が艦戦として登場すると、最大速度で劣る本機は影が薄くなり、生産も打ち切られた。量産機は主翼を折り畳み可能となっており、七、八機は製造されたといわれる。

発動機ＢＭＷ１３２Ｄｃ八八〇馬力、全幅一一・〇〇メートル、全長九・二メートル、全備重量二・四八トン、最大速度四〇〇キロ／時、航続距離六九五キロ。二〇ミリ機銃×二、七・九ミリ機銃×二、五〇キロ爆弾×四。乗員一名（Ｖ３）。

●フィーゼラーＦｉ１６７

フィーゼラーＦｉ１６７

一九三七年、空母に搭載して爆撃、雷撃、偵察の諸任務をはたす艦上多用途機の仕様が提示され、フィーゼラー社がアラド社とともに試作に応じたのが本機である。

木金混合の応力外皮式胴体に合板張り主翼をN型支柱で連結した複葉機で、ダイムラーベンツ製液冷エンジンを装備して、出力、最大速度ともアラド機を上回っていた。三八年七月に初飛行した本機は、Ａｒ１９５との比較審査で満足すべき性能と認められ、先行生産型（Ｆｉ１６７Ａ－０）一二機の受注に成功した。

主翼は格納するため、内側支柱のところから後方へ折り畳み可能となっており、長いストロークの緩衝装置付き主脚は優れた着艦性能を示した。緊急時には主脚を切り離して投棄が可能で、帰還時に着水できるよう、機体には防水対策がほどこされている。

また、艦上機として高揚力装置を強化し、上下の主翼後縁には大型のフラップを装備して、低速飛行性能とＳＴＯＬ性能に優れていた。兵装として機銃二梃のほか、爆弾、魚雷一〇〇〇キロの搭載が可能で、偵察時には三〇〇リットルの増加タンクを搭載して航続距離を延伸できた。

航空省はユンカースJu87Cを艦上（急降下）爆撃機とし、Fi167を艦上雷撃および偵察機として使用する決定をくだし、四〇年に完成した生産型機の運用試験をする第一六七試験中隊を編成した。

しかし、四〇年夏にグラーフ・ツェッペリンはイギリス空軍の空襲を避けるため、工事を中止してポーランドのグディニアへ疎開することになった。試験飛行隊もオランダへ移り、沿岸哨戒任務についた。

その後、一九四二年に空母の建造計画は再開されるが、本機の任務はJu87Dに引き継がれて、艦上機から外されることになり、四三年に九機がルーマニアに売却され、残りはフィーゼラー社に戻されて各種テストに使用されたといわれる。

発動機ダイムラーベンツDB601B一一〇〇馬力、全幅一三・五メートル、全長一一・四メートル、全備重量四・八五トン、最大速度三二五キロ／時、航続距離一三〇〇キロ（増槽装備）。七・九ミリ機銃×二、爆弾一〇〇〇キロまたは七六六キロ魚雷（LTF5D）×一。乗員二名（A-0）。

●選ばれたメッサー戦闘機

メッサーシュミットBf109T

第二次大戦における代表的なドイツ空軍戦闘機の一つに挙げられるメッサーシュミットBf109は、一九三四年に航空省技術局による単座戦闘機の競争試作で誕生した。

当時、バイエリッシュ航空機会社（BFW）と称した同社は、ハインケル、アラド、フォッケ・ウルフの三社とともに応募して製作したのが、ロールスロイスの液冷エンジンを搭載し、引込脚と密閉コックピットをそなえ、全金属製セミ・モノコック構造、低翼単葉のBf109であった。

三五年五月に初飛行し、四六七キロ／時の高速を発揮して、速度と降下上昇力で傑出した性能を示した本機は、その後、ハインケルHe112との比較審査をもしのいで、三六年に空軍の制式採用となり、生産に入った。

生産型の一部は、義勇軍として三七年にスペイン内戦に参加、共和政府軍の米、英、ソ連製の戦闘機群を圧倒して、その名は世界に広く知られるようになった。その後も、エンジンや兵装などの改良がくわえられて、新しい型式が生まれ、アラド社、フィーゼラー社、フォッケ・ウルフ社など数社でライセンス生産が行なわれた。

グラーフ・ツェッペリンの艦上戦闘機としてアラドAr197がほぼ内定していたが、一九三九年頃にこれをBf109に替える動きが出てきた。それは、例のZ計画立案中にレーダー大将が望んだといわれ、メッサーシュミット側が本機の艦上機型を提案したともいわれる。

いずれにせよ、イギリス海軍の有力な空母兵力と戦うには優れた艦上戦闘機が必要で、スペイン内戦で実力を示した本機を、艦戦として新造の空母に採用したいと考えるのは、当然の流れであった。すでに日米海軍では、九六式艦戦やブリュスターF2Aのような単葉艦戦が生まれていたのである。

空母準備グループでは、Bf109Bをもちいてカタパルト射出実験などを実施し、空母運用を研究していたが、艦上機として使うには、次の諸点の改造が必要と判明した。

(1)翼面積の増大

(2)着艦距離縮小のため、主翼上縁にフラップを追加

(3)主翼折り畳み機構の採用

(4)着艦フック装備

改造設計ならびに製作はフィーゼラー社が担当し、E-3型（一〇〇〇馬力エンジンを搭載し、機銃兵装を強化した生産型）をベースに作業を進めた。

主翼の両端を五九センチずつ延長してスパン一一・〇八メートルとし、中央付近から外側を上方に折り畳めるようにした。着艦フック、カタパルト・フック、同スプール、尾輪固定装置など、艦上機で必要な装備をほどこした。この改造型はBf109T（トレイガー＝母艦の意）と呼称された。

着艦制動索と着艦フックのテストは三九年一月から、トラフェミュンデ飛行場の地上に描かれた実物大の飛行甲板に着艦制動索をもうけ、着艦フックを付けたBf109B／C各一機により実施された。その結果、着陸時のエネルギーは予想以上に大きく、着艦フックを引

っ掛けた機体がはね上がることもあったが、しだいになれて、着艦技術を習得していった。機体の問題として、着陸時のコックピットの視界の不良と、車輪間隔の狭さによる安定の悪さが挙げられ、T型への改良点とされた。トラフェミュンデではカタパルトによる射出実験も行なわれた。

トラフェミュンデにおいてカタパルト発進テスト中のBf109B改造機

三九年末までに先行生産型T－0一〇機が完成し、実用テストにそなえていた。生産型のT－1も四一年初めまでに六〇機が完成、これで訓練機をふくめグラーフ・ツェッペリン搭載機としては十分な機数がそろったことになる。

しかし、三九年十月に本艦の工事が中止され、その後再開の見通しが立たないため、これらの機体は宙に浮いたかたちとなった。空軍ではこれらから艦上機用設備を撤去してT－2とし、陸上戦闘機としてノルウェー方面に配置した。

期待された艦戦への道は、こうして閉ざされることになった。

発動機ダイムラーベンツDB601N一一七五馬力、全幅一一・〇八メートル、全長八・七六メートル、全備重量三・〇八トン、最大速度五七〇キロ／時、航続距離七〇〇キロ（増槽使用時九一五キロ）。二〇ミリ機銃×二、七・九ミリ機銃×二、爆弾二五〇キロ。乗員一名（T－2）。

逆ガル翼爆撃機への期待

●ユンカースJu87C／E

開戦当初、電撃作戦の主役となって活躍し、シュトゥーカの名を急降下爆撃機の代名詞のようにした機体として知られ、全金属製構造と逆ガル型主翼をそなえた本機は、一九三五年に試作された。

改良をかさねて、優れた操縦性とエア・ブレーキによる安定した急降下性能が生み出す高い爆弾命中率で連合軍側に衝撃をあたえたが、本機もスペイン内戦で実力を証明済みであった。

一九三八年末、ユンカース社はJu87Bを基本として、その艦爆型であるC型の設計作業にはいり、三九年夏に先行生産型C－0を製作した。

本機の翼幅はB型より六〇センチ短く、着艦フック、カタパルト発進用装置をそなえ、主脚は火薬内蔵ボルトにより投棄可能であった。機体も短時間は水に浮く構造となっており、

主翼を折り畳んで、着艦フックを下げた状態のユンカースＪＵ87Ｃ－１

主翼も手動で折り畳みできた。

　これに続く生産型のＣ－１では、主翼の折り畳みが電動式となり、主翼内燃料タンクが追加されて航続力は一一〇〇キロ以上に増大、爆弾に代えて魚雷の搭載も可能となった。緊急時の機体浮揚機構は、その後のポーランド戦に参加したＣ－０の一機が、被弾したさいに有効なことが実証されている。

　Ｊｕ87Ｂ－１をＣ型に改造した最初の二機は、三九年三、四月にテスト飛行した。先行生産型Ｃ－０一〇機は三九年夏にベルリンのテンペルホフ工場で製作された。

　Ｃ－１は一七〇機が発注され、数機が完成してトラフェミュンデでテスト飛行に入ったが、グラーフ・ツェッペリンの建造が中止されたことから、生産ラインにあったＣ－１は三九年末に生産が開始された陸上用のＢ－２として製作された。

　また、Ｃ－０の数機は、各種の実験機として機体を利用された。

一九四二年に登場するJu87E－1は、同D－1の艦上雷撃機ヴァージョンである。Dシリーズは戦争後期にB型に代わって主力となったタイプで、エンジンをユモ211J（一四〇〇馬力）に換装した。

オイルクーラーを主翼下面に移し、後部銃座を七・九ミリ連装式に、爆弾搭載量を一〇〇〇キロとした性能強化型で、四一年から生産が開始された。

E－1は四二年、空母工事の再開にあわせ、艦爆をFi167からJu87に変更したことで失われた雷撃機能を復活させようとしたものであった。

本機は爆弾に代えてLFT5W魚雷を搭載した。主翼折り畳み、着艦フックなどの艦上機用装備はC－0、C－1と同様である。四二年春から夏にかけて、トラフェミュンデの試験場でE－1改造機のテストが実施された。

そのさい、空母での発艦距離を短縮するため、ロケット・ブースターの装備が計画されたという。

一一五機が発注されたが、四三年二月にグラーフ・ツェッペリンの建造中止の決定により、全てキャンセルとなった。なお、D－3の少数機が改造されて陸上雷撃機D－4となったが、実戦の機会はなく、ふたたびD－3に戻されている。

発動機ユンカースJumo211Da一二〇〇馬力、全幅一三・八〇メートル、全長一一・〇〇メートル、全備重量四・二五トン、最大速度三八〇キロ／時、航続距離六〇〇キロ。七・九ミリ機銃×三、爆弾一〇〇〇キロ。乗員二名（B－2）。

●メッサーシュミットMe155
四二年五月、メッサーシュミット社は航空省技術局の指示にしたがい、Bf109に代わる新しい艦上戦闘機をMe155として開発に着手した。Bf109Gの胴体にダイムラーベンツDB605A-1エンジン（一四七五馬力）を装備、翼幅一〇・一メートルの新設計の翼と脚をそなえた戦闘機として設計が進められた。

四二年末、空母計画の中止により高速爆撃機へ、さらに高高度戦闘機へと変更された。四三年にブローム・ウント・フォス社に移管されてBv155と名称をあらためたが、結局は完成せずに終わっている。

空母搭載機の定数は四二機だが、機種の内訳は、初期にはJu87艦爆×一三、Fi167艦攻×二〇、Bf109艦戦×一〇、またはJu87D×一二、Bf109F×三〇、のちにJu87D×三〇、Bf109G×一二などと時期的にも相違しており、内部でも意見が分かれていたのかも知れない。

渡り鳥となった未成空母

一九三九年九月の第二次大戦開戦時、ドイツ海軍は重巡以上の大型艦数隻を建造中であったが、完成までにかなりの工事期間が予想されるものは中止となり、整理されることになった。

三九年十月、ヒトラーの承認を得て建造が続けられることになったのは、戦艦ビスマルクとティルピッツ、重巡プリンツ・オイゲンとザイドリッツ、それに空母グラーフ・ツェッペリンの五隻で、いずれも三九年四月以前に進水をおえていた。

重巡リュッツオウは三九年七月に進水をおえたが、八月の独ソ不可侵条約にともなう貿易協定により、四〇年二月に未成状態でソ連海軍に引き渡された。

工事が遅れて進水にもいたらなかった空母「B」は、防御甲板を張りおえた段階で、三九年九月十九日に工事は中止され、四〇年二月二十八日から四ヵ月のうちにエッセン鉄金属社により解体されて、八〇〇〇トンのスクラップとなった。

工程では五ヵ月後に進水の予定で、ペーター・シュトラッサーの予定艦名は未命名のままであった。

主機の相違もあり、記録上では、本艦は基準排水量二万三四三〇トン、満載排水量二万九七二二トン、吃水七・一三メートルとグラーフ・ツェッペリンとはいくらか数値がちがっている。

戦時下、工事の継続が認められたグラーフ・ツェッペリンであったが、四〇年四月のノルウェー進攻後、その防衛に多数の兵力、兵器、小艦艇が必要となり、また、対ソ貿易協定による兵器輸出もあって、軍事生産の検討がおこなわれたさい、レーダー大将は四月二十九日、ヒトラーに空母の工事中止を申し出ることになった。

装備予定の一五センチ砲はノルウェー沿岸防備に必要とされ、対空火器も流用されること

キールで繋留中のグラーフ・ツェッペリン（上）とゴーテンハーフェンに停泊する同艦

になり、完成を延期せざるを得なかったからである。本艦の完成は四一年末予定の公試後となった。

さらに七月の会議では、ヒトラーは空母の価値を認めたうえで、グラーフ・ツェッペリンの工事を再開して完成させるかわりに、航空巡洋艦を建造してはどうか——といい出した。

この会議後、ヒトラーの見解をうけて、建造部門からM級軽巡の兵器や速力を落として、艦上機一四機搭載の航空巡に改造しては——との提言もなされた。

しかし、M級軽巡（七八〇〇トン、一五センチ砲八門、五三・三センチ魚雷発射管八門、機雷六〇、速力三五・五ノット）は三八〜四〇年度に六隻が計画され、三隻が着工されたばかりであった。これを設計しなおした航空巡を建造するのと、艤装工事中の空母を完成させるのとでは、いずれが現実的かは説明するまでもない。

ヒトラーとしては、六月のフランス降伏によりUボート基地を大西洋沿岸に移して、今後の通商破壊戦の発展が望める一方、英本土上陸作戦を準備中であり、当面、空母を必要とする作戦はなかった。また、これまでに英海軍の空母二隻を沈め、攻撃をうけたさいの空母のもろさもうかがえたことから、空母の完成に消極的になっていたようでもある。

四〇年七月十二日、工程八五パーセントの状態で工事を中止し、キールで繋留されていたグラーフ・ツェッペリンは、掃海艇一隻に護衛され、東プロシャのゴーテンハーフェン（旧ポーランドのグディニア）へと曳航されて移動を開始した。英空軍のブレニム爆撃機などによる空襲を避けての疎開で、飛行甲板のめだつ本艦は爆撃の好目標となる恐れがあった。

途上、十八日にザスニッツで三・七センチ連装対空機銃二基を装備して、目的地へ向かった。ゴーテンハーフェンには四一年なかばまで在泊し、この間、本艦に「渡り鳥」の偽装名称をあたえて、海軍の建材貯蔵施設として利用したという。

四一年六月十九日にソ連進攻作戦（バルバロッサ作戦）が発動され、同地がソ連軍の空襲をうける恐れが生じたため、曳航されてシュテッティンに再度移動し、ゴーテンハーフェンへ戻ったのは十一月十七日であった。まさに「渡り鳥」さながらの動きであった。

機関が使えず「曳かれ者」の身の上なので、関係者の苦労は多かった。放浪の旅は、この後も続くことになる。

竣工直前を示す偵察写真

グラーフ・ツェッペリンがゴーテンハーフェンに在泊していることは、一九四二年に英空軍偵察機の航空写真により連合軍側の知るところとなった。

四二年六月二日に撮影された上空写真では、本艦が艦橋構造物、マスト、小火器なども設置済みであるのが確認された。情報部では、二、三週間以内に公試にはいれる状態にあると判断した。

ウッドホール・スパ基地の第九七中隊およびコニングスバイ基地の第一〇六中隊所属のアヴロ・ランカスター爆撃機一〇機による本艦への爆撃が八月二十七〜二十八日夜に実施されたが、一発も命中せず、英空軍の損失もなかった。

四二年から四三年にかけては日米の参戦もあり、戦局は大きく変化した。太平洋方面では、日米両海軍の空母が激しい戦闘を演じ、地中海や大西洋でも英海軍の空母は中核となって活動しており、護衛空母の出現は独Uボートへの脅威となりつつあった。

海上でも砲撃戦より航空戦が多くなり、空母が戦艦にかわって海軍の主力の座についたことを、ドイツ軍内部でも認めざるを得なくなった。

基づいていよう。

四二年初め、グラーフ・ツェッペリンの工事再開の決定がなされたのも、こうした背景に各国空母の戦闘の状況や、新型空母の情報もはいっており、それにより本艦にも修整をくわえる必要があったし、空母の数も増やさねばならなかった。さりとて、新造では間に合わないので、既成、未成の大型艦船を空母に改造するかたちで計画は進行した。

四二年五月十三日、空母工事再開の正式発令があり、グラーフ・ツェッペリンはゴーテンハーフェンから曳航されてバルト海を抜け、キールのドイチェ・ヴァルケ社のドックに入渠したのは十二月五日であった。

工事は再開され、バルジの付加ならびに増速を目的とした機械室の内軸改正工事から着手された。

この改正工事(一九四二年プラン)により、アイランド付近のデザインは一新されることになった。

主檣は太い塔状のものにあらためられ、頂部に探索用レーダーのアンテナ二基と射撃用六メートル測距儀が設置され、中ほどに戦闘機指揮所をもうける。その排煙防止のため、煙突にはファンネル・キャップが付けられる。構造物前端にもレーダーマストがもうけられ、装備レーダーは三基とされた。

艦橋と砲火指揮所には弾片防御をほどこす。

以上の改正にともなう重量増加に対処して、両舷にバルジが装着された。

1941年に英偵察機が写したグラーフ・ツェッペリン(上)とバルト海を曳航される同艦

バルジは最大幅二・四メートルあり、魚雷・機雷防御を兼ねるとともに、内部を燃料庫としても利用され、航洋性向上にも効果があった。

対空兵装では二〇ミリ機銃が単装から四連装にあらためられ、強化された。

一九四二年プランによる改装後の要目（記録として残っているもの）は、次のとおりである。

基準排水量約二万四五〇〇トン、満載排水量三万三五五〇トン、水線幅三一・五メートル、満載吃水八・五メートル（三八／三九年プランでは七・六メートル）。

燃料搭載量六七四〇トン。

兵装二〇ミリ機銃四連装七基（他の砲兵装は変更なし）、搭載機（Ｊｕ87Ｃ×三〇、Ｂｆ１０９Ｔ×一二）四二機（機種の変更のみ）。

吃水以外の主要寸法や機関関係の諸数値については記載がないが、大きな変化はなかったものと推定される。燃料増量後の航続力についても記載がないが、一九ノット時で二五パーセントの延伸が予定されたとする資料もある。工事再開時のスケジュールでは、四三年四月までに工事を完了し、八月までに公試をおえる予定になっていた。この工事割り込みにより、予定されたⅦC型Uボートの建造を中止せざるを得なかったという。

本艦のほかに、後述する艦船五隻の空母改造工事も四四年末までに完成させることになり、これにはかなりの資材と人員を必要とした。これにともなう鋼材の不足は、Uボートの生産に影響しかねないほどの深刻なものであったようだ。

異郷で閉じた数奇な生涯

こうした危険をはらみながら、空母の建造は順調に進むかと見えたが、その終焉は突然もたらされることになった。

一九四三年一月三十日、ヒトラーはすべての大型艦の活動停止と建造中止を命じ、これに異議をとなえたレーダーが海軍総司令官を辞任する騒ぎとなった。

ヒトラーの主張の根拠は明確ではないが、四二年二月、戦艦グナイゼナウの爆撃による大破、十二月の装甲艦リュッツオウなどの船団攻撃の失敗などから、大型艦は戦闘価値を失ったと判断したものと思われる。

四三年二月五日、グラーフ・ツェッペリンはバルジの工事中であったが、ふたたび建造中止に追い込まれた。それでも小工事は三月まで細々と続いたが、ついにすべての作業が中止

シュテッティンに繋留されるグラーフ・ツェッペリン(上)と戦後にソ連軍に引き揚げられ、シュヴィネミュンデに曳航された同艦

される日がきた。

修理改装中であったグナイゼナウも工事を中止し、主砲は陸上砲台に転用される時代であった。

四月十五日付でふたたび「渡り鳥」となった本艦は、少数の対空火器と探照灯、二基の阻塞気球を載せてゴーテンハーフェンへの帰らぬ旅に上った。

ヒトラーは役立たぬ大型艦の解体も主張したようだが、新海軍総司令官となったデーニッツ元帥は「解体にも労働者と技術者がよけいにかかる」と説いて断念させたという。

未成空母は造船所にあればUボート建造の障害となるし、放置すれば爆撃の好目標となる。それを避けての疎開であるから、今回は建造再開で呼び戻される可能性のまったくない旅立ちであった。

四隻のタグボートに曳航された本艦は、四月二十三日にシュテッティンへ着き、オーデル川の支流分岐点に投錨して、上空から中洲の島に見えるように偽装された。当初、ピラウまで移動する予定であったが、そこに適当な泊地がなく中止せざるを得ず、ゴーテンハーフェンにも行かないで、そのまま同地に在泊した。

四三年六月、英軍情報部はグラーフ・ツェッペリンが竣工間近にあり、三週間以内に公試にはいるらしいが、実戦配備につくにはなお三ヵ月を要するようだ——との情報を得て、その詳報を求めていた。

そこへポーランドの秘密情報組織から、空母が着いたとの報告がはいり、六月二十三日、英空軍偵察機がシュテッティンの東二マイル、ダンチッヒ・パルニッツ運河付近に在泊する本艦の上空写真撮影に成功し、写真が送られてきた。

その判定により、本艦の工事は四二年当時とほとんど変わらず、建造工事は放棄された——と認定した。したがって、今回は爆撃をうけることなく、そのまま放置され、その状態で四五年までシュテッティンにとどまることになった。

一九四五年四月二十四日、ソ連軍のシュテッティン進攻を前にして、オーデル川とパルニカ川の分かれ目にあったグラーフ・ツェッペリンの捕獲を防ぐため、現地海軍部隊による本艦の爆破作業が実施された。

艦内に爆薬、機械室には爆雷一〇個が装填され、無線操作で爆破された。破孔から浸水して深さ七メートルの海底に沈下したが、船体の多くは水上に残っていた。

ソ連海軍バルト海艦隊救難部隊による本艦の引き揚げ作業が四五年八月十七日から開始され、破孔などを応急修理してシュヴィネミュンデまで曳航され、八月十九日にソ連軍戦利品に認定された。

沈没位置は北緯五三度二六分、東経一四度三四分と記録されている。戦利品分類では損傷もひどく、解体または自沈の予定であった。

ソ連海軍総司令官クズネツォフ大将は、本艦を国産空母建造の研究材料とすることを考え、処分対象からはずして保管を命じた。

四七年二月、本艦は実験船ＰＢ－１０１と命名され、各種実験台として使用されることになった。ソ連海軍内部に特別委員会がもうけられ、ＰＢ－１０１にたいする調査と研究が実施され、空母復元も検討されたようだが、断念されている。

調査をおえたＰＢ－１０１は爆弾、機雷、爆雷などの爆破実験や、爆撃、砲撃、雷撃による大規模な標的として使用されることになる。本艦がどの程度の耐久力（その間、小修理とポンプ排水は実施）を示すかも調査の予定であった。

八月十四日、バルト海の演習場へ曳き出されたＰＢ－１０１は、十六日から各種の爆破実験をうけ、航空隊による爆撃標的にもされたが、船体はいぜん浮力を保っていた。

最後に魚雷艇ＴＫ５０３と駆逐艦スラヴニイの雷撃による魚雷二本が命中、その後、船体はじょじょに傾きはじめ、一九四七年八月十八日、バルト海グダニスク北方（北緯五五度四八分、東経一八度三八分、ポーランドの記録では北緯五五度四八分、東経一八度三〇分）に沈没した。

グラーフ・ツェッペリンは華々しく進水したあと、戦時下では完成直前で渡り鳥の行動を続け、竣工することなく、戦後に異国で処分された。もし完成していたら、ドイツ海軍は本艦をどう使う予定であったかは、永遠の謎となった。

ドイツ海軍補助空母計画

開戦後、ドイツ海軍が空母の威力を認識したのは、一九四〇年十一月にイギリス海軍が実施したタラント空襲であった。夜陰に乗じてイタリアの軍港タラントに接近した英空母イラストリアスを発した雷撃隊は、港内のイタリア戦艦群を奇襲し、新鋭のリットリオをふくむ戦艦三隻を大破させたのである。

この戦果は各国海軍関係者に大きな衝撃をあたえ、日本海軍が後の真珠湾攻撃立案の端緒となったことでも知られているが、ドイツ海軍当局も海戦の新しい主役を認めざるを得なかった。

しかし、ドイツ海軍は開戦時に建造中であった空母二隻の工事を中止させ、一隻は解体、一隻は疎開させていたが、方針を一転して、空母の増勢をはかることになった。空襲を避けてゴーテンハーフェンにあったグラーフ・ツェッペリンを呼び戻し、一部改修をくわえて工事を再開することになった。

だが、これだけでは兵力不足。とはいえ戦時下のため、新規の空母を着工する余裕はなかった。結論として、既成または未成の大型艦船を空母に改造することになり、その選択がおこなわれた。

その基準は、船体の大きさと速力にあった。シャルンホルスト級戦艦、アドミラル・シェーア級装甲艦、建造中の重巡、大型の航洋客船が対象になり、さまざまな角度から検討された。

こうしてまとめられた改装空母にかんする報告が、海軍からヒトラーへ提出されたのは一九四二年五月十三日であった。これに基づいてヒトラーは、大型客船オイローパ、グナイゼナウ、ポツダムの三隻を補助空母に改装することを承認した。

さらに、八月二十六日の報告で、六月のフランス降伏で捕獲したロリアンで建造中のフランス軽巡ド・グラースの空母改装が提案され、これも承認された。

また、ブレーメンで建造中の重巡ザイドリッツは、Uボート量産の影響で工事が遅れがちであったが、八月十八日に海軍から空母への改装の申し出があり、二十六日に承認された。

こうして、艦船五隻の空母改装が決定した。これを外部に秘匿するため、オイローパは補助空母I、ド・グラースは補助空母II、グナイゼナウはヤーデ（湾の名）、ポツダムはエルベ（川の名）、ザイドリッツはヴェーザー（川の名）と呼称することになった。

いずれも空母改装計画上の仮名であり、艦名変更ではない。以下、各艦船ごとに解説する。

◆オイローパ（補助空母Ⅰ）

一九三〇年にブローム・ウント・フォス（B&V）造船（ハンブルク）で竣工した北ドイツ・ロイド汽船の大型客船で、四万九七四六総トン、乗客二〇二四名を収容し、ブレーメルハーフェン〜ニューヨーク間に就航した。タービン機関による高出力で、二七ノットの航海速力を発揮し、新造時世界一の最速客船であった。

姉妹船のブレーメンとともに、一時煙突間にカタパルトと水上機を搭載していたこともある。船体も大きく、速力も高く（最大速力二八・五ノット）、客船改装のなかでは、もっとも有力な空母になると見られていた（ブレーメンは四一年三月、火災により沈没し、改装対象からはずされている）。

三九年の開戦後は、ヴェーザミュンデで兵営船として使用され、四〇年六月、英本土進攻の「あしか作戦」時には揚陸部隊輸送船として参加を予定されていたが、延期となった。

本船の改装工事は、建造したB&V社ハンブルク造船所で実施されることになり、四二年五月に設計が開始される。右舷に米空母サラトガのような大型煙突を直立させた空母プランがまとめられた。

飛行甲板は長さ二七六メートル、幅三〇メートル、アイランド付近に大型二基、後方に小型一基のエレベーターがあり、前部にカタパルト二基が装備される。

船底から飛行甲板までの高さは二四・二メートル、飛行甲板下の格納庫は全長二一六メートル、幅は前部が二五メートル、後部が三〇メートルある。搭載機はJu87D艦爆一八機、

Ｂｆ１０９Ｇ艦戦二四機の計四二機を計画していた。

船体も改装空母のなかでは一番大きく、搭載機数はグラーフ・ツェッペリンと同等であった。その計画要目は次のとおりであった。

基準排水量四万四〇〇〇トン、満載排水量五万六五〇〇トン、全長二九一・五メートル、最大幅（バルジふくむ）三七・〇メートル、吃水一〇・三メートル。

主機Ｂ＆Ｖ式ギヤード・タービン四基／四軸、三胴両面形水管缶二四基、出力一〇万馬力、速力二六・五ノット、燃料搭載量八五〇〇トン、航続力二七ノット－五〇〇〇海里。

兵装一〇・五センチ高角砲連装六基、三七ミリ対空機銃連装一〇基、二〇ミリ四連装七～九基、搭載機四二機、カタパルト二基。

設計後、主構造甲板にもうけた格納庫の強度が問題となり、バルジを装着しても復原性が悪い、燃料消費も高いなど、いくつかの欠陥が指摘された。

それを解決しないうちに、四二年十一月二十五日に改装工事は中止となり、本船は八〇トン戦車装備の前線部隊輸送任務に従事することになった。計画された改装工事はほとんど実施されず、以降も軍隊輸送にもちいられた。

戦後は一時、米海軍の兵員輸送艦（ＡＰ１７７）となったが、四六年にフランスへ賠償として引き渡され、リベルテと改名し、客船として復活した。一九六二年解体。

極東航路客船からの変身

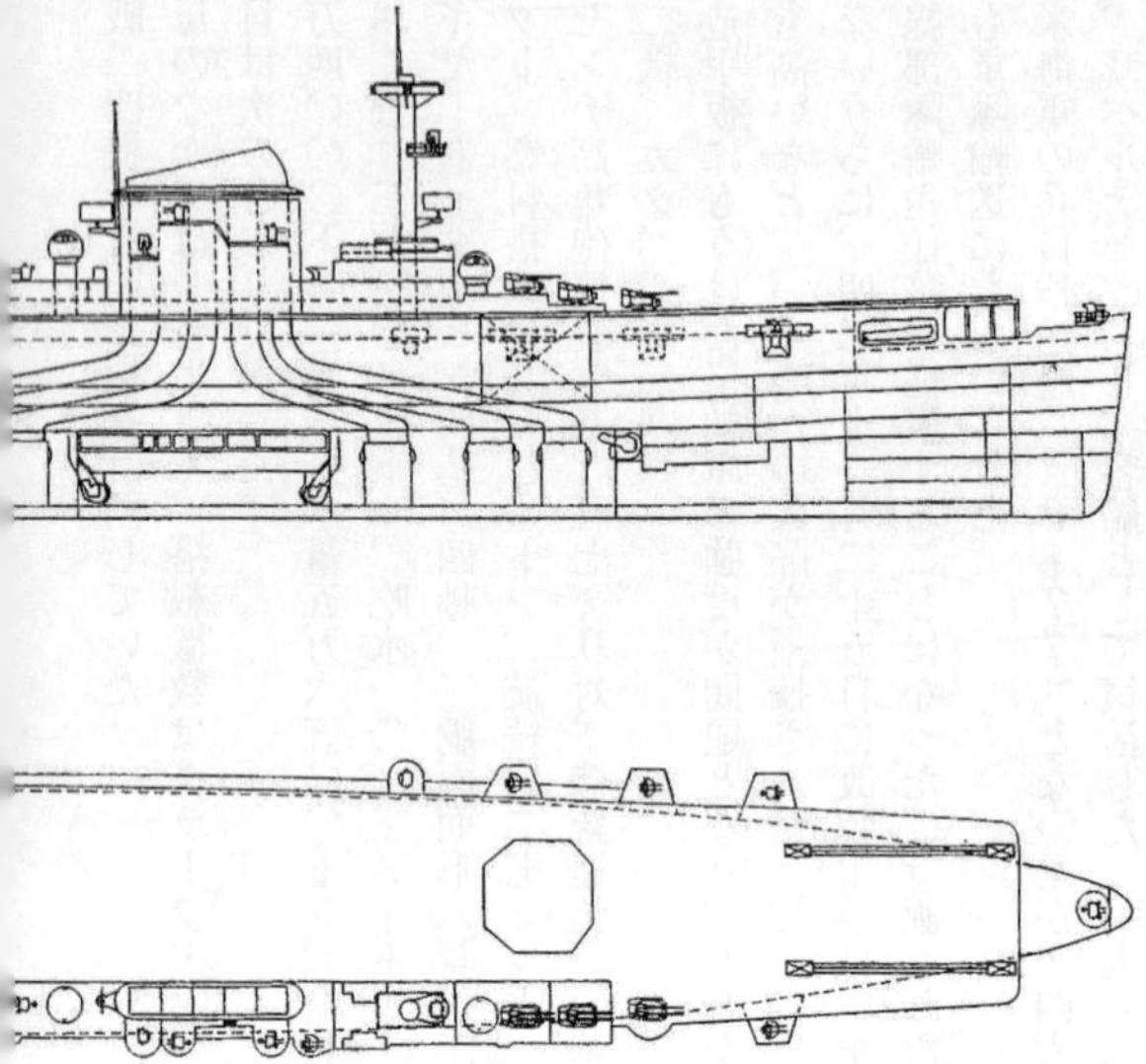

補助空母Ｉ（客船オイローパ改装）1942年６月案

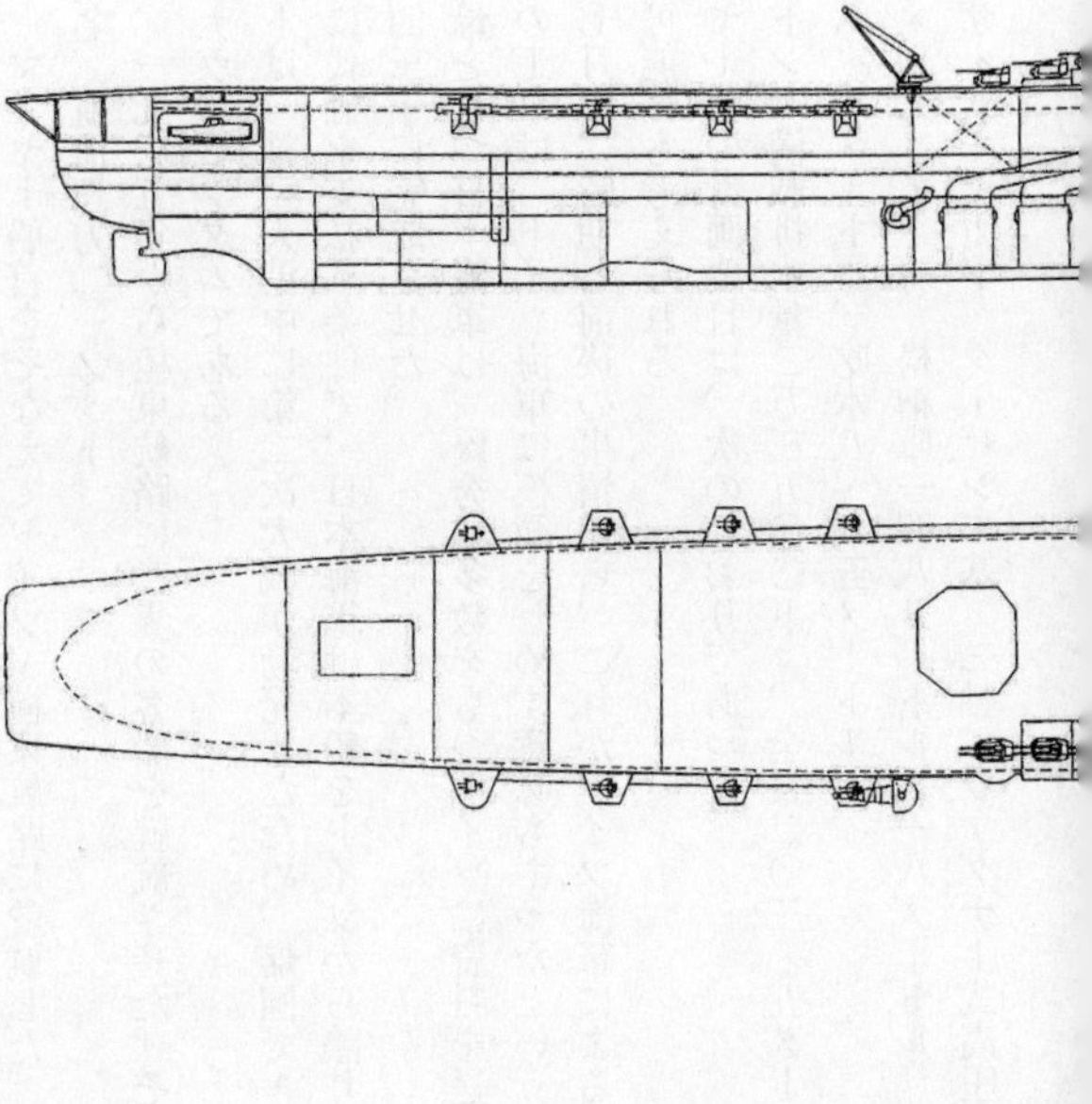

◆グナイゼナウ（ヤーデ）

一九三五年にA／Gヴェーザー造船（ブレーメン）で竣工し、オイローパとおなじく北ドイツ・ロイド汽船の客船で、マイヤー船首をそなえてドイツ～極東航路に就航した。一万八一六〇総トン、乗客二九三名、航海速力二一ノット。

北ドイツ・ロイド汽船は、一九三五年から極東航路に三隻の客船を就航させた。それがシャルンホルスト、グナイゼナウ、ポツダムである。

このうちシャルンホルストは、神戸入港中に第二次大戦が勃発したため、帰国できずに神戸に繋留されていた。戦後に代価を支払う条件で、日本海軍は本船をドイツから譲り受け、これを空母「神鷹」として四三年に完成させた。

すでに数隻の客船改装空母をもつ日本海軍は、優秀船多数をもつドイツに資料を送り、空母改装を勧告していた。この工事は、ドイツ海軍に模範をしめす意味もあったという。

本船譲渡の協定は四二年七月で、時期と前後の事情から、これがドイツ海軍による客船の空母改装に影響をあたえた可能性も考えられる。

グナイゼナウ改装の空母ヤーデの計画要目は、次のとおりであった。

基準排水量一万八一六〇トン、満載排水量二万三五〇〇トン、全長二〇三・五メートル、最大幅（バルジふくむ）二六・八メートル、吃水八・八五メートル。

飛行甲板一八六メートル×二七メートル、格納庫一四八メートル×一八メートル。

主機デシマーク・ヴェーザー式ギヤード・タービン二基／二軸、ヴァグナー式高圧缶四基、

グナイゼナウ空母案

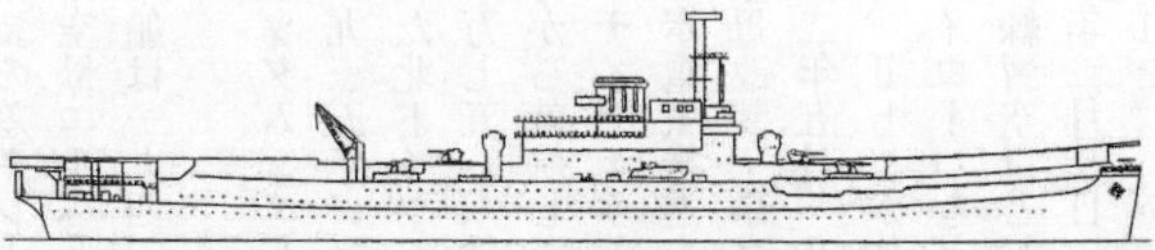

出力二万六〇〇〇馬力、速力二一ノット、燃料搭載量四五七〇トン、航続力一九ノット－九〇〇〇海里。
装甲／飛行甲板二〇ミリ、格納庫一五ミリ。
兵装一〇・五センチ高角砲連装六基、三七ミリ対空機銃連装五基、二〇ミリ機銃四連装八基、搭載機二四機（Ｊｕ87Ｄ、Ｂｆ１０９Ｇ各一二）、カタパルト二基。

改装工事はヴィルヘルムスハーフェン海軍工廠が担当したが、オイローパとおなじく四二年十一月二十五日に中止となり、実際には着工されなかったようだ。本船は宿泊船として利用されたといわれる。

この補助空母計画については、Ｅ・グレーナー氏の資料を基本としているが、それにはヤーデの図面は残されていない。しかし、その後、Ｐ・シェンク氏の調査によるグナイゼナウの空母改造案の側面図が出て来たので、それを紹介する。

その要目も、「全長二〇五メートル、幅二六・八メートル、吃水八・八メートル、主機出力二万六〇〇〇馬力、速力二一ノット、航続力二一ノット－一万海里、兵装一〇・五センチ高角砲八門、三七ミリ対空機銃一〇梃、二〇ミリ機銃一二梃、搭載機二四機（Ｊｕ87Ｄ、Ｍｅ１０９Ｇ各一二）」となっていて前者とは若干相違する。

兵装の差やレーダーの有無から判断すると、それ以前のデザインかも知れない。艦容としては空母エルベと大差はないようである。

本船は一九四三年五月三日、ドイツ近海で触雷により沈没した。

◆ポツダム（エルベ）
一九三五年にB&V造船（ハンブルク）で竣工、グナイゼナウとおなじく極東航路に配置された北ドイツ・ロイド汽船の客船である。一万七五二八総トン、乗客二八六名、航海速力二一ノット（最大二三ノット）で、三六年一月から就航した。

グナイゼナウと姉妹船ではあるが、船首はことなり、主機もシャルンホルストとおなじくターボ電気推進を採用した。四〇年六月以降、軍事輸送に従事した。

空母改装工事は四二年五月からハンブルクのホヴァルト社で開始されたが、当初の設計案（四二年五月、Ⅱ）では復原性が悪く、バルジ装着と固定バラスト搭載の改良案（四二年十二月、Ⅱb）が作成された。

オイローパなどとおなじく、補助空母への改装工事は四二年十一月に中止となったが、本船は練習空母としての工事が十二月からキールで始まり、客室設備が撤去された。しかし、四三年二月二日にふたたび中止となり、ゴーテンハーフェンの宿泊船への改装工事に切り換えられた。

補助空母エルベの計画要目は次のとおり。

基準排水量一万七五二七トン、満載排水量二万三五〇〇トン、全長二〇三・〇メートル、最大幅二六・八メートル、吃水八・八五メートル。

主機SSW・B&V式ターボ電気推進装置二基／二軸、ベンソン式高圧缶四基（七六〇kWタービン発電機四基）、出力二万六〇〇〇馬力、速力二一ノット、燃料搭載量三一四五トン、航続力一九ノット－九〇〇〇海里。

装甲、兵装および飛行甲板、格納庫サイズなどは、すべてヤーデ案と同一である。

本船は戦後、四六年に英国に渡って兵員輸送艦エンパイア・フォウェイとなったが、六〇年にパキスタンの回教徒巡礼船に改装され、七六年に解体された。

◆白羽の矢が立った高速巡

ザイドリッツ（ヴェーザー）

一九三五年度計画で建造されたアドミラル・ヒッパー級重巡四番艦。三五年十二月二十九日にデシマーク社（ブレーメン）で起工、三九年一月十九日に進水したが、開戦後はUボート建造に押されて工事は遅延しがちであった。

四二年八月に補助空母への改装が決定した時は、完成まで九五パーセントの状態にあったという。重巡として基準排水量一万四二四〇トン、二〇・三センチ連装砲四基、五三・三センチ連装魚雷発射管四基、速力三二ノット等の性能が予定されていた。

空母ヴェーザーの計画要目は次のとおり。

基準排水量一万七一三九トン、全長二一六・〇メートル、幅二一・八メートル、吃水六・〇八メートル。

飛行甲板二〇〇メートル×三〇メートル、格納庫一三七・五メートル×前部一七メートル、中央、後部一二メートル。

主機デシマーク式ギヤード・タービン三基／三軸、ヴァグナー式高圧水管缶九基、出力一三万二〇〇〇馬力、速力三二ノット、燃料搭載量四二五〇トン、航続力一九ノット―六五〇〇海里。

兵装一〇・五センチ高角砲連装五基、三七ミリ対空機銃連装五基、二〇ミリ機銃四連装六基、搭載機二〇機（Ju87D、Bf109G各一〇機）、カタパルト二基。

改装工事はデシマーク社により、艦橋構造物や砲塔などの撤去で開始された。二年の工期が予定されたが、四二年十二月（四三年六月とする資料もある）に工事中止となった。四三年、船体はケーニッヒスベルクへ移動、四五年一月二十九日に同地で自沈する。戦後、ソ連が引き揚げたが、工事はせず、五八年に解体されたといわれる。

◆ド・グラース（補助空母Ⅱ）

一九三七年度計画により、ロリアン工廠で建造中のフランス海軍軽巡ド・グラース（八〇〇〇トン、一五・二センチ砲九門、五五センチ魚雷発射管六基、速力三三・五ノット。三九年八月起工）は四〇年六月二十二日、工程二八パーセントの状態のまま船台上でドイツ軍に捕獲された。

空母改装の設計作業は四二年四月から開始され、航空巡への改装案もあったという。八月に補助空母への改装が決定したが、本艦を空母として完成させるには、かなりの年月を要した。

その間の人員、資材などの経費も多額となる。そのうえ、建造中に空襲の危険も高く、機関システムもドイツ海軍には不適など、いくつかの問題が出てきた。結局、工事は進まず、四三年二月初めに計画は中止された。

計画要目は次のとおり。

基準排水量一万二四〇〇トン、全長一九二・五メートル、幅二四・四メートル、吃水五・六メートル。

飛行甲板一七七・五メートル×二四メートル、格納庫一四二メートル×一八・六メートル。

主機ラトー・ブルターニュ式ギヤード・タービン二基／二軸、アンドレ式高圧水管缶四基、出力一〇万馬力、速力三二ノット、航続力一九ノット－六五〇〇海里。

兵装一〇・五センチ高角砲連装六基、三七ミリ対空機銃連装六基、二〇ミリ機銃四連装六基、搭載機二三機（Ｊｕ87Ｄ×一二、Ｂｆ１０９Ｇ×一一）、カタパルト二基。

四五年九月にロリアンは解放され、本艦もフランス海軍に復帰して、戦後は対空巡洋艦（九三八〇トン、一二七ミリ両用砲一六門、速力三三ノット）として五六年九月に竣工した。

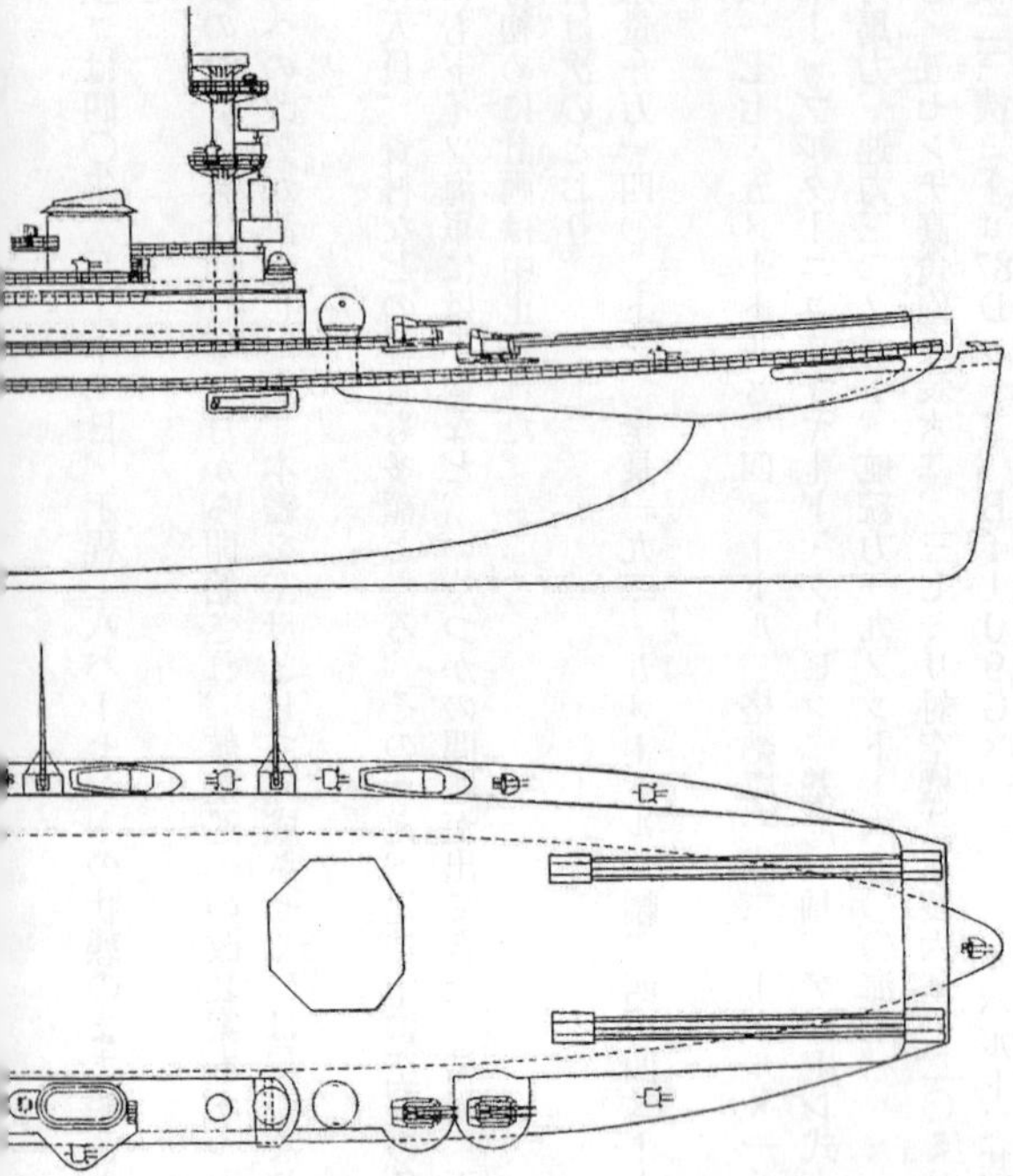

補助空母Ⅱbエルベ（客船ポツダム改装）
1942年12月案

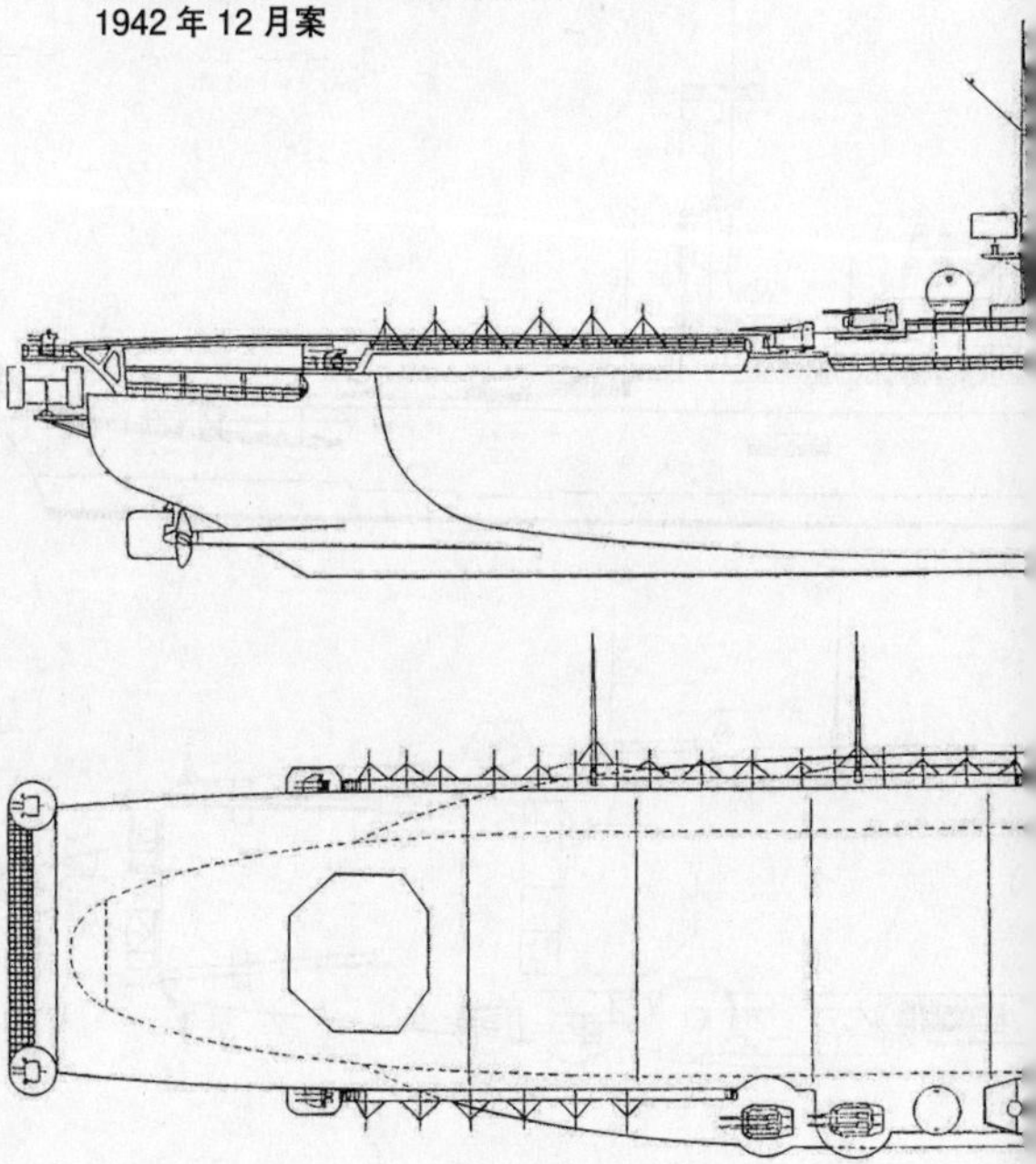

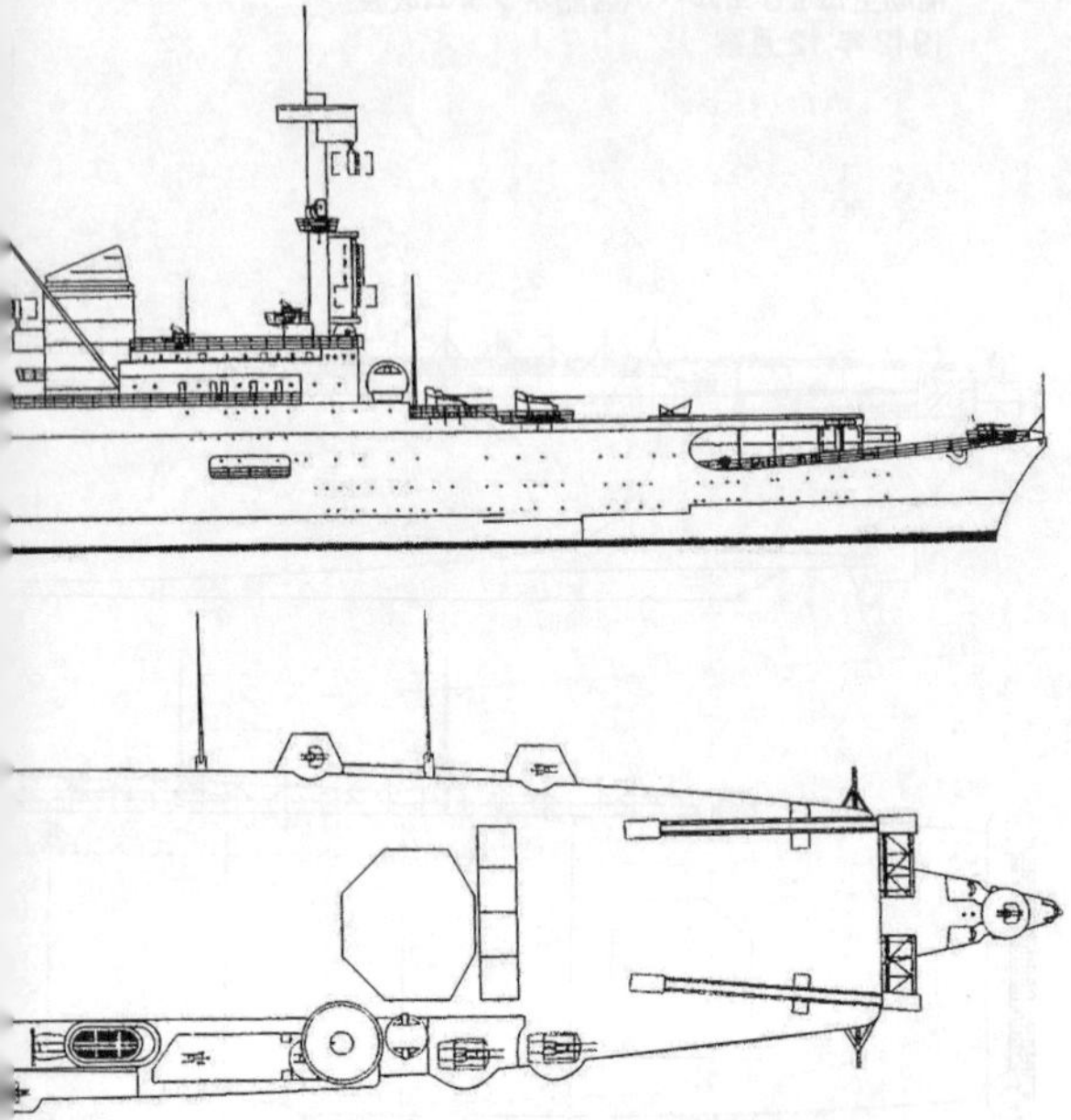

補助空母ヴェーザー（重巡ザイドリッツ改装）
1942年12月案

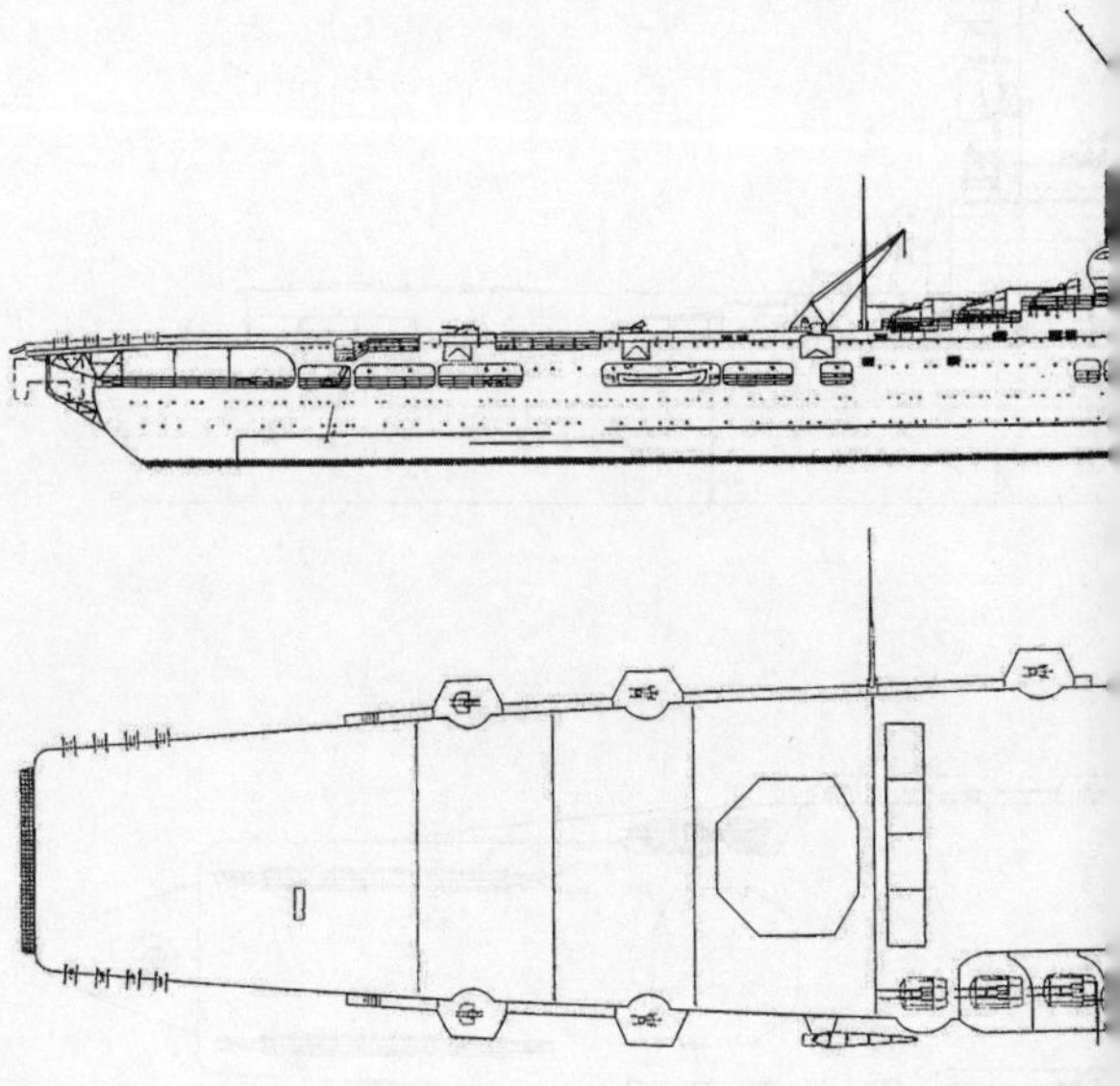

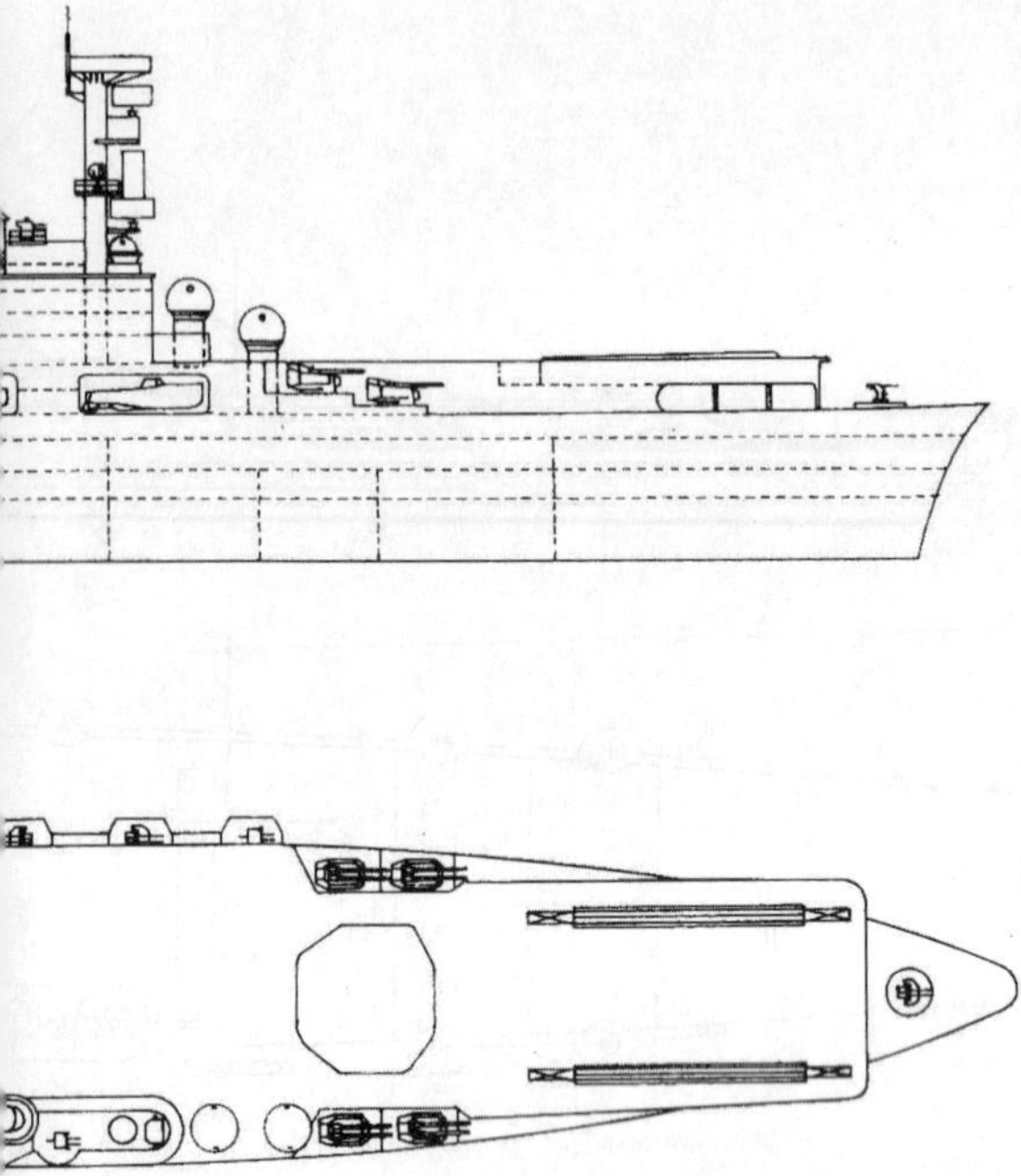

補助空母Ⅱ（仏軽巡ド・グラース改装）
1943年1月案

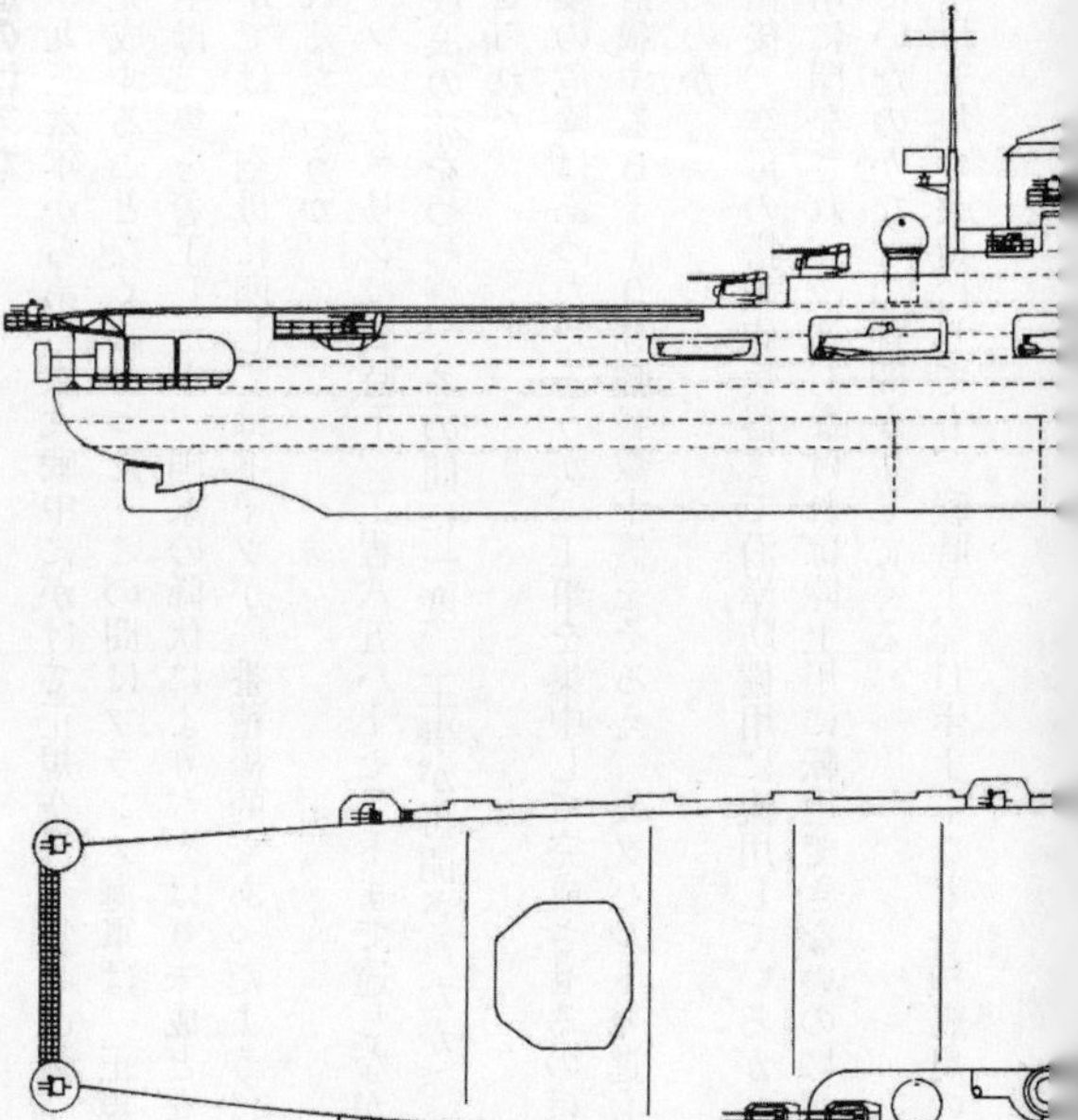

六六年、実験部隊旗艦に改装され、七三年に除籍されている。

ドイツ空母建造のはてな

ドイツ海軍は一九三六年から第二次大戦中にかけて正規空母二隻、改装空母五隻を着工したが、いずれも完成することなく終わった。この間にフランス海軍は、正規空母一隻、イタリア海軍は改装空母二隻を着工したが、国家の降伏により、やはり未成となった。

この三国のなかでは、空母に関してはドイツが一番積極的であったように見えるが、はたしてそう言いきれるだろうか。

空母グラーフ・ツェッペリンは戦時下、工程八五パーセントまで達しながら工事を中止して、四五年まで放浪の旅をつづけ（その間に一度、工事が再開されたが）、結局は未成のまま異郷で自沈させられた。

緒戦期に、空襲の危険はあっただろうが、工事を集中して完成させるのは不可能だったのか。空軍では、搭載するＢｆ１０９艦戦数十機をそろえ、カタパルト発進も開始していたのに、なぜ中止したのか。

ノルウェー占領後、空母の搭載砲兵器まで沿岸防備用に流用しているが、とくに一五センチ連装砲は空母用に開発され、改造しなければ陸上用に転用できないのに、この時期それほど兵器が不足していたのかなどの疑問が生じてくる。

四二年の補助空母五隻の改造にしても、戦時下、Ｕボートなど各種艦艇の建造で多忙をきわめているなかで、これを決定し、結局、工事はほとんど進まず、他の工事も遅らせて、労力と資材の浪費に終わっている。

そのなかで一番進捗していたのが、九五パーセント完成していた重巡ザイドリッツの上構や砲塔などの撤去工事であったという。空母は未経験の分野であり、一隻も完成せぬうちに、改装空母五隻を計画すること自体が無謀ではないかとも思われる。

ふたたび渡り鳥をつづけるグラーフ・ツェッペリンを、最終的にはどうする予定であったのか。空母が無理ならば、航空機輸送艦などに改造する計画はなかったのか。

ドイツ海軍の空母計画を調査して逢着する、このようなクエスチョンに対する答えは、今回得ることはできなかった。

ヒトラーが開戦後、空母の建造に乗り気でなかったことはうかがえ、これに関して海軍上層部と軋轢を生じていたことは想像に難くないが、それでは四二年の空母増強計画と直後の挫折は何だったのか。独裁者の気まぐれにすぎなかったのか。

ツェッペリンの長期の放浪も、未成ながら唯一の空母を何とか残したいと考えた、海軍側の苦肉の策であったのかも知れない。

大型航空巡洋艦スケッチ

第二次大戦中、ドイツ海軍でも「飛行甲板装備巡洋艦」の研究が行なわれた。巡洋艦としての砲兵装を残しながら、空母機能を備えるもので、軍縮条約下、航空巡洋艦として日米両海軍でも研究された。

ドイツ海軍は四二年の空母計画のさいに、これを研究して試案のスケッチが残されており、以下に紹介する。

「大型航空巡洋艦」AⅠ案（四二年四月九日提出）は、排水量四万トン、前甲板に二〇・三センチ四連装砲塔二基を搭載、両舷に一五センチ連装砲塔各八基、一〇・五センチ高角砲一六門を装備する。搭載機は三二機（Bf109G艦戦一二、Ju87D艦爆二〇）で格納庫の長さ一六〇メートル、カタパルト一基。

装甲は舷側一五〇ミリ、甲板六〇〜一〇〇ミリ。主機ディーゼルで出力二二万馬力、速力三四ノット。

「大型航空巡洋艦」AⅡ案（四二年五月一日提出）はAⅠ案の強化案で、前部主砲を二〇・三センチ三連装砲塔二基（背負い式配置）として、測距儀装備の艦橋構造物をその後方中央に配置し、砲戦能力を向上させている。

そのため、二基のカタパルトはその両舷斜め前方に向けて配置されており、搭載機は三八機（艦戦一二、艦爆二六）で、格納庫も長さ二一〇メートルに拡大している。装甲も増大した。主機や船体のサイズはAⅠなみとしている。

「大西洋航空巡洋艦」AⅢ案（四二年四月十四日提出）は排水量七万トン、二八センチ三連装砲塔二基、一五センチ連装砲塔八基、搭載機三二機（艦戦一二、艦爆二〇）。

装甲はAⅡ案よりさらに強化され、舷側二五〇ミリ、飛行甲板五〇ミリ。主機は二八万馬

独大西洋航空巡洋艦 AⅢ案

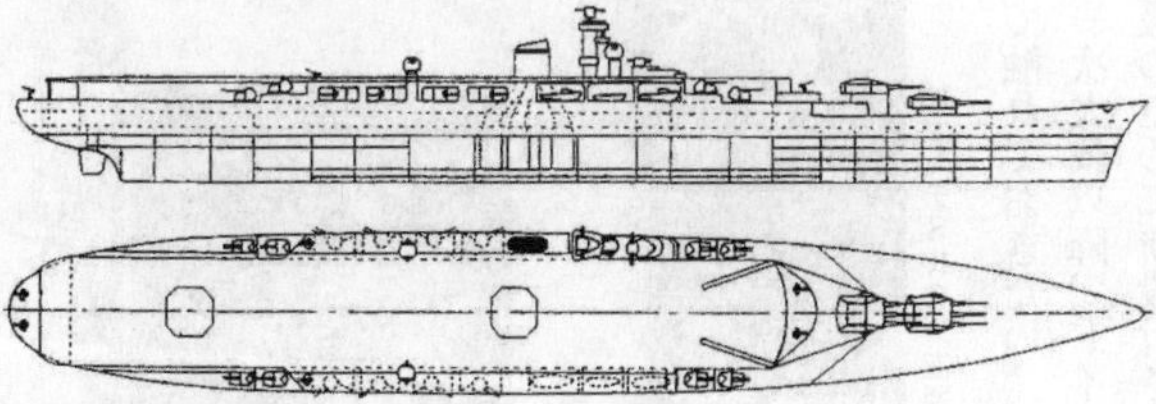

独大西洋航空巡洋艦 AⅣ案

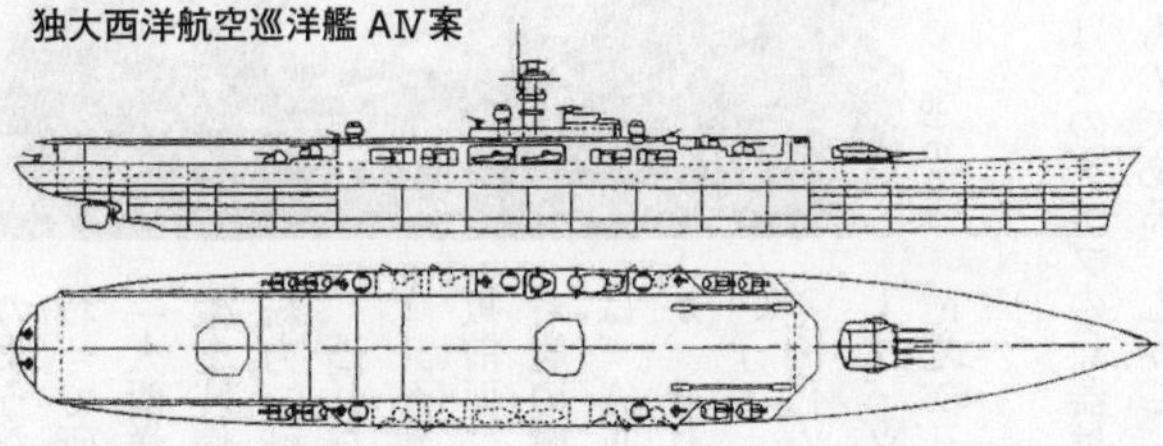

力のタービン駆動である。

「大西洋航空巡洋艦」ＡⅣ案（四二年四月十五日提出）は主砲を二八センチ四連装砲塔一基とし、搭載機も減らしたが、装甲は甲板および飛行甲板一五〇ミリ、舷側二五〇ミリと強化、主機ディーゼルで排水量はＡＩ案と同じである。

その他「小型航空巡洋艦」Ｃ案および同ＥⅣ～Ⅵ案（一万二七五〇～二万二二〇〇トン）も作成されており、小型空母や飛行艇母艦など、航空関連の諸艦が研究されたようだ。

資料も断片的で不明確であり、なかには戦艦なみの巨艦もあって、戦時下ではたして建造可能かとも思われる。しかし、これは戦争アカデミーで実施された若手造船官に対する設計テストのようなものであったらしく、補助空母計画とあわせて研究させたのであろう。「大西洋」を冠したのは、強力な砲熕兵器と航空機を装備し、大西洋を縦横に疾走する高速力と航続力を備えた軍艦を意味するもののようである。

これらに対して、空母設計者ハデラー造船監の講評が残されている。AⅡ案については「飛行甲板前面に設けた艦橋構造物は甲板上の気流を乱し、着艦の障害となる」と酷評している。このなかでは、AⅣ案が航空装備では優れていると見られたが、それでも造船監の評は「不満足」であったという。

ドイツ海軍の空母の項を終えるにあたり、グラーフ・ツェッペリンの搭載兵器であるケースメート式の一五センチSKC／28連装砲（C／36）について触れておきたい。

15センチSKC／28連装砲（C／36）の後部

第一次大戦以降、ドイツではこのタイプの兵器は製造されず、これはグラーフ・ツェッペリン級のために新設計されたものである。しかし、その資料はほとんど残されておらず、ドイツ海軍砲熕兵器関係の資料を見ても、精密な図面はなく、ラフなスケッチだけで、くわしいデータも見当たらない。

そのなかで探し出したのが掲載の写真（連装の砲身が見えないのは、ノルウェー沿岸防備用に取り外されたからであろう）である。このような兵器を設計させたのは、日本見学で知った「赤城」の砲廓式二〇センチ五〇口径単装砲が基になったかと思われる。

ドイツ海軍は、空母原案作成時より、一五センチまたは二〇センチ砲の装備を予定していた。護衛艦兵力がイギリス海軍より劣勢な現状を考えれば、空母の水上戦も当然予想していたに違いない。前記航空巡案も、その一策といえよう。

グラーフ・ツェッペリンのアイランドは、改装補助空母や英米空母のデザインとくらべて、煙突以外の上構がかなり低く抑えられている。これも「赤城」見学の影響であろうか。

なお、ドイツ海軍が設計した空母は航空巡もふくめ、すべてカタパルト装備であったことは注目に値しよう。ただし、米英海軍がもちいたような油圧によるシャトル牽引方式ではなく、圧縮空気をもちいた台車方式であったから、能力的には劣るものであったようだ。

第三章 イタリア海軍の空母建造計画

イタリア海軍の艦載航空史は、一九〇七年十月に防護巡洋艦エルバ（二七三二トン、一八九五年竣工）で実施された繋留気球による機雷探索実験にはじまるという。気球上の観測員は、機雷を見つけて有線電話で報告するもので、球状のバルーンをもちいていた。翌年、僚艦リグーリア（二二八一トン）での実験では、ドイツから購入した飛行船形のカイト・バルーンが使用された。実験はいずれも成功と認められたが、気球自体は後者の方が材質、性能ともに優れており、以後これがもちいられた。

実戦での使用は一九一一年、伊土戦争で実現した。十月、イタリア海軍の戦艦や巡洋艦がトリポリ砲撃を実施したさい、海軍曳船に曳航された帆船カヴァルマリノから揚げられたカイト・バルーンにより、弾着観測を行なっている。一ヵ月後、強風によりバルーンが吹き飛ばされる椿事が生じたが、幸いにも人命の損失はなく、イタリア海軍は艦載航空の重要性を認識したという。

超大型雷撃機への挑戦

一九一〇年に米海軍は、軽巡バーミンガムの前甲板に木製滑走台をもうけて、操縦士ユージン・エリーによる最初の飛行機発進を実現させた。一九一二年はじめ、イタリア海軍のアレサンドロ・グイドーニ大尉はこれを知って、海軍に巡洋艦への飛行機発進設備の提案をした。

それは防護巡洋艦ピエモンテ（二六三九トン）の煙突後方にデリック支柱をもうけ、艦尾にかけて滑走台を設置して、水上機または陸上機を発進させるものであった。彼はこれにより雷撃機を発進させようと考えていたのである。

じつは一九一二年に、イタリアの弁護士パテラス・ペスカラが飛行機からの魚雷投下について海軍省に提案をした。これに興味を抱いた当局は、同大尉にペスカラと協力して、魚雷を搭載して投下可能な飛行機の開発を命じていた。

大尉はこれを完成させて、巡洋艦から発進させようと計画したのだった。同年七月に、米海軍ではブラッドレー・フィスキス少将が飛行機に魚雷を搭載し、投下する方法について特許を得ていたが、考案の実用化はできなかった。雷撃機の製作に最初に取り組んだのは、イタリア海軍であった。

ペスカラの考案の細部は不明であるが、水上機のフロートの間に一種の水中翼をもうけ、これに魚雷を装着するという方式であったようだ。波の静かな地中海だから実行可能なアイデアだったと評されている。

**グイドーニ大尉が海軍に提案した
防護巡洋艦ピエモンテの
滑走台装備デザイン**

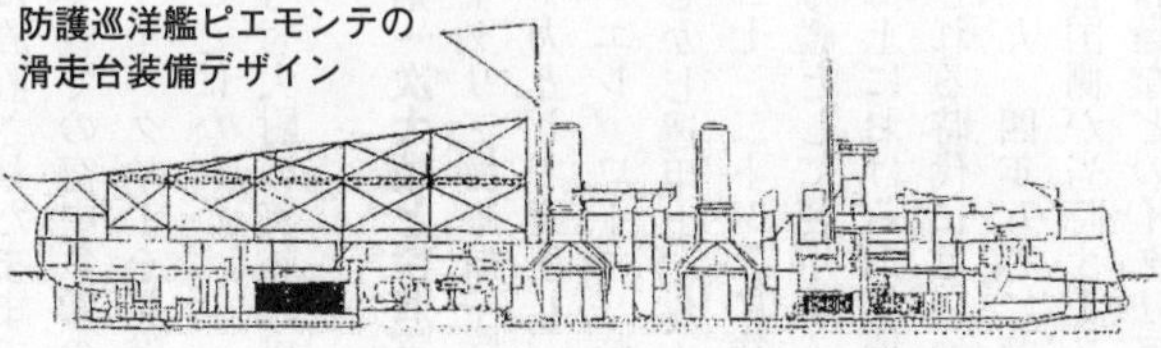

グイドーニ大尉は、海軍のアンリー・ファルマン式水上機一機を改造して水中翼を装備し、テストを開始して八〇キロの重量物の投下に成功した。彼はこの実験データから、実物の魚雷を搭載して投下できる飛行機の重量を二七二〇キロと計算した。

当時、これに相当する大型機は実在せず、大尉はペスカラと協力して、魚雷投下専用機の設計製作にとりかかった。

世界最初の魚雷投下機は一九一四年初めに完成した。それは全幅二一・八メートルの大型単葉機で、のちに設計者の名をとってパテラス・グイドーニ水上雷撃機と呼ばれたが、制式名ではない。

ノーム空冷式一六〇馬力二基を串形に装備し、双フロートの間に水中翼をもうけて、これに魚雷を装着する仕組みであった。グイドーニ大尉は本機をもちいて一九一四年二月以降、数回にわたり重量約三七五キロのダミー魚雷の投下に成功したという。

しかし、彼はその手記の中で正確な日時やデータを記録してないので確認できないが、彼が世界最初の魚雷投下に成功したことは、今日では定説として認められているようである。

テストはその後も続けられたもようだが、実用段階には達しなかったらしく、第一次大戦中もこの機体はヴェニスの海軍技術廠の片隅に放置されたままで、空中魚雷計画は中断されてしまった。

実戦での空中魚雷の成功は一九一五年八月十二日、ダーダネルス海峡で英水上機母艦ベン・マイ・クリーを発進したエドモンズ中佐のトルコ船雷撃により実現し、栄誉は英海軍に輝くことになった。

もし大尉の実験が成功したとしても、大きすぎて巡洋艦からの発進は不可能であった。

第一次大戦と伊海軍航空

イタリア海軍航空隊は一九一三年七月二十日、米カーチス、仏ボレルなどの外国製水上機を主力として誕生し、翌一四年にかけて、戦艦ダンテ・アリギエーリ、ヴィットリオ・エマニュエレ、ローマ、装甲巡サン・ジョルジョ、サン・マルコにカーチス水上機が配備された。

しかし運用上、集中管理の方が有利と判明して、これらは引き揚げられ、防護巡エルバ(二七三二トン)に複数の水上機やカイト・バルーンを搭載して随伴させ、臨時の艦隊水上機母艦として使用することになった。

海上における飛行機の重要性は増し、艦隊として、その運用を専門にあつかう母艦が必要とされる時代にはいっていたのである。

一九一四年八月に第一次世界大戦がはじまった時、イタリアは中立を宣言した。しかし、連合国側が当時オーストリア領であったトレンチーノ、トリエステなどの諸地域やダルマチア諸島などのイタリア領有を保証する密約を提示したことから、連合国側に立って参戦する

水上機母艦エウローパ

ことになり、一九一五年五月二十四日、オーストリアに対し宣戦布告がなされた。

海軍の主要任務は、チレニア海とイオニア海における船団護衛やオトラント海峡の封鎖などで、大戦全期を通じて主力艦同士が対決するような大海戦は発生しなかった。

この大戦に参加したイタリア海軍の艦載航空兵力は、水上機母艦エルバのほかに商船を改装した大型のエウローパがある。また、カイト・バルーン用の小型母船として、ウンベルト・メッシナとルイージ・ミナがあった。後者は平底船にバルーン繋留設備をもうけたもので、アドリア海沿岸で作戦支援に従事した。

エルバは一八九五年にカステラマーレ工廠で建造され、一九〇七年に後甲板にバルーン装備をほどこされ、僚艦リグーリア（二二八一トン）も同様の設備がもうけられて、一九〇八〜一一年にカイト・バルーン母艦を務めた。

エルバは新造時に一五・二センチ砲二門、一二センチ砲八門、四五センチ魚雷発射管二門等を装備していたが、一九一四〜一五年に第二煙突と後檣間、および後甲板に水上機三機を搭載、デリック二基を増設して機体の揚収をした。この時、兵装も一二センチ砲六門、三・七センチ砲二門、機銃一（魚雷兵装同じ）に改めた。

参戦後、小型で母艦能力が劣り、船体も老朽化しているため、さらに大型の水上機母艦が求められ、誕生したのがエウローパであった。

イタリア海軍は一九一五年二月六日に貨物船クアルトを購入し、ラ・スペチア工廠で水上機母艦改装工事に着手した。本船は最初、英船マニラ（四一三四総トン）として一八九五年八月にグラスゴーのチャス・コーネル社で進水、九八年にサラチアと改名、一九一一年にドイツへ移り、一三年にイタリア船クアルトとなるなど、転籍を繰り返していた。

工事は一五年十月六日に完了し、エウローパと改名した。前後に巨大な格納庫と四基のデリックが新設され、水上機八機の収容が可能であった。

格納庫は側壁の一部を開いてデリックで機体の揚収を行なったが、カイト・バルーンの運用もできたほか、潜水母艦の能力もあった。艦種は水上機母艦兼潜水母艦（Nave pev transporto i drovolanti e appogio Sommevgibili）であった。

一九一六年一月まではブリンディシ、一九一八年まではヴァロナに在泊して作戦支援をした。一九一八年ころの搭載機はマッキM5型戦闘飛行艇二機とFBA－H型偵察飛行艇六機の八機編成であったが、通常は戦闘艇二、偵察艇二の四機編成が多かったといわれる。

常備排水量八八〇五トン、全長一二三・一メートル、幅一四・〇メートル、吃水五・八メートル。主機レシプロ一基、円缶二基、出力二五九四馬力、速力一二・二ノット。七・六センチ高角砲二門、水上機八機。乗員二五〇名。

大戦の間にイタリア海軍航空兵力は大きく成長した。一九一五年五月当時、その保有機は飛行船二隻、水上機一五機にすぎなかったが、一九一八年十一月（休戦時）には飛行船二六隻、小型飛行船一三隻、航空機（陸上機、水上機、飛行艇をふくむ）六三八機にまで増強されていたのである。

エウローパに収容されるマッキM5型飛行艇

第一次大戦でイタリア海軍が使用した主力艦載機として、国産のマッキM5型飛行艇をとりあげよう。
一九一七年にマッキ社が設計した複葉の小型飛行艇で、イソッタ・フラスキニV6B推進式二五〇馬力発動機を装備し、最大速度二〇九キロ／時を出した。単座機ではあるが、機銃二梃をそなえ、偵察任務のほか、戦闘機としても使用された。
総計二四〇機も生産され、沿岸基地にも配備されて、大戦中に敵機一六機を撃墜したといわれる。
大戦終了後、エルバは一九二〇年一月五日に、エウローパは一九二〇年九月十日に除籍解体されてイタリア海軍から水上機母艦は姿を消した。

まぼろしのカラッチオロ

第一次大戦で各種艦船を改装して水上機母艦とした海軍は、日本、イギリス、フランス、イタリア、ドイツ、ロシアの六ヵ国におよぶが、そのなかでイギリス海軍は水上機にとどまらず、陸上機をも艦上から発進させる研究をつづけていた。

客船カンパニアを改装して、艦首にかけて発艦甲板をもうけ、陸上機を発進させたほか、大型軽巡フユーリアスでは前部に発艦甲板、後部に着艦甲板を設置して、着艦も可能にしようとした。しかし、中央に残された艦橋構造物などが艦上の気流を乱し、着艦は難しかった。

フユーリアスの改装と実験をつづける一方で、イギリス海軍は未成状態で工事中止となっていたイタリアの客船を購入し、大改装をほどこして、船体の上部に格納庫と全通した飛行甲板をもうけ、煙突を廃止して煙路を両舷から艦尾にみちびき、史上最初の平甲板型空母として一九一八年に完成させた。これがアーガスである。

全通した飛行甲板により発着艦も容易になり、今日の空母の原型が誕生したのである。フユーリアスも戦後に、上構を撤去して二段式飛行甲板の空母としてスタートを切ることができた。

飛行甲板中央右舷に艦橋や煙突を集約させた島型空母も、一九二三年に未成戦艦改造の英空母イーグルで実現し、空母の基本的なデザインは出そろうことになった。

アンサルド社が提案した未完
戦艦カラッチオロの空母改造図

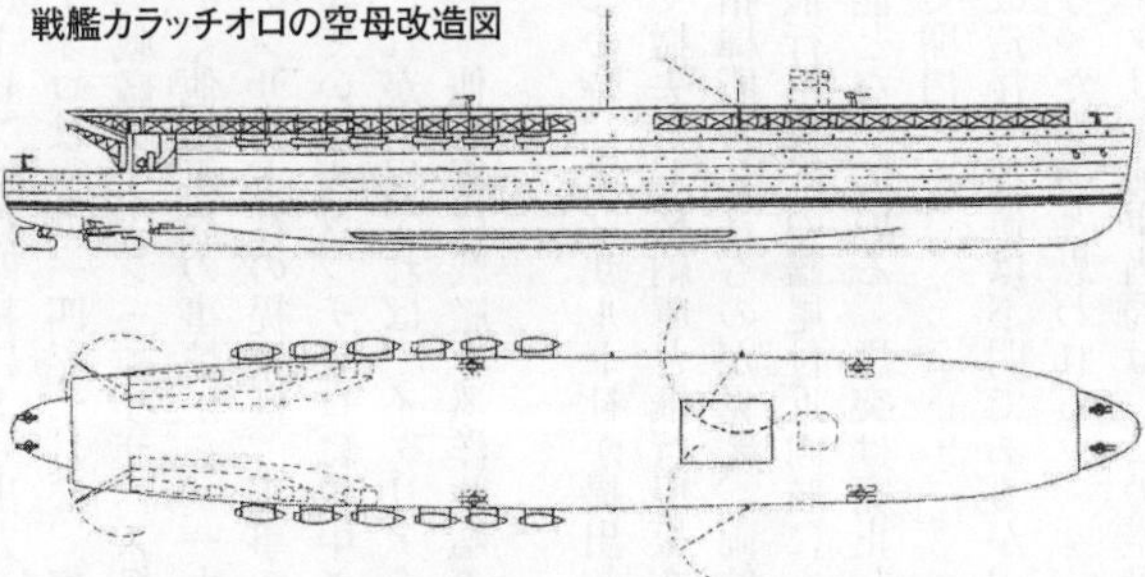

一九二二年のワシントン条約は、航空母艦の定義と基準を定め、各国ごとにその保有量を制限した。条約により、建造中止となった戦艦などの空母転用も認められ、各国はこれを利用して、大型空母の建造に着手する。

イタリア海軍で空母の研究が開始されたのは一九一九年、ワシントン軍縮会議の開催以前であった。それは、戦艦ジュリオ・チェザーレを建造し、大型艦の主機製造で実績のあるジェノアのアンサルド社から、空母建造の提言がなされたことによるものであった。

アンサルド社は英空母アーガスの竣工により、空母の概要を知り、一九一六年いらい、工事中止となっている戦艦フランチェスコ・カラッチオロを空母に改装してはどうか、と勧告したのである。

カラッチオロ級四隻は、一九一四年度計画で建造されたイタリア海軍初の超ド級戦艦である。常備排水量三万一四〇〇トン、三八・一センチ連装砲四基、一五・二センチ砲一二門、一〇・二センチ砲八門、四五センチまたは五三・三センチ魚雷発射管八基などを装備、ギヤード

・タービン駆動四軸により出力一〇万五〇〇〇馬力で速力二八ノットの計画で、一番艦カラッチオロは一九一四年十月に、僚艦三隻も翌一五年に起工された。
英戦艦クイーン・エリザベス級に匹敵する高性能艦であったが、鋼材などの不足や建造をいそぐ他艦艇等の事情から、一九一六年三月以降、工事中止となっていた。

アンサルド社の提案は、工事の遅れている他の三隻は解体し、資材などをもっとも工程の進んでいるカラッチオロに集中させ、空母として完成させようとしたものである。

これが実現すれば、イタリア海軍は英海軍のフユーリアスをしのぐ大型空母(軍縮会議以前で、他海軍は戦艦や巡洋戦艦の空母転用は考えていなかった)の保有者となるはずであった。

この時、アンサルド社が提出した空母のデザインを示しておく。アーガス同様、上構はすべて撤去して格納庫と飛行甲板をもうけ、前方寄り中央にエレベーターと昇降式の艦橋か航空指揮所らしきものが見え、両舷に艦載機用のデリックがもうけられている。

飛行甲板下の艦尾付近両舷にもクレーンがあり、格納庫後方開口部からも飛行機の収容が可能となっている。煙突は廃止し、煙路は両舷に分岐して格納庫後方に立ち上げ、最後部側面で開口する。

改造後の数値は不明であるが、高出力の機関をそなえており、完成すれば当時有力な空母となったものと思われる。

イタリア海軍当局は、この空母改造案に理解と関心を示し、プランは前進するかと思われた。しかし戦後、イタリア経済は財政危機におちいり、一九一九年から二二年にかけて、海軍予算は一三年当時より二〇パーセントも削られるありさまで、このような大改装工事の承認は絶望的であった。

そこでアンサルド社は、二〇年にこれを財政負担の少ない水上機母艦改造案（前部艦橋構造物は縮小して残し、煙突は飛行甲板中央両舷に直立）に変えて提出した。

カラッチオロの工事は一九年十月に再開され、二〇年五月三十日に進水したが、船体は二〇年十月二十五日にナヴィガツィオネ・ジェネラーレ・イタリアナ海運会社に売却され、大型貨物船に改装されることになった。

それも工事中止となり、船体は解体されて姿を消した。イタリア海軍初めての空母の夢は、実を結ぶことなく消えたのである。

ジュゼッペ・ミラーリア

第一次大戦後の財政危機から、未成戦艦改造による空母保有を断念せざるを得なかったイタリア海軍は、一九二〇年三月に海軍航空隊として、沿岸基地の雷爆撃部隊を強化するとともに、戦闘部隊に随伴させる水上機母艦一隻の建造計画を打ち出した。

それは当時、イギリス海軍の地中海艦隊が、戦時中に建造した商船改造の水上機母艦二隻を随伴させているのを見て思いついたものであった。

とくに着目したのは、一九一四年に就役したアーク・ロイヤル（七〇八〇トン、のちにペガサスと改名）だった。この程度の水上機母艦ならば、当時のイタリア海軍予算でも建造可能と判断されたからである。

一九二一〜二二年度計画で、イタリア海軍は七〇〇〇トンの水上機母艦一隻を要求したが、同時に計画した五〇〇〇トンの高速巡洋艦二隻とともにカットされてしまった。

しかし、予期せぬ幸運が水母計画を復活させることになった。国立鉄道会社が二〇年に発注した定期航路用客船四隻が、予算不足から建造困難となって売りに出された。

さらに、大戦中の一九一六年にタラントで爆沈して引き揚げられ、ドック入りしていた戦艦レオナルド・ダ・ヴィンチの復旧計画が、再生しても性能的に時代遅れとして工事中止となり、予算面で多少の余裕が生じたことがかさなり、中型艦四隻の新造へと発展したのである。

イタリア海軍は客船四隻を買いたたいて購入し、設計を改めて、潜水母艦ヴォルタとパチノッティ、王室ヨットのサボイアと水上機母艦ジュゼッペ・ミラーリアとして完成させることができた。

水上機母艦に選ばれたのは、一九二一年三月五日にラ・スペチアのアルセナーレ社で起工され、二三年十二月二十日に進水したチッタ・ディ・メッシナで、二三年に購入して改造工事が開始された。

ジュゼッペ・ミラーリアと改名され、ほぼ完成した一九二五年十二月、荒天時に転覆して復原力不足が明らかとなり、引き揚げ改修されて二七年十一月一日に竣工した。のちにプリ

水上機母艦ジュゼッペ・ミラーリア

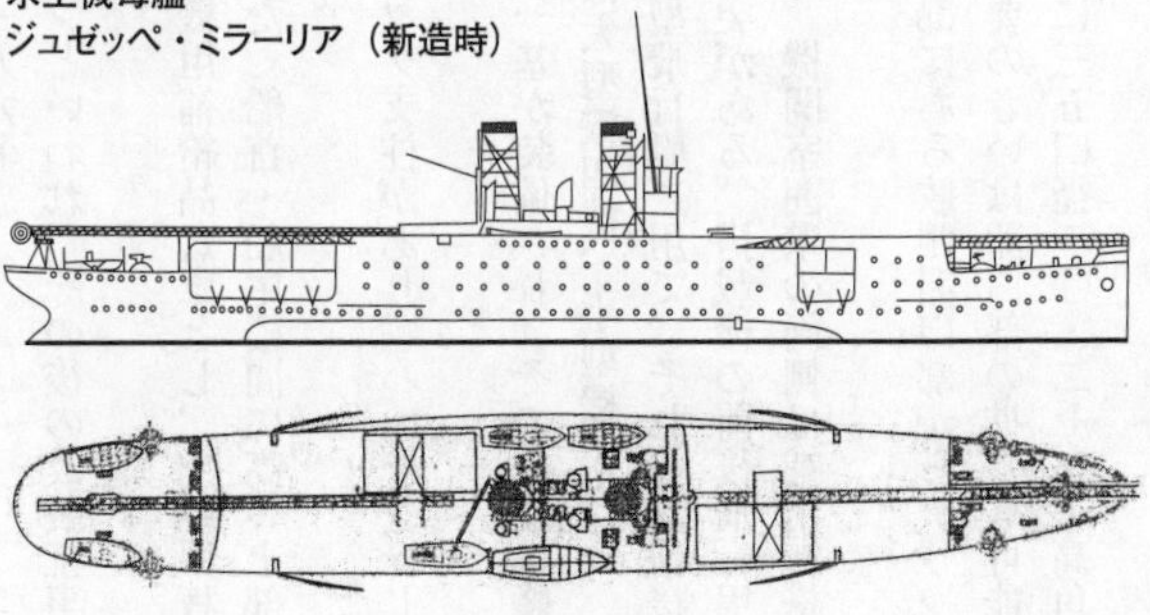

水上機母艦
ジュゼッペ・ミラーリア（新造時）

エーゼ式二重バルジが付加され、復原問題は解決した。

新造時の要目は次のとおり。

基準排水量五九一三トン、全長一二二・二二メートル、幅一四・九九メートル、吃水六・二一メートル。主機パーソンズ・ギヤード・タービン二基（二軸）、主缶ヤーロー缶八基、出力一万六〇〇〇馬力、速力二一・六ノット、燃料（重油）六八〇トン。一〇・二センチ高角砲四門、一三・二ミリ機銃連装六基、搭載機二〇機、カタパルト二基。乗員一九六名。

当初の基準排水量は四八八〇トンといわれ、その後の改装工事で増大し、機関出力も計画時より高められたようであった。

商船当時の前後部の船倉を飛行機用補給品倉庫とし、上中甲板間のツインデッキ・カーゴスペースを整備作業場などにあてた。船首・船尾楼間に高い上部構造物をもうけて、上面を飛行甲板、その下を格納庫とした。

艦橋前と二番煙突の後部にデリック支柱があり、ハッチを介して搭載機の揚収が可能である。

中心線上の前後にカタパルト各一基が装備され、その前端は艦首、艦尾にかけて大きく張り出している。計画時の搭載機は大型機四機、小型機一六機。前部格納庫は小型機（水上機）用、後部格納庫は大型機（小型飛行艇）用で、それぞれ前後のカタパルトで射出される。

艦の中央部には艦橋や二本の煙突がある。搭載機の前後飛行甲板への移動はできず、発艦作業は前後べつべつに行なわれる。機関室囲壁の両側は補用機格納庫と作業場になっており、修理工作施設もこの位置にある。

飛行機の収容は、前後のウェル部にある舷側開口部からデリックで行なわれ、外舷はヒンジ付ブルワークとなっていて、必要のさいは開口部の拡張も可能である。

兵装として、上甲板前後の両舷に三五口径一〇・二センチ高角砲各一門が配備されたほか、対空用機銃若干を装備した。

戦艦コンテ・ディ・カブールの後甲板カタパルトから発進するマッキM18偵察飛行艇

就役後、本艦はラ・スペチアを基地とする第一戦隊に配属された。一九三四年までは艦隊に随伴して作戦支援に従事した。しかし、新造の高速戦艦や巡洋艦が就役すると、速力、航続力などで劣る本艦は行動をともにするのが困難となり、しだいにカタパルトの射出実験、戦艦、巡洋艦搭載機の射出訓練や各艦への輸送といった、後方支援任務に使用されることが多くなった。

重巡トレント級などに採用され、前甲板に固定式に装備されたガグノット式カタパルトも、本艦での射出実験により実用性が認められて決定したといわれている。

フランス海軍の項で説明したハイン式着水幕も、三五年に導入して装備された。マッキM5、M7などの飛行艇をもちいて収容テストが実施されたが、期待されたほどの成果は得られず、三八年に撤去された。

一九三一年頃の本艦の搭載機はマッキM18型一一機、同M7ter型六機の計一七機であった。いずれも複葉単発推進式の小型飛行艇である。

前者は偵察用でイソッタ・フラスキニ・アッソV6二五〇馬力を装備、武装は旋回機銃一梃と小型爆弾四個、乗員三名、最大速度一九八キロ／時を出した。後者は戦闘用でイソッタ・フラスキニV6二六〇馬力、乗員一名、固定機銃二梃、最大速度二三〇キロ／時の性能を有した。

当時、イタリア海軍の艦載機は小型飛行艇が主力になっていた。戦艦には前記M18が各一機、巡洋艦にはM18、サボイアS67、カント25、マッキM71が一～三機搭載されていた。いずれもカタパルト射出用で、その射出訓練はジュゼッペ・ミラーリアで実施されたうえで、各艦へ配備されていた。

ムッソリーニ時代の受難

この間に、イタリアの政治、軍事界では大きな変化が生じていた。一九二二年にムッソリーニ政権が誕生すると、彼は空軍力の整備に力をそそぎ、一九二三年十月にイタリア空軍が組織された。

その結果、軍事航空はすべて空軍の掌握するところとなり、海軍の所属機といえども、空軍の管理下に置かれた。操縦士以下の搭乗員も、ほとんどが空軍所属の士官、下士官で、海軍出身者の補充はきわめて少なかった。

一九二二年のワシントン軍縮条約で、イタリアはフランスとともに六万トンの空母保有量を認められ、フランスは未成戦艦を改造してベアルン一隻を保有したが、イタリアはそれすら見送って、空母を建造しなかった。

地中海の中央に位置するイタリア半島の戦略的優位から、イタリア海軍への航空支援も空軍機で十分で、空母は不要とする空軍の強い主張があったからである。

海軍航空隊は艦隊所属のものをのぞき、すべて空軍総指揮官の管理下にあり、海軍航空関係予算も空軍予算中に包括されている。一九三三年末より海軍航空隊のパイロットはすべて空軍士官となり、海軍士官は偵察員のみになったという。

一九三〇年代中期のイタリア海軍航空隊の編制と機種を紹介しよう（ブラッセイ海軍年鑑一九三五年版。カッコ内は機種と機数）。

◇艦隊所属部隊
水母ジュゼッペ・ミラーリア　一八機（マッキM18×九、ピアッジョP6×九）
戦艦四隻　四機（マッキM18×四）
巡洋艦一四隻　二八機（ピアッジョP6ｔｅｒ×八、カント26×一二、カント35×二、MF4×二、M71×四）
計五〇機

このほか、空軍指揮下に海上偵察中隊一四隊（一二六機）と海上爆撃中隊一〇隊（九〇機）があり、スペチア、ポーラ、タラントなど一一の沿岸基地に配備されていた。また、艦隊搭載用の予備機三九機も、空軍の管理下に置かれていた。

なお、上記の艦載機種のうちP6のみが水上機で、他はすべて小型飛行艇である。空軍でも海上専用部隊の主力は、飛行艇で構成されていた。

第一次大戦時代にあった飛行船は、一九二八年にノビレ少将の飛行船が北極飛行中に遭難して以来、採用されることはなくなり、実験や研究も中止されていた。

海軍の指揮下には戦闘機や爆撃機は一機もなく、艦載用の飛行艇と水上機五〇機があるだけで、海軍士官のパイロットすらいなかった。第一次大戦終了時には六百余機を擁した海軍航空兵力も、機数にして九割以上を失うことになったのである。

一九二二年、ムッソリーニは首相になると航空兵力の強化に力を入れた。二三年十月の空軍発足当時は、海軍航空隊との関係に大きな変化はなかった。しかし、二九年に航空大臣がもうけられて、パイロット出身のイタロ・バルボが就任すると、状況は変わりはじめた。

彼はムッソリーニの下、ファシスト四天王の一人と目され、ムッソリーニの後継者を噂される実力者であった。一九三三年、大西洋横断飛行をしてシカゴ博覧会で大歓迎されると、国威発揚の功で元帥に補せられ、国際的にも名を知られていた。

彼は数回の大西洋横断にさいし、海軍の協力を受けたにもかかわらず、空軍に兵力を集中させ、海軍には旧式な艦載機のみ残して、近代化を認めなかった。

空軍に在籍していた海軍出身の将官たちも亡くなったり、退役させられて姿を消し、この方針に異議を唱える者はなかった。バルボはその後、リビア総督に転出するが、この体制は変わらなかった。

これでは、海軍が空母の建造を望んだとしても、認められる可能性はほとんどなかったといえよう。

まぼろしの伊空母計画案

このような流れにあっても、イタリア海軍、またはその関係者から、空母の要望やデザインの提案、これに関連した動きはいくつか生まれている。以下に、その跡をたどることにする。

ワシントン軍縮会議締結後の一九二四年、イタリア海軍は重巡トレント級二隻とともに九〇〇〇トンの空母一隻の建造を要求している。その詳細は不明だが、一九二二年に給炭艦を改造完成させたアメリカのラングレー（一万一〇五〇トン）を参考にしていたとされ、平甲板型の空母であったと思われる。

予算的には認められなかったが、空軍ではSVA戦闘機一機に着艦フックを付け、艦上戦闘機の研究もはじめており、相応の準備をしていたことが判明している。

一九二五年にはジュゼッペ・ロタ技術大将設計の航空巡洋艦案が海軍から提案された。排水量一万五〇〇〇トン、前後に八インチ砲塔をそなえ、飛行甲板を装備して格納庫内の搭載機を発進させるとともに、艦内ドックの魚雷艇（MAS）四隻も艦尾から出撃可能という、ハイブリッド軍艦であった。

着艦フック付きのSVA戦闘機

二五年八月十一日の会議で、ムッソリーニは本案を否認する代わりに、トレント級二隻の建造を認めたといわれる。

一九二六年、排水量三五〇〇トンの小型空母が提案された。考案者はアレサンドロ・グイドーニ、かつて滑走台装備巡洋艦案や水上雷撃機開発で紹介した軍人である。その後、空軍にうつり、将官にまで昇進していたが、航空機搭載艦には深い関心を寄せつづけていたのであろう。

船体は双胴船《カタマラン》とし、二つの船体間に格納庫をもうけて上面を飛行甲板にして、後方にエレベーター一基がある。主機は四基のディーゼル・エンジンと96FIAT航空エンジンの併用で、速力三三ノットを出す計画であった。

奇抜なアイデアで建造費も安く上がりそうだが、ディーゼル・エンジンでは速力一四ノットがせいぜいで、高速の航空エンジンを併用しても計画速力は不可能とされ、採用されなかった。

この頃、予算不足はいぜんとしてつづいており、このような案が生まれた背景にも、それがうかがわれる。

一九二七年十二月に空母建造に関する会議がムッソリー

ジュゼッペ・ロタ考案の15000トン型航空巡洋艦

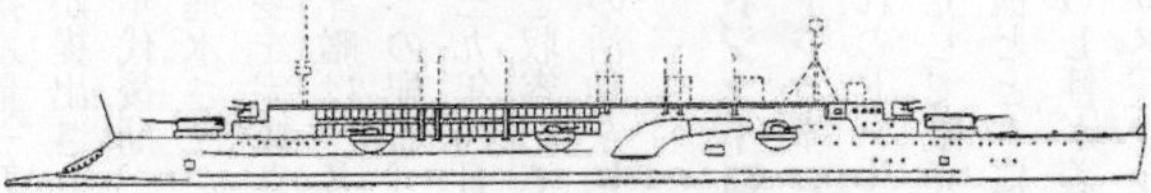

アレサンドロ・グイドーニ考案の双胴船体型空母

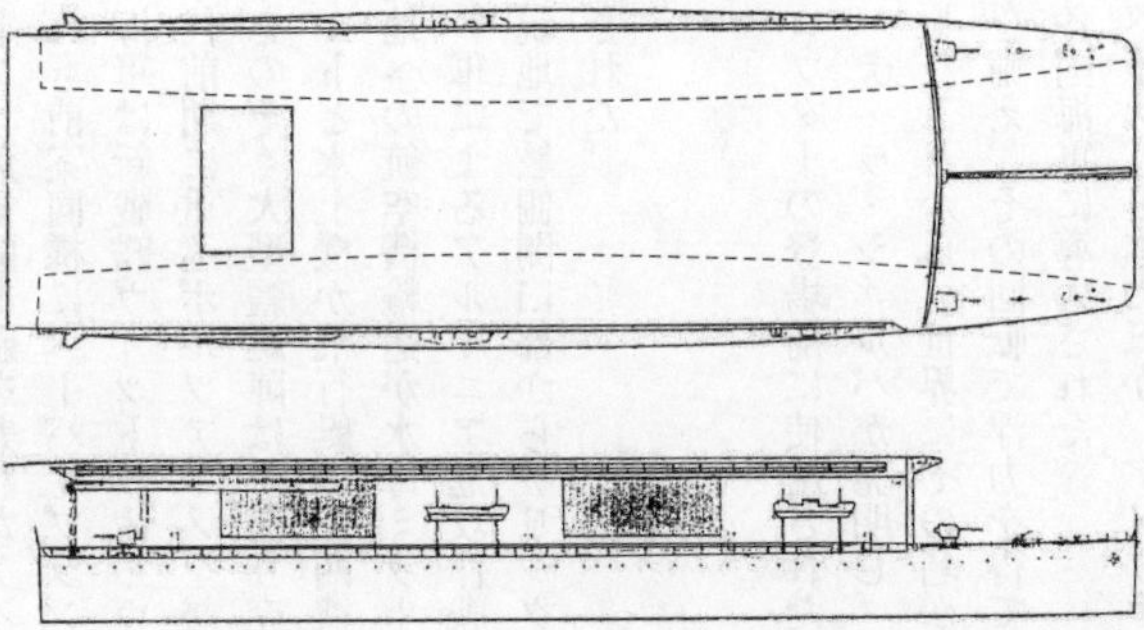

ニ、バルボをふくむ空軍、海軍主務者を集めて開かれたが、席上、海軍側が必要とする空母として例に挙げたのが、建造中の日本の「龍驤」（八〇〇〇トン）であったという。海軍側も諸般の事情を察して、ひかえ目の要求をしたのであろう。

それでも、海軍側が空軍への批判的な発言をすると、バルボは「黙れ、馬鹿者！」と声を荒げたりしたという。結論として、空母の建造は一九三一年にいたる四年計画の中で――と延期され、それ以上の発展はなかった。

一九三二年に、先のロタ案

に似た排水量一万六〇〇〇トン、魚雷艇母艦を兼ねたアイランド型空母のジュゼッペ・ヴィアン案が提出されたが、これも前案同様にペーパープランで終わっている。

三〇年代後期、イタリア海軍は新戦艦ヴィットリオ・ヴェネト級の建造を進め、三七年に二隻を進水させた。三〇年代前期に重巡ボルツァーノを竣工させ、軽巡も同後期にかけて五級一〇隻を完成させ、空母をのぞく大型艦艇陣はかなり充実してきた。

新巡洋艦は、各艦カタパルトと水上機か飛行艇二〜四機を搭載し、これらの搭載機の訓練と各艦への配布、海外植民地への航空機輸送が水母ミラーリアの主要任務となった。

一九三九年四月のイタリア軍によるアルバニア進攻作戦時、本艦はハッチを開いて格納庫に戦車を収容して輸送し、現地で舷側開口部からデリックで陸揚げするという、戦車揚陸艦としての活動を見せて注目された。

オートジャイロへの期待

オートジャイロは、ヘリコプターの登場前に使用された唯一の回転翼機であった。スペイン生まれのドン・ジュアン・デ・ラ・シェルパが発明し、一九二六年にイギリスでシェルパ社を創立して販売に乗り出したことから、世界にその名が知られるようになった。

発動機とともにローターを備え、その回転で浮力を得て、短距離で離陸が可能となり、そのSTOL性が着目されて各国海軍に導入された。

イギリス、フランス、スペイン、日本のほか、アメリカでは国産のオートジャイロを海軍

重巡フューメ上のラ・シェルパC30

と海兵隊で購入し、それぞれテストを実施している。

伊海軍も一九三四年にラ・シェルパC30数機を購入し、重巡フューメの後甲板に木製の飛行甲板を仮設して、三五年一月から同機の発着テストを開始した。海軍では、さらに二機を購入して運用テストを続け、好成績なら計画中の三万五〇〇〇トン級戦艦（ヴィットリオ・ヴェネト級）への搭載を考慮していた。

しかし、これを知った空軍の幹部が、海軍の所有権限を越えるものとしてムッソリーニに注進におよんだことから、実験は中止となり、三五年九月にオートジャイロはすべて空軍に引き渡された。その後、数週間内に〝不運な事故〟により、全機喪失になったという。

ラ・シェルパC30はアームストロング・シドレー・ジェネットメジャー一四〇馬力一基を装備、回転翼径一一・三メートル、全長六メートル、乗員二名で最大速度一六一キロ／時を出した。

性能的には小型飛行艇より劣っても、直接離着艦できる機体を海軍は望んだようだが、空軍はそれすらも認めなかったのである。

その後も、海軍内部では空母の研究が進められた。三五年、東アフリカでエチオピアと紛争を生じ、国際連盟に提訴されて、イギリスの干渉を受けたことから、英伊間に緊張が生まれた。そのさい、伊海軍にとって気になるのは英地中海艦隊で、常駐する空母の存在であった。

最初に検討されたのは、旧式戦艦アンドレア・ドリアとカイオ・デュイリオの空母改造であった。しかし、その速力や船体構造から改造不適と判断され、すぐに断念された。

一九三五年にウンベルト・プリエーゼ技術大将は二万二〇〇〇トンおよび一万四〇〇〇トン案の空母設計案をまとめて海軍に提出した。

従来の空母案とくらべ、デザイン的にも洗練された近代的なアイランド型空母で、設計にさいして外国の新型空母をかなり調査研究したようで、とくに当時、建造中の英海軍アーク・ロイヤルの影響が各部に認められる。二万二〇〇〇トン案は排水量も同一であった。

これを見たカヴァンニヤーリ海軍次官（海相はムッソリーニが兼任しており、事実上の海軍最高責任者）は、二万二〇〇〇トン案は予算的に難色を示したが、一万四〇〇〇トン案は米海軍の新空母レンジャーと同大であり、内容的にも優れていると評価し、建造中の戦艦リットリオの進水（三七年予定）後、アンサルド社ジェノバ造船所で建造したいとの意向を示した。

しかし三五年秋ちかく、エチオピアをめぐるイギリスとの対立がさらに深まったことから、

プリエーゼ大将の空母案（1935年）

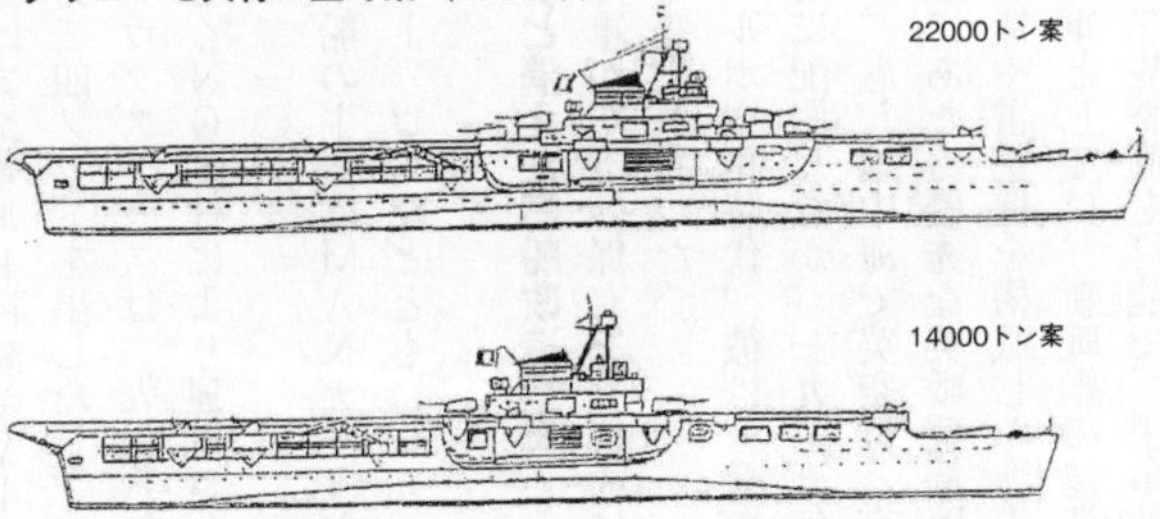

次官は空母の建造をいそぐ必要を認め、空母新造を延期して、客船ローマを特設空母として改造する方針にあらためた。さらに三六年、ローマの姉妹船アウグストゥスも同様に空母に改造することを承認した。

当時、英海軍は地中海艦隊に空母グローリアス（四八機搭載）を常駐させるほか、本国艦隊の空母カレージアス（空母部隊旗艦、四八機搭載）も一年のうち一定期間は地中海に派遣され、そのさいはグローリアスと航空戦隊を編成して、戦隊旗艦となることが知られていた。伊海軍としては対抗上、空母二隻を整備する必要を認めたものと思われる。

ローマは、一九二六年にジェノバのアンサルド造船で建造されたナヴィガチオーネ・ジェネラレ・イタリアナ社の大型客船で、ニューヨーク航路に就航していた。一九三二年にイタリアン・ラインに引き継がれたが、そのさい機関を改良して、航海速力を二〇ノットから二二ノットに高めている。

改造後の要目は、三万二五八三総トン、乗客一六七五名、主機はアンサルド社製ギヤード・タービン四基（四軸）、出力三万六〇〇〇馬力により最大速力二四ノットを出した。

アウグストゥスは一九二八年にジェノバのアンサルド造船で建造されたローマの姉妹船で、同じくNGI社により運航され、ニューヨーク航路に配船された。三万二六五〇総トン、乗客二二一〇名。

本船の主機はMANディーゼル四基（四軸）で、出力二万八〇〇〇馬力、航海速力は一九ノット。ローマとともに一九三二年にイタリアン・ラインに移っている。

夢と消えた客船改造空母

海軍が空母の保有を具体的に計画できるようになったのは、エチオピア戦争にともなう情勢の変化があった。

バルボ空相時代、彼は三発のサボイア・マルケッティSM81爆撃機を量産して地中海沿海基地に配置したが、一九三五年八月、あらたに空軍のトップとなったジュゼッペ・ヴァレ大将は、もし地中海で英空母と交戦状態になった時、SM81を主力とする伊沿岸航空隊では、防空にあたる優秀な英戦闘機陣を突破して、これを攻撃するのはきわめて困難で、近代的な戦闘機や雷撃機を搭載した海軍の空母が必要と認めている。

海軍としては、新戦艦の建造に全力をそそいでおり、新空母の建造は難しいが、客船改造なら二隻整備も可能で、工事期間も短縮できる——と判断したようだ。

イタリア客船ローマ緊急改造空母案（1936年）

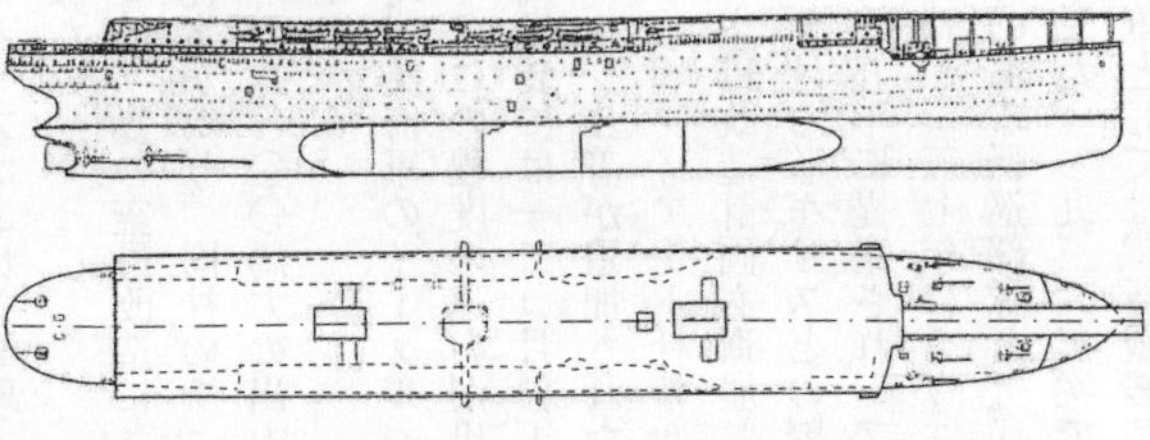

こうして一九三六年に作成されたのが、客船ローマの緊急改造空母案であり、アウグストゥスも同様の改造の予定であった。

このデザインの基本となったのは、改造されて平甲板型となった英海軍のフユーリアスであった。煙突や上部構造物はすべて撤去して、一層の格納庫と飛行甲板をもうけ、前後に二基のエレベーターを配置する。

対水上戦を考慮して、一五・二センチ単装砲六門と一〇・二センチ単装砲二門を装備するが、一五・二センチ砲四門と一〇・二センチ砲二門は船体前部両舷に露天配置したため、格納庫前端から艦首にいたる約四六メートル部分は、両舷にわたる飛行甲板がもうけられず、幅の狭い発艦甲板のみが中心線上に設置されている。

対空兵装は機銃とされているが、その数、配置位置は不明である。機関部をおおう船体外舷部の吃水線下にはバルジが装着される。

問題は機関である。煙突を撤去して、船体中央部の飛行甲板直下両舷側に排気筒が分岐されていた。ディーゼル船のアウグストゥスはこれで処理できるが、タービン船のローマが出す大量のボイラー排気は処理しきれない。

じつは二隻の空母改造にさいし、主機の換装を予定していた。一九三五年にフィアット社から提案があり、同社のチューリン工場で製造する新しいフィアット・ディーゼルは一基あたり一万八〇〇〇馬力の出力が可能で、これを採用すれば、空母として二六ノットの速力がだせるという。

当時、英海軍のイーグルやハーミーズ、日本海軍の「鳳翔」などは、いずれも速力はこれ以下で、この程度の速力が出せれば、空母として有効と判断されたのであろう。

機関換装には一二ヵ月の工事期間が見込まれたが、機関部の水中防御を懸念する意見もあり、バルジ装着が追加されたようである。

しかし、フィアット社の新ディーゼルは完成が遅れ、一九三九年になってもメドがたたず、二隻の空母改造計画も進展しなかった。この間、三六年八月にエチオピア戦争は終了し、地中海におけるイギリスとの緊張も、ひとまず緩和されて、空母計画に新造の動きが出てきた。

一九三五年に提案され、アンサルド社での建造が予定された一万四〇〇〇トン空母案は中止されたが、三七年にカヴァンニヤーリ次官は、東アフリカを基地とする戦闘部隊に将来、航洋力のある軽巡部隊と近代的な空母二隻をくわえることを提案し、空母研究をつづけるよう指示した。一九三六年案では、新造空母の排水量は一万五〇〇〇トンに引き上げられた。

伊海軍としては、新戦艦二隻は三七年夏に進水を迎え、計画した重巡、軽巡陣の整備も予定どおりに進捗しており、これに新しい空母と軽巡をくわえることによって、英地中海艦隊にも対抗し得る均衡のとれた海軍兵力が誕生するはずであった。

次官としては、新戦艦二隻の進水後、僚艦二隻に代えて新空母の着工を考えていたのかも知れない。しかし、一九三七年から三八年にかけて、空母の新造計画はふたたび暗礁に乗り上げることになった。

次官が上院で先の構想を発表すると、ムッソリーニは伊海軍が地中海内で活動するかぎり、空母は不必要だとして、一万五〇〇〇トン空母の新造を却下したのである。

この頃、地中海沿岸基地にも新しい爆撃機や雷撃機が配備され、スペイン内戦における伊義勇航空隊の活躍なども見て、現航空兵力で十分に対抗可能と判断したのであろう。ただし、客船ローマの緊急時空母改造計画は継続が認められ、その研究はさらに進められることになった。

——スペイン内戦参加時の実績として一九三七年五月二十一日、アルメイラでスペイン政府軍所属の戦艦ハイメ・プリメロを伊義勇航空隊のサボイア・マルケッティSM79爆撃機五機が爆撃して五〇キロ爆弾数発を命中させ、この損傷がもとで同艦は六月十七日に内部爆発を起こして沈没したと、伊空軍史は記録している。

空母なきままの戦争突入

それでも伊海軍は、空母の新造を諦めなかった。三九年三月、ふたたび一万五〇〇〇トン空母二隻の要求を慣習的に提出した。この時、空軍が航空魚雷の予算について政府との論争がつづき、海軍の要望を政府が聴取する機会があった。

その中で、海軍が推進する新造計画のスケジュールが明らかになった。それによれば、新戦艦ローマとインペーロは三九年末に進水、四〇年春竣工。空母二隻は四〇年発注、四三〜四四年に竣工の予定で、この他に新型軽巡コンスタンツォ・チアノ級二隻の建造も計画していた（この中で実際に完成したのは四二年六月に竣工したローマ一隻であった）。

三八年九月のチェコ危機時に、伊海軍で重巡ボルツァーノの航空巡改造が検討されたことがあった。

四基の二〇・三センチ連装主砲塔のうち前後のA、Y砲塔を残し、両煙突間の航空兵装とともに撤去、二砲塔間に格納庫と飛行甲板をもうけ、カタパルト四基を装備して、メリディオナリRo51戦闘機一二機を搭載するもので、任務完了後は母艦に帰艦せず、陸上基地へ帰投する。

Ro51はフィアットA74RC38空冷八四〇馬力により最大速度四六〇キロ／時を出す単座戦闘機で、一二・七ミリ機銃二梃を装備した。

メリディオナリ（IMAM）社はRo43、44などの水上戦闘偵察機を生産して、カタパルト射出用の機体製作には実績があり、本機を採用したのであろう。しかし、この案は実現せず、危機が外交的に一時解決すると、研究自体も消滅した。

この危機は、ヒトラーがチェコのズデーテン地方の割譲を迫ったことで起きたもので、仏

メリディオナリＲｏ51

伊軍が動き、英海軍も艦隊を出動させるなどの緊迫した状況となり、空母を持たぬ伊海軍では戦闘機を発進可能な軍艦を研究したものと思われる。

開戦後、この問題は再度検討されることになるが、その端緒はこの時に発していたといえよう。

一九三九年九月、ドイツ軍はポーランドに侵入、第二次世界大戦の幕が上がったが、イタリアは中立を宣言した。しかし、戦争介入の危険は高く、伊海軍としても空母の整備をいそがねばならなかった。

もはや新造では間に合わず、客船改造の応急案に頼らざるを得ないが、フィアット・ディーゼルの開発はいぜんとして進まず（その準備がととのったのは一九四三年春で、実際には役立たなかった）、三九年九月、ニューヨークから呼び戻された客船ローマは着工されぬまま繋留されていた。

イタリアが参戦したのは一九四〇年六月十日で、フランスの敗戦が確実となってからであった。一九四二年の開戦を予測していたので、海軍側の戦争準備はまったくできていなかった。

開戦時に伊海軍が保有した大型艦は戦艦六隻（うち二隻は新造直後）、重巡七隻、軽巡一二隻で、燃料の備蓄も十分でなく、レーダー、ソナーなどの電子兵装も不整備であった。

地中海の西方にマルタ島を保有するイギリスは、その防衛と補給路支援に強力な艦艇部隊を送りこんだが、その中には伊海軍が持たない空母の姿もあった。

英空母アーガス、イーグル、イラストリアスは、それぞれ基地防衛用の戦闘機を搭載してマルタ島へ派遣された。この中でもイラストリアスは、飛行甲板に防御をほどこした最新鋭空母で、ほどなく本艦の恐るべき攻撃力を、伊海軍は思い知らされることになる。

開戦時、伊海軍が本土やアフリカ沿岸、地中海の島々にある陸上基地に配備した水上機は総計一六三機、その主力となったのはカントZ501飛行艇およびZ506三発水上機であった。

前者は低速で防御力は弱いが、航続力はあり、信頼性が高かった。後者は爆撃、雷撃、偵察、輸送と万能で広く使用された。

戦艦、巡洋艦の艦載機として、メリディオナリRo43水偵が主用され、一〇五機が実動可能であった。ピアジョPXR9七〇〇馬力装備の複葉単浮舟機で、最大速度三〇〇キロ／時、乗員一名、七・七ミリ機銃二梃。一九三四年に初飛行し、イタリアの降伏時まで使用された。

その他、旧式なカントZ25飛行艇も一～二機が巡洋艦に残されていた。

航空機なき伊海軍の屈辱

一九四〇年八月、新鋭戦艦リットリオとヴィットリオ・ヴェネトが戦闘配備につき、近代化改装をすすめていた戦艦カイオ・デュイリオも工事を終えて、地中海のイタリア海軍兵力はいちだんと強化されることになった。

九月にイタリア軍はエジプトに侵入、英海軍はマルタ島防衛にくわえて、エジプト戦線への緊急輸送にも兵力を割かねばならなかった。そのさい、タラントを基地とするイタリア戦艦五隻は脅威であり、これを何とか始末する必要があった。

十一月十一日夜、英空母イラストリアスは重巡、軽巡各二隻、駆逐艦四隻とともにひそかにタラント東南一八〇海里まで接近し、午後八時四十分に十二機の第一次攻撃隊、九時三十分に九機の第二次攻撃隊を発進させて、タラント港内のイタリア戦艦陣を襲った。

機種はフェアリー・ソードフィッシュ雷撃機で、照明弾を投じて雷撃と爆撃を敢行した。この奇襲で戦艦リットリオに三発（うち一発不発）、カイオ・デュイリオに一発、カブールに一発の魚雷が命中し、リットリオとカイオ・デュイリオは大破したが、沈没にはいたらなかった。

曳航されてドック入りし修理されたが、四二年三月および五月まで行動不能となった。しかし、カブールは損害が大きく、沈下着底した。のちに浮揚曳航されて修理されたが、イタリア降伏時までに工事は完成せず、完全喪失と同じであった。

戦艦には防雷網が設けられていたが、英海軍が磁気起爆信管を使用したため、効果がなかったという。攻撃した英海軍機の損失は二機である。

実戦で航空機が、新戦艦をふくむ主力艦三隻にこれだけの戦果を挙げたのは初めてで、各国海軍にあたえた衝撃は大きかった。使用されたソードフィッシュ雷撃機は一九三四年に初飛行した複葉攻撃機で、第二次大戦時には旧式機の部類に入っていた。

奇襲とはいえ、これだけの働きを示したのも、これを敵地近くまで運んだ空母の威力であった。レーダーを持たぬイタリア海軍は、その接近すら探知できなかったのである。

とくに新戦艦リットリオが大破した衝撃は大きく、残る戦艦二隻（アンドレア・ドリアは近代化改装工事完了直後で戦列未編入）もこの後、ナポリに移動したため、地中海航路の脅威は減少した。

同月下旬、英海軍は地中海経由で輸送船団をエジプトに派遣して、アフリカ戦線での英軍反撃に寄与することができた。

ドイツ軍の地中海進出を望まなかったムッソリーニも、ドイツ空軍の支援を仰がざるを得なくなり、一九四〇年末から翌年一月にかけて、ドイツ第一〇航空軍の四〇〇機がシチリア島とカラブリアに展開した。

この部隊は、艦艇攻撃訓練を受けた急降下爆撃隊と雷撃隊が主体となっており、リビアへの海上交通の保護、中部地中海の英艦隊攻撃、マルタの無力化を主任務としていた。英海軍は地中海の補給航路に、新たな脅威を迎えることになった。

一九四一年一月十日、ギリシアおよびマルタ向け輸送船団を護衛中の英空母イラストリアスは、イタリア空軍機に支援されたドイツのユンカースJu87爆撃機群の攻撃を受け、二五〇キロおよび五〇〇キロ爆弾七発が命中（うち二発は格納庫内で爆発）大破し、重巡一隻を失った。

空母イーグルはそれ以前に修理中のため、三月十三日に空母フォーミダブルが地中海艦隊に編入されるまで、この方面の英空母はゼロとなって、イタリア海軍は一息つくことができた。

四一年三月二十六日、ギリシア上陸船団護衛のため出撃した戦艦ヴィットリオ・ヴェネト、重巡六隻をふくむイタリア主力部隊は、二十八日朝、クレタ島南方で軽巡四隻などの英艦隊と遭遇して砲戦に入った。

しかし、東方から戦艦三隻、空母一隻を基幹とする英地中海艦隊主力が支援にくわわり、空母フォーミダブルの雷撃機の魚雷を受けて旗艦ヴィットリオ・ヴェネトは損傷し、戦場を退いた。

同じく被雷して行動不能となった重巡ポーラの救援におもむいた重巡ザラとフューメらは、曳航準備中に現場に到着した英主力部隊の砲火を浴びて、重巡三隻、駆逐艦二隻が撃沈された。これがマタパン岬沖海戦である。

レーダーを持たぬイタリア艦隊は英艦隊の接近を知らず、友軍機の支援も受けられなかったのが致命傷となった。この海戦の後、イタリア海軍総司令部は戦艦が戦闘機の直衛距離域外で任務行動を行なうことを禁止した。

開戦後、空軍と海軍の不協和はバルボ時代ほどではなくなったが、空軍と海軍の組織的な連携は不十分で、艦隊と空軍の合同訓練もろくに実施されなかった。

そのため、イタリア空軍の爆撃機は敵味方の識別も満足にできず、四〇年七月のカラブリア沖海戦では、戦闘中にイタリア艦隊は空軍の支援がまったく得られなかったばかりか、戦闘終了後に現われた空軍の爆撃機は、メッシナ海峡を帰投中の自国艦隊を爆撃したのである。

艦隊が空軍の支援を受けるには、まず海軍総司令部に上申し、空軍司令官の同意を取りつけねばならず、協同作戦はおろか、緊急時の支援出動も期待できない状態であった。

新戦艦対空自衛策の課題

空母を持たぬイタリア海軍としては、空軍の作戦支援が望めなければ、自力で緊急時の防空手段を講じなければならない。新戦艦の対空自衛策が大きな課題となった。

戦艦リットリオ級（四万一一六七〜四万一六五〇トン、三八・一センチ砲九門、速力二九ノット）は、航空兵装として後甲板にガグノット・バルジアアッチ式カタパルト一基と揚収用クレーンを装備し、IMAM社製のRo43水偵三機を搭載する。

カタパルトは鋼鉄製の格子構造で全長二一メートル、両舷四二度の回転が可能で、圧縮空気により台車上の最大五トンの機体を一三〇キロ／時で射出する能力がある。全備重量二・四トンのRo43は九九キロ／時で射出されていた。

この水偵を単座戦闘機に換えて、飛来した敵機を迎撃する方針で研究はすすめられ、戦闘機の選択が行なわれた。

これは一九四〇年、英海軍が護衛空母がそろわぬ頃、大西洋の船団護衛として船首にカタパルトと射出用のホーカー・ハリケーン戦闘機を装備したCAM船を配置して、対空対潜警備にあたらせた史実を想起させる。イタリア海軍でも、四〇年春に戦艦に防御用の戦闘機搭載の発想が生まれていたという。

英海軍では、射出されたハリケーン戦闘機は着艦できないので、任務終了後は機体を放棄して、乗員のみを救出していた。しかし、地中海で行動するイタリア海軍では、迎撃後に戦闘機はイタリア本土および沿海の航空基地に帰投することができ、再度の使用が可能であった。

戦艦リットリオ。後甲板の中心線上にカタパルトを装備

イタリア海軍が戦闘機による迎撃の第一の対象としたのは、英海軍の雷撃機であったとされ、タラント奇襲で受けたリットリオの被害が強く意識されていたことがうかがえるようだ。

しかし、英海軍の雷撃隊は護衛の戦闘機をともなっているから、それとの戦闘も考慮しなければならない。

地中海に派遣された英空母のグローリ

ジュゼッペ・ミラーリアにおけるカタパルト射出訓練中のRe2000

アスやイーグルはグロスター・シーグラディエーター複葉戦闘機を使用していたが、イラストリアスからは新鋭のフェアリー・フルマー単葉戦闘機に改められており、これと戦うには相応の性能と装備を備えた戦闘機が必要とされた。一九四二年秋、これに選ばれたのがレッジアーネRe2000戦闘機であった。

本機は低翼単葉引込脚の単座戦闘機で、一九三九年五月に初飛行した。空軍の採用は逸したものの、四〇～四二年に一五六機が生産され、一三〇機がスウェーデンやハンガリーに輸出されていた。

堅牢な機体と高速力、操縦性のよさなどが買われてイタリア海軍の採用となったが、カタパルト射出に耐え得るよう機体はさらに補強され、後方の透明キャノピーが廃止されたほか、迎撃戦闘機としていくつかの改良がほどこされた。

こうして完成したのがRe2000カタパルト射出型で、その性能は次のようであった。

発動機ピアッジョPⅪRC40（一〇〇〇馬力）一基、全幅一一・〇〇メートル、全長七・九九メートル、全備重量二・

九八トン、最大速度五〇五キロ／時、航続距離一二九〇キロ（速力四三〇キロ／時）、一二・七ミリ機銃×二、乗員一名。

主翼下面にはカタパルト台車装着具が設けられ、機体はＲｏ43と同じく黒色に塗装されて、胴と垂直尾翼に白い帯と十字が描かれていた。八機が整備され、うち一機は東アフリカ植民地まで飛行可能な長距離型とされた。

射出テストは水上機母艦ジュゼッペ・ミラーリアを用いて開始され、Ｒｅ２０００原型機の最初の射出は四二年五月にタラント沖で成功し、採用への道を開いた。リットリオ級の射出テストは同大のモックアップで始まり、四二年九月十六日、ヴィットリオ・ヴェネトの実機射出成功で完了し、四三年一月に四機が実艦配備された。

同年夏にはリットリオに一機、ヴィットリオ・ヴェネトとローマに各二機（Ｒｏ43と併用）が搭載されたが、九月にイタリアは降伏し、実戦に参加することなく使命を終えた。

なお、リットリオは七月末にイタリアと改名しており、休戦によりマッダレナに回航の途上にあったが、九月九日にローマはドイツ空軍のグライダー爆弾の攻撃を受けて沈没、ローマ搭載のＲｅ２０００一機も運命をともにした。

戦後の一九四八年に除籍され、イタリアはアメリカ、ヴィットリオ・ヴェネトはイギリスの賠償艦となり、五一～五五年に解体された。

航空機射出艦への大変身

重巡ボルツァーノ（一万一〇六五トン、二〇・三センチ砲八門、速力三三ノット）は開戦後、四〇年七月九日のカラブリア沖海戦に参加、被弾損傷したが砲戦を続行、修理後の四一年八月二十六日にメッシナ海峡で英潜トライアンフの雷撃を受けて大破した。

四二年七月、ようやく修理を終えて戦線に復帰したが、八月十三日、ティレニア海南方でふたたび英潜アンブロークンの雷撃を受けて大破炎上、弾薬庫に注水してパレアナ島岸に擱座、かろうじて沈没をまぬかれる大損害をこうむった。九月に浮揚曳航され、ラ・スペチア工廠で大規模な修理作業に入ったが、その復旧時に生まれたのが航空機射出艦への改造案であった。

それは、防空用に一〇機以上の戦闘機を搭載し、カタパルトで射出するものであった。発想としては、三八年に生まれたRo51戦闘機搭載案と似ているが、内容は異なっていた。三八年案では、主砲の五三口径二〇・三センチ連装砲塔を前後二基残していて、まだ巡洋艦と呼称し得たが、この案では重巡当時の兵装はすべて撤去し、代わって装備するのは高角砲と機銃だけであった。

機関出力、速力も落とされていて、巡洋艦の機能は失われているようだ。改造プランにあたえられた艦種名称は「航空機射出兼高速輸送艦」（nave lancia-aerei e trasporto veroce）となっている。満載排水量一万一八〇〇トン。

改造プランのこまかい数値は不明であるが、艦内側面図、平面図を参照しながら、その概要を説明したい。

重巡時代の後檣付近と煙突をのぞく艦橋構造物、前後の主砲塔をふくむ高角砲、機銃から航空兵装、魚雷兵装などをすべて撤去し、後檣付近に航海艦橋、航空指揮所などを新設した。

前甲板から後檣前まで中心線上に飛行甲板が設けられ、搭載するRe2001単座戦闘機一二機が一列にならび、その前端に両舷斜め前方に向けて各一基のカタパルトが配置されている。

格納庫はなく、搭載機は露天繋止で、運搬用軌条などにより前方へ移動し、カタパルト上に導かれるものと思われるが、その仕組みは不明である。前部煙突は両舷に分岐され、そのさい、前部缶室は缶数を減じたと見られるが、詳細はわからない。

機関出力は約三万馬力で、速力は約二五ノットとなっている。

砲兵装として、中央部から後方にかけて両舷に各六門の五〇口径九〇ミリ高角砲（計一二門）が配備され、これをはさんで前後両舷に五四口径三七ミリ連装機銃が各一〇基（計二〇梃）装備されている。

九〇ミリ高角砲はアンサルド社が開発し、一九三八年に採用された新式砲で、戦艦リットリオ級、カイオ・デュイリオ級に搭載された。最大仰角七五度、最大射程一万三〇〇〇メートル、毎分一二発の発射が可能である。

三七ミリ機銃は巡洋艦の標準兵装とされ、最大仰角八〇度、最大射程七八〇〇メートル、毎分一二〇発の射撃能力がある。対空兵装は巡洋艦時代よりかくだんに強化されている。

艦中央に主兵器の戦闘機がならんで搭載されており、敵機の奇襲に備えるとともに、艦隊

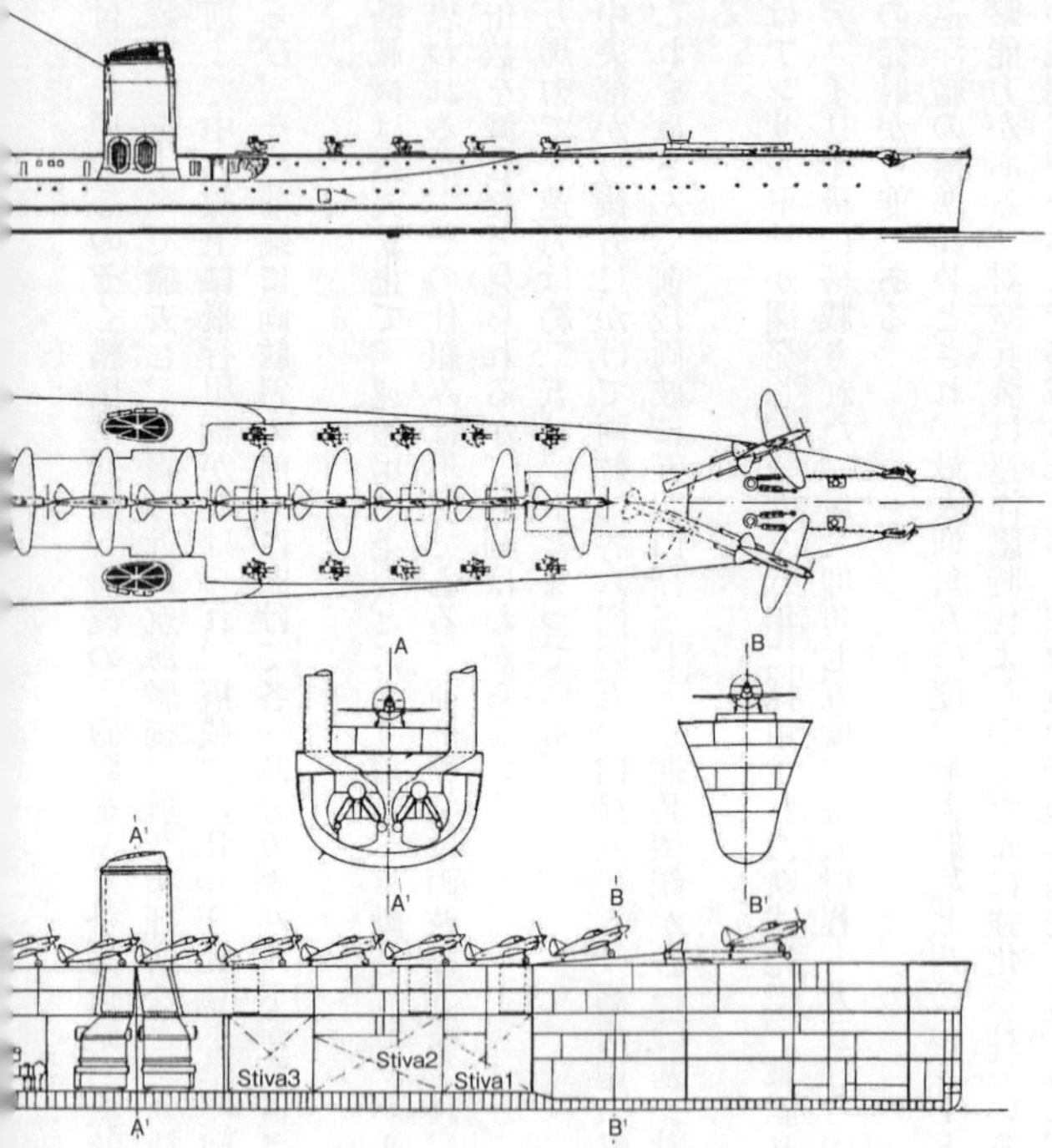
A
A'
B
B'
A'
B'
Stiva3
Stiva2
Stiva1
A'
B'

重巡洋艦ボルツアーノの航空機射出兼高速輸送艦改造プラン

中心線上の飛行甲板に戦闘機 12 機を搭載、両舷前方のカタパルトから射出する

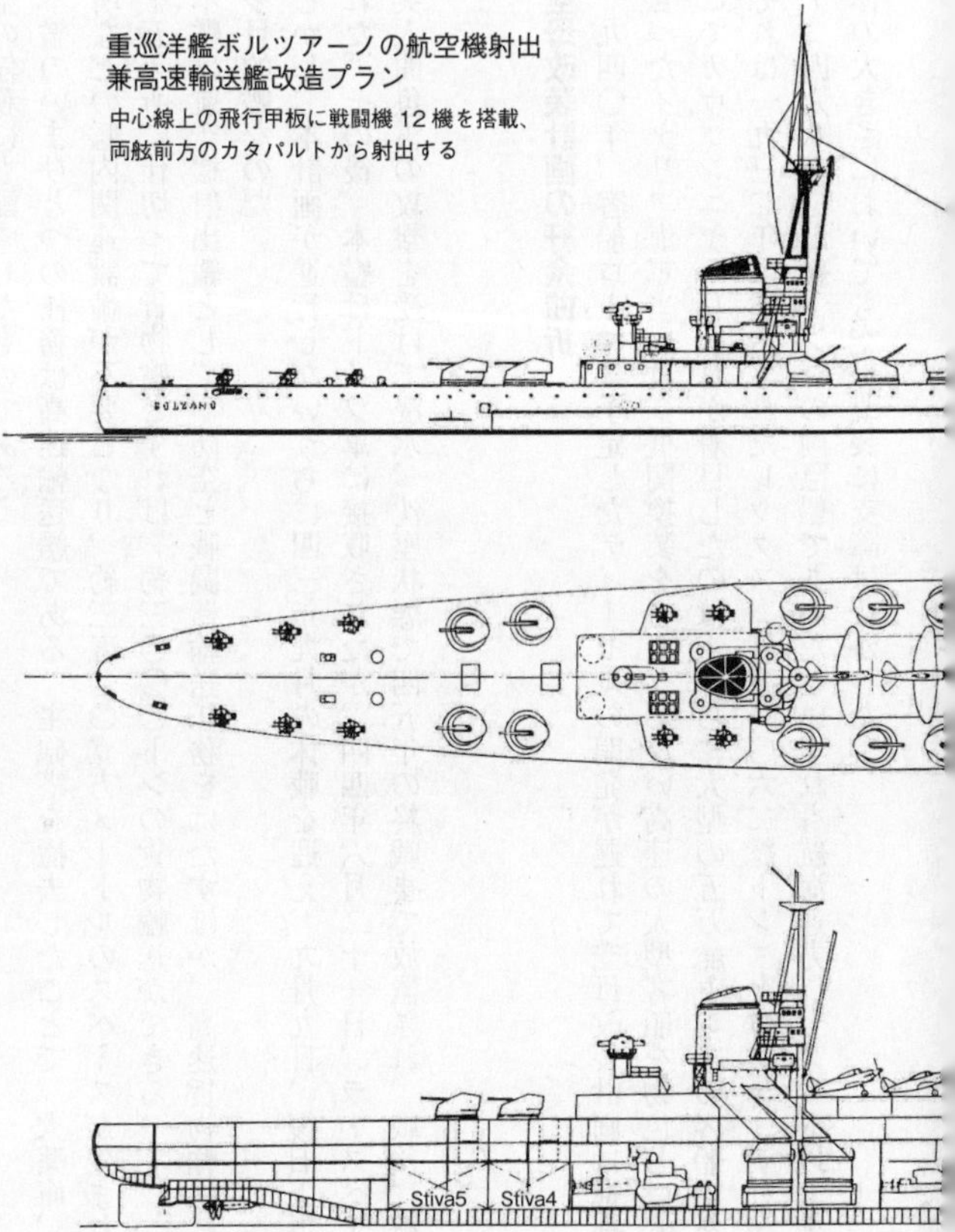

防空の任務にも配慮したものであろう。

本艦のいまひとつの任務は高速輸送艦である。主砲塔を撤去したことで、火薬庫、弾薬供給所などの艦内関連設備が不要となり、約三五〇〇立方メートルのスペースが生まれる。これを五ヵ所に仕切って貨物艙とすれば、約三〇〇〇トンの貨物輸送ができる。

本艦は航空機射出艦として、防空と戦闘機輸送任務をはたすほか、高速貨物輸送にも使える多目的艦なのだ。

しかし、本計画が進行しないうちに四三年九月の休戦を迎え、九月九日、復旧工事は中止された。その後、本艦はドイツ軍に接収されたが、四四年六月二十一日、ラ・スペチア湾内で英人間魚雷の攻撃を受けて浸水、沈座状態で四五年の終戦まで放置され、戦後に解体された。

空母改装計画の紆余曲折

一九四〇年、客船ローマに予定したディーゼルの開発が遅れて空母改装計画は進捗せず、あせったイタリア海軍当局は、機関換装を必要としない高速の大型客船を物色しはじめた。そこでカヴァンニヤーリ次官が着目したのは、さらに大型の五万総トン級の客船であった。

それは一九三二年に建造されたレックス（五万一〇六二総トン）とコンテ・ディ・サヴォイア（四万八五〇二総トン）の両巨船であった。いずれも航海速力二七ノット以上を出し、船体の大きさにおいても空母改装に支障はなかった。

客船コンテ・ディ・サヴォイアの空母改造デザイン

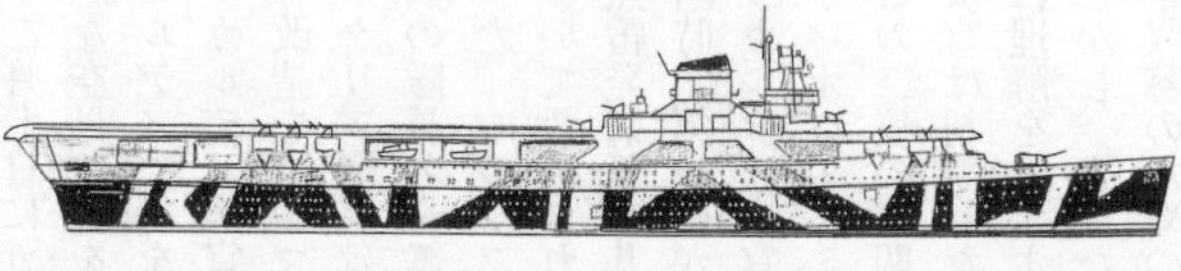

水中防御と兵站面のいくつかの要求をみたせれば、小型の艦橋と煙突をそなえた有力な空母となるはずで、戦闘部隊とともに行動することも可能と見られた。しかし、海運担当相から強い反対があり、次官も断念せざるを得なかった。この時のコンテ・ディ・サヴォイア空母改造案のスケッチを示す。

次いで研究されたのが、建造中のリットリオ級戦艦四番艦インペーロの空母改造であった。本艦は一九三八年五月にジェノヴァのアンサルド社で起工され、三九年十一月に進水したが、開戦により工事は中断され、四〇年六月に曳航されてブリンディシで繋留されていた。

研究の結果、改装すれば満載排水量四万五九六三トンの有力な空母が誕生することが判明したが、戦時下でもあって実現の見込みはなく、それ以上の進展はなかった。現在、ヴェニス海軍造船所美術館に残された模型が、当時のイタリア海軍の夢を伝えている。

一九四〇年十一月十一日のタラント空襲後、同月二十七日のスパルトヴィエント岬沖海戦で、戦艦ヴィットリオ・ヴェネトと重巡ポーラが英空母アーク・ロイヤルの雷撃機に襲われ、幸いに被害はなかったが、空母の機動的攻撃力をイタリア海軍も認めざるを得なかった。

これに対抗するには、空母を保有して艦隊防空を果たすほかなかった。

十二月七日にカヴァンニヤーリ次官は、ムッソリーニに客船コンテ・ディ・サヴォイアの早急な空母改造を要請したが、彼は承認をあたえるどころか、カヴァンニヤーリを更迭し、リカルディ大将を後任にすえたのである。

リカルディ次官は、前任者より柔軟にこの問題に対処し、サヴォイア改造を取り下げて、空母改造をローマにしぼり、新ディーゼルによらぬ高速化を検討しはじめた。

イタリア海軍は一九三八／三九年度計画で、小型軽巡カピタニ・ロマーニ級（古代ローマ帝国の隊長名を艦名としたところから、こう称された）一二隻を三九年九月以降に建造中であった。フランスの大型駆逐艦建造に対抗し、ソ連向けに建造したタシュケントの経験にもとづいて設計され、基準排水量三七〇〇トン、一三五ミリ連装砲四基、五三・三センチ四連装魚雷発射管二基を装備、装甲はないが、四〇ノットの高速力をそなえていた。

当時、第一艦が進水したばかりで、開戦後は工事も遅延し、停滞しはじめていた。その中でリカルディ次官が着目したのは、ジェノヴァのアンサルド造船で建造中のコルネリオ・シラとパオロ・エミリオの二隻で、ともに四〇年六月に工事中止となっていた。

この二隻の機関をローマに搭載すれば、空母にふさわしい高速力を発揮できるとリカルディ次官は判断したのである。戦況の変化が影響したか、ムッソリーニもローマの空母改造促進に理解を示すようになり、計画はようやく軌道に乗りはじめた。

しかし、まったく未経験の分野で、難題は山積していた。艦上機の選定も未定であり、格納庫収容のための折り畳み翼も、空軍で研究はしたが、解決できずにいた。

カタパルトも水上機発進用のものしかなく、エレベーターをはじめ、空母に必要な航空諸装置も、すべて新たに考案して製作しなければならなかった。

こうした遅延にもかかわらず、四〇年七月九日、ローマの改造による航空機発進艦計画は政府の承認を得て、正式にスタートを切ることができた。

ドイツ海軍からの贈り物

思いあぐねたリカルディ次官は、ドイツ海軍が三八年末に進水させた空母グラーフ・ツェッペリンを記憶の中からよみがえらせ、ドイツ海軍に支援を申し入れた。四一年九月になってドイツ海軍から反応があり、かつて日英海軍から仕入れた空母にかんする諸情報がもたらされ、やがて当初の予想を上回る収穫をイタリア海軍にもたらすことになった。

すでにツェッペリンは工事を中止されて備砲は取り外され、船体はシュテッティンに移動しており、ドイツ海軍自体が空母への期待を失っていた時期であった。

最大のプレゼントは、僚艦ペーター・シュトラッサーの建造中止により不要となった航空艤装品——カタパルト、エレベーター、着艦装置、飛行甲板関係の資材などがイタリア海軍に送られたことであった。この結果、新空母の設計作業は順調に進行するようになった。

両艦の飛行甲板比較図を参照すれば、その類似した諸配置が確認できよう。

これによりローマの空母デザインは、当初に考えられていた平甲板型の簡易なものではなく、他国の艦隊空母に準じた島型艦橋や広い飛行甲板をそなえた艦容に改められ、改装規模は拡大した。

ドイツ海軍から受領した航空関係設備を有効に活用するには、それが必要と認められたのである。むろん前身が商船である以上、防御などの面で正規空母より劣るのは避けようがない。

イタリア海軍としては、せっかくのチャンスを生かし、このさいに技術、資材、人力を結集して、初めての空母に取り組むことになった。

ローマの改装工事は、一九四一年十一月からジェノヴァのアンサルド社で開始された。上部構造物はすべて撤去され、船首を延長するとともに、バルジを装着して、船内の水防区画を細分化した。上部に一層の格納庫を設け、飛行甲板中央部右舷に大型の煙突をそなえたアイランド型空母の完成をめざして、工事は進められた。

飛行甲板は艦首やや後方からはじまり、艦尾より一〇メートルもオーバーハングして張られ、全長二一一・六メートル、最大幅二五・二メートル、最先端にドイチェ・ヴェルケ式カタパルト二基が設けられた。

中心線上のアイランド前後位置に一四×一三メートルの電動エレベーター二基があり、その上を通ってカタパルト位置まで延びる軌条も、すべてドイツ製である。

バルジ内面の外板には厚さ六〇センチのコンクリートを充填して防御を補助するとともに、復原性能を改善した。弾薬庫、燃料タンク外壁には六〇～八〇ミリの防御鋼板が設けられた。

飛行甲板中央部右舷には、三層の構造物上に主檣と大型の煙突をそなえたアイランドが設

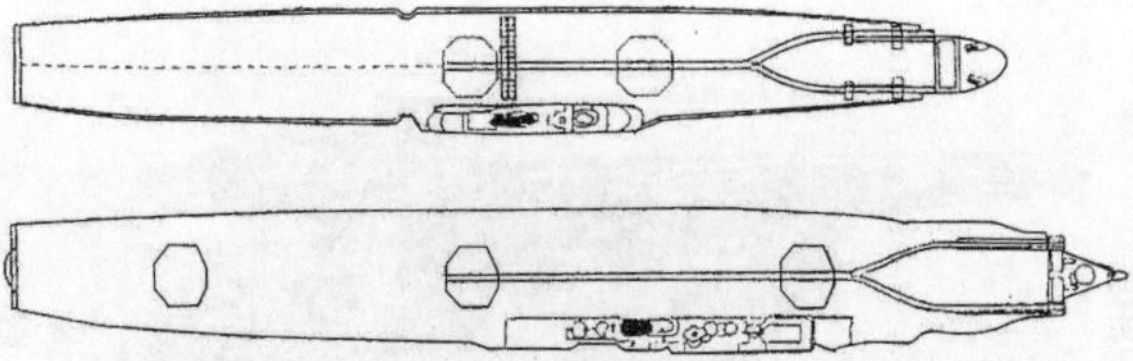

伊空母アークィラ(上)と独空母グラーフ・ツェッペリン(下)の飛行甲板比較　カタパルトとエレベーター、運搬軌条の類似に注意

置され、多数の対空用二〇ミリ機銃が配備された。主檣頂部には探索用のEC・3／ter〝Gufo〟レーダー一基が装備されたが、これはイタリア海軍としては画期的なことであった。

格納庫は長さ一六〇メートル、幅一八メートル、搭載機はレッジアーネRe2001戦闘機であった。

この時までに折り畳み翼が完成できず、庫内床上に二六機、天井に一五機を吊り下げて収容するほか、飛行甲板上に一〇機を係止し、総計五一機とされた。折り畳み翼の機体にすれば、六六機に増加される予定であった。

主機はカピタニ・ロマーニ級軽巡二隻に搭載予定のものを流用し、ベルッツオ式減速装置付きギヤード・タービン一基とRM缶（蒸気性状二九キロ／平方センチ、三二〇度C使用）二基をおさめた機械室を、中間区画をはさんで前後に配置した。四軸、一四万（最大一五万一〇〇〇）馬力により、速力三〇ノットを出す計画であった。

主兵装の一九三八年式四五口径一三・五センチ単装高角砲八門を、前後両舷の砲座上に配置した。これはカピタニ・ロ

改造工事中のアークィラ

マーニ級用の主兵装（連装）として開発されたものを単装に改めており、俯仰角－五度、＋八五度、最大射程一万九六〇〇メートル、毎分六発の発射が可能であった。

対空兵装として、このほかに一九三九年開発の六四口径六・五センチ単装高角砲一二門と、ブレダ製二〇ミリ六連装機銃二二基をアイランドおよび飛行甲板両舷砲座上に配置しており、レーダー（航空機を距離八〇キロで探知）とともに、対空防衛能力は従来よりかなり強化された。

一九四二年二月に建造中のローマはアークィラ（鷲）と改名された。客船時代の上構や煙突を撤去された船体に、格納庫や巨大な煙突が設置され、飛行甲板が張られて、しだいに空母らしい外容を整えはじめていた。

空母アークィラの計画された要目は、次のとおりであった。

基準排水量二万三三五〇トン、満載排水量二万七八

〇〇トン、全長二三一・四メートル、水線長二一〇・六五メートル、最大幅三五・七五メートル、水線幅二九・〇〇メートル、吃水七・三九メートル。

飛行甲板長さ二一一・六メートル、幅二五・二（最大二六・六五）メートル。

主機ベルッツオ式ギヤード・タービン四基／四軸、RM型水管缶八基、出力一四万（最大一五万一〇〇〇）馬力、速力三〇ノット、燃料搭載量三六六〇トン、航続力一八ノット―五五〇〇海里、二九ノット―一五八〇海里。

装甲（弾薬庫、航空燃料庫および関連作業室）六〇〜八〇ミリ。

兵装一三・五センチ（四五口径）単装砲八門、六・五センチ単装高角砲一二門、二〇ミリ六連装機銃二二基。搭載機五一機。乗員一五三二名、航空要員三三七名。

最初の候補機G50の評判

ジェノヴァは一九四一年二月以降、空襲を受けずにきたが、四二年十一月の夜に英空軍の爆撃機が飛来してひさびさの爆撃を受けた。そのさい、アンサルド造船所で入渠中の本艦も甲板上に被弾して一部焼失したが、大きな被害は生じなかった。

これは機関を取り外された軽巡シラの船体を空母に偽装して、敵の注意を同艦に引きよせたのが役立ったとされているが、一方でジェノヴァで空母改造中の情報が連合軍内に流れ、爆撃の目標とされる危険は高くなった。

米海軍情報部（ONI）作成のイタリア海軍艦艇識別資料一九四二〜四三年版（ONI2

02)は、空母情報として改装中のローマの航空写真を載せている。

飛行甲板はまだ張られていないが、右舷中央に艦橋構造物と煙突が視認でき、空母への工事中であることは明瞭である。四三年四月の撮影とされ、英空軍によるものであろう。ローマの商船当時の寸法を記載、その下にレゴロ(カピタニ・ロマーニ級一番艦)級の軽巡一隻が空母に改造中としている。前述のシラ偽装工作の成果を示すものといえようが、ローマは護衛空母(CVE)に、シラは軽空母(CVL)に分類している。シラは軽巡であるが、船体のサイズは米海軍の護衛空母より小型であり、軽空母とするには小さすぎると考えなかったのだろうか。

イタリア海軍でも、英海軍に貸与された米国製護衛空母の大西洋での活躍に刺激されて一九四二年頃、護衛空母の研究が行なわれた。

海軍給油艦ステローペ(一万九六四一トン、速力一四ノット)や民間タンカーのジュリオ・ジオルダニおよびセルジオ・ラギ(一万五〇〇総トン、一六ノット)の早期改造が検討されたことがあった。

米海軍のサンガモン級や英海軍のタンカー型MACシップの情報を入手したのかも知れないが、同年後期になって、北アフリカからの原油補給に高速タンカーの需要が高まったため、中止せざるを得なくなった。これに代わって浮上したのが、重巡ボルツアーノの航空機射出艦改造であったという。

イタリア海軍内でも空母の評価が高まり、いろいろ模索していたことがうかがえよう。

米海軍情報部資料に載った改装中のローマの写真（上）とフィアットG50bisA／N

アークィラの工事が進む一方で、必要とされたのが、搭載する艦上機の選定であった。ドイツ海軍の支援で、空母用の強力なカタパルトを入手できたことは、いくぶん重量が増しても、すぐれた艦上機の運用が可能となるはずであった。

最初に候補となったのはフィアットG50フレッチア戦闘機であった。本機は一九三六年度に空軍仕様で作製された全金属製単座戦闘機で、原型は一九三七年二月に初飛行した。

初期生産型四五機のうち、一二機は三八年のスペイン動乱に参加して実戦テストされた。三九年にはフィンランドから三五機の発注を受けている（引き渡しは四〇年）。

初期型は密閉コックピットを使用、低速で武装も貧弱であったが、運動性がきわめてすぐれており、戦争突入時にはマッキMC200とともに近代的な戦闘機として活躍した。

一九四〇年九月に初飛行したG50bisは改良型

で、開放式風防を採用、燃料容量を増した。翼構造と着陸装置を改修して、航続距離を六七〇キロから一〇〇〇キロに増大した。

約四五〇機が生産されたが、その中からいくつかの改型が生まれた。フィアットG50bis／Aは戦闘爆撃機として計画され、三二〇キロまでの爆装を可能とし、機銃兵装を強化したタイプで、四二年十月に誕生した。

これをさらに改造して、空母アークィラの艦上機としたのがG50bisA／Nで、MM5988号機をもとに試作された。

風防を密閉式とし、翼内にブレダ・SAFAT一二・七ミリ機銃四梃を装備し、爆弾二五〇キロの携行が可能である。胴体下面に爆弾懸吊装置、カタパルト用装着具、着艦フックが設けられており、機体もカタパルト射出にそなえて強化されている。

発動機はフィアットA74RC38（八四〇馬力）一基、全幅一一メートル、全長七・八〇メートル、全備重量二・四トン、最大速度四三〇キロ／時、航続距離一〇〇〇キロ、一二・七ミリ機銃四、爆弾二五〇キロ、乗員一名。

性能的には戦艦搭載のRe2000に劣り、Re2001との比較審査に敗れ、採用されず試作に終わった。G50bisO／Rとも称した。

搭載機は万能戦闘爆撃機

一九四一年一月、地中海で大損害をうけた英空母イラストリアスは応急修理の後、五月に米ノーフォークに回航され、修理と大改装のため、十二月まで戦列に復帰できなかった。
かわって三月に地中海入りした空母フォーミダブルは、フェアリー・フルマー艦戦および
フェアリー・アルバコア艦攻の新鋭機を搭載していた。アルバコアはソードフィッシュの後
継機で、改良されてはいるが、複葉機のため速力や攻撃力では、前者と大差なかった。
マタパン沖海戦でイタリア艦隊に最初の攻撃を実施したのは、フォーミダブルのアルバコ
アとクレタから出撃したソードフィッシュで、とくに新戦艦ヴィットリオ・ヴェネトに雷撃
を敢行して速力を低下させ、戦場から退避させたのは空母発進のアルバコアであった。
本艦が健在ならば、その後の砲撃戦であれほどの惨敗は喫しなかったかも知れない。
それで戦艦リットリオ級にレッジアーネRe2000戦闘機を搭載することになった。し
かし、イタリア海軍の空母が就役する頃には、英海軍はフルマーに次ぐ新しい艦上戦闘機を
運用することが予想され、空母搭載機もこれに対抗し得る、優れた性能の機体を用意しなけ
ればならなかった。
四一年十二月に復旧なったイラストリアスと荒天下に衝突事故を起こしたフォーミダブル
は、米グラマンF4Fの輸出型、G36Bマートレット艦戦（第八八八中隊）を初めて搭載し
ており、本機は武装、最大速度のいずれもフルマーを上回っていた。
むろんイタリア海軍はこれを知る由もないが、初の艦上戦闘機決定にさいし、当然想定す
べきことであり、Re2000よりいちだんと高性能の戦闘機が求められたのである。
レッジアーネRe2001ファルコⅡ戦闘機は、先のRe2000の空冷星型エンジンを、

ドイツから供給されたダイムラー・ベンツDB601A（一一七五馬力）液冷エンジンにあらめた機体で、四〇年七月に初飛行した。運動性と取り扱い性はよかったが、兵装は前型と変わらず、速度もほとんど増加しなかった。

そのため、おなじエンジンを搭載したマッキMC202にエンジンの供給優先権を奪われ、本機はこれをアルファ・ロメオ社でライセンス生産した国産のA1000RC41エンジンを装備し、四一〜四三年前半までに約二五〇機が生産されたといわれる。

本機が新空母の艦上機に選ばれたのは、戦艦搭載のRe2000をしのぐ高性能にあったが、今一つの要求は、艦上攻撃機としても使用可能なことであった。

迎撃戦のみならず、機会があれば空母をふくむ敵艦隊に、爆撃や雷撃も実施できる戦闘爆撃機が期待されたのである。

ドイツから導入したカタパルトやエレベーターは、それだけの能力があったし、ローマの改造目標も正規空母に準じたものとなっていた。その要望は、先のフィアットG50を検討したさいにも出されていた。

本機には初期のセリエ（シリーズ）IからIIIにいたる改型がある。そのほかにも戦闘爆撃機型、夜間戦闘機型、対戦車攻撃機型など用途に応じたさまざまの試作機が製作された。その一つが空母搭載の艦上機型Re2001/OR（Organizzazione Romaの略で、ローマ所属機を示す。G50でも使用）であった。

本機は標準型の翼下面冷却器を廃止して、前縁冷却器をつけたRe2001bisを基本

レッジアーネRe2001

として生まれ、胴体下面に爆弾ならびに魚雷架、着艦フックがもうけられ、機体も強化されていた。

風防後方をクローズし、武装として一二・七ミリ・ブレダSAFAT機銃二梃を翼内に装備している。自重二・八トン、全備重量三・九トン（正規）とされているが、最大五トン以下なら発進できたといわれ、かなりの兵器搭載が見込めたようである。

最大速度は高度五四七〇メートルで五四五キロ／時と、Re2000射出型と大差なかったが、航続距離はいくぶん増大した。

発動機アルファ・ロメオA1000RC41a（一一七五馬力）一基、全幅一一メートル、全長八・三六メートル、全備重量三・八九トン。最大速度五四五キロ／時、航続距離一一七五キロ。一二・七ミリ機銃二、七・七ミリ機銃二、（爆装時）爆弾六四〇キロまたは四五センチ魚雷一、乗員一名。

本機に次ぐレッジアーネRe2002でも、爆弾や魚雷装備の実験機が試作されている。

イタリア空軍には、四二年九月二十七日にサルジニア島南方でサボイア・マルケッティSM84三発爆撃機が英戦艦ネルソンに魚雷を命中、大破浸水させた輝かしい実績があるが、同機は機体も重く、損失も少なくなかったので、軽快な戦闘爆撃機の開発により、雷撃による戦果の増大を期待したのであろう。

Re2001／ORは四〇年七月に初飛行し、フィアットG50bisA／Nと比較審査されたが、本機の優秀性（最大速度、爆弾搭載量など）が認められ、最初の空母艦上機として採用された。

空母搭載機として六六機（折り畳み翼採用を考慮して）の定数が認められ、生産準備にはいった。

なお、空母パイロットの訓練には、第一六〇航空隊の第三九三、三九四、三七五中隊が担当し、四三年から開始することになった。

四三年三月に、空母アークィラの飛行甲板を模して着艦制動索をもうけた訓練飛行場がペルジア・サント・エジディオに造られ、空母乗員の訓練が開始された。

なお艦載機としては、イタリア海軍もヘリコプターに着目し、国産のピアジオPD3およびドイツから購入したフレットナー282のテストを一九四二〜四三年（後者は同年のみ）に実施している。

先に艦上テストをしたオートジャイロの系列に属するものといえようが、実艦テストにはいたらなかったようである。

新空母アークィラの憂鬱

艦上機の選定がなされている間にも、空母への改装工事はちゃくちゃくと進められた。飛行甲板は拡張され、艦首は一五メートルもつき出た形状となり、前甲板に二〇ミリ六連装機銃一基が装備された。

飛行甲板後端は艦尾より一〇メートルもオーバーハングしてエンクローズされており、その形状は英イラストリアス級と類似している。飛行甲板後方は着艦甲板となっており、ドイツ製の着艦制動索四基がもうけられている。

ドイツ空母グラーフ・ツェッペリン級では、この位置に第三エレベーターがもうけられていたが、本艦ではそれがなく、着艦した航空機は中央部の第二エレベーターで格納庫へ収容され、その前方に遮風柵がもうけられた。

商船時代二一五・二メートルあった船体は、さらに約一六メートルも延長されていた。機関の整備も進み、当初の計画では、四三年九月に海上公試が実施される予定であった。しかし、六月二十二日に工事は中止となり、必要度の高い護衛艦艇の建造が優先されることになった。

この時までに船体の九九パーセント、機関の九八パーセントが工事完成し、その他各部の工事も約七〇パーセント達成していたが、航空機関係のスケジュールの遅れが障害となっていた。

レッジアーネ社は艦上戦闘爆撃機タイプのRe2001/ORを三八機整備したが、折り畳み翼はまだ完成せず、パイロットの発着艦訓練は四月に開始されたばかりであった。空母が行動可能となっても、機体と搭乗員の収容見込みが立たず、母艦上での発着および戦闘訓練は、五里霧中の彼方にあった。

空母としての外容をほぼ完成させたアークィラは以後、偽装網におおわれた巨体をジェノヴァの岸壁に繋留されて月日を送り、四三年九月三日の休戦を迎えた。

九月九日、ジュノヴァに進攻したドイツ軍は、アンサルド造船所に繋留中のアークィラを捕獲した。連合軍側はドイツ軍に利用されるのを防ぐため、本艦の攻撃を開始した。

四四年六月十六日に爆撃を実施、さらに四五年四月十九日には、イタリアの人間魚雷による攻撃も行なわれ、大損害をこうむった。戦後、ジェノヴァ港内で沈没している本艦が発見されたが、これはドイツ軍がジェノヴァ港封鎖のため、他の船とともに損傷した本艦を自沈させたと説明されている。

接収後、ドイツ軍が解体に着手したとの情報もあったが、ほとんど進まなかったらしい。その一方で、ドイツ軍が本艦を捕獲した後、空母として利用しようとしたのではないか、との噂もあるようだ。

これについては、ドイツの艦艇研究家ジークフリート・ブライヤー氏が以前、ドイツ海軍の空母グラーフ・ツェッペリンおよび第二次大戦中のドイツ空母計画について綿密な調査を行ない、二〇〇二年に論考をまとめて発表したさいに、伊空母完成は「考慮されてなかった」と否定している。

偽装網をかけ繋留されるアークィラ。ほぼ完成状態だが、アイランド上の20ミリ6連装機銃に注意

イタリア空軍が空母艦上機の主翼折り畳み装置を最後まで完成できず、そのために搭載機数を一五機も減じているが、本艦の機数はそれほど少ないのだろうか。

今回、本書で取りあげた仏独伊三海軍の未成空母三隻について比較してみると（伊空母の露天繋止分を差しひくとして）、仏ジョッフル四〇機、独グラーフ・ツェッペリン四二機、伊アークィラ四〇機となり、大差はない。

しかし、この三隻について格納庫の容積を比較すると、イタリア海軍のそれがきわだって狭いことが判明する。

その狭い格納庫の中で、床にならべられた機体と、天井から吊り下げられた機体が入り乱れて納められており、搭載機の搬出入作業が大変なのではないか——と、その方が発着艦作業に影響しそうで、機数より気になってくる。

この三隻について、選定された艦上機を比較して

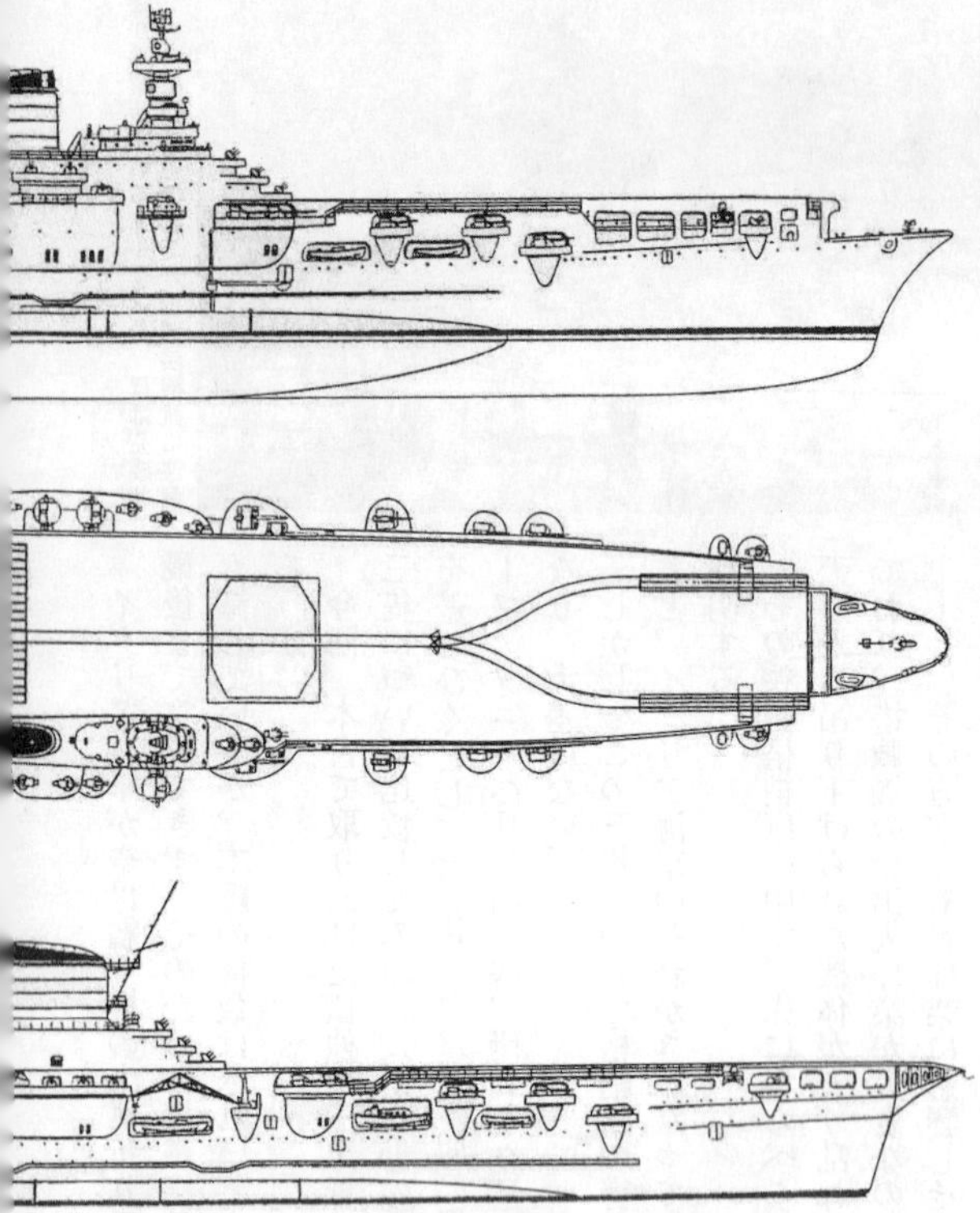

空母アークィラ艦型図

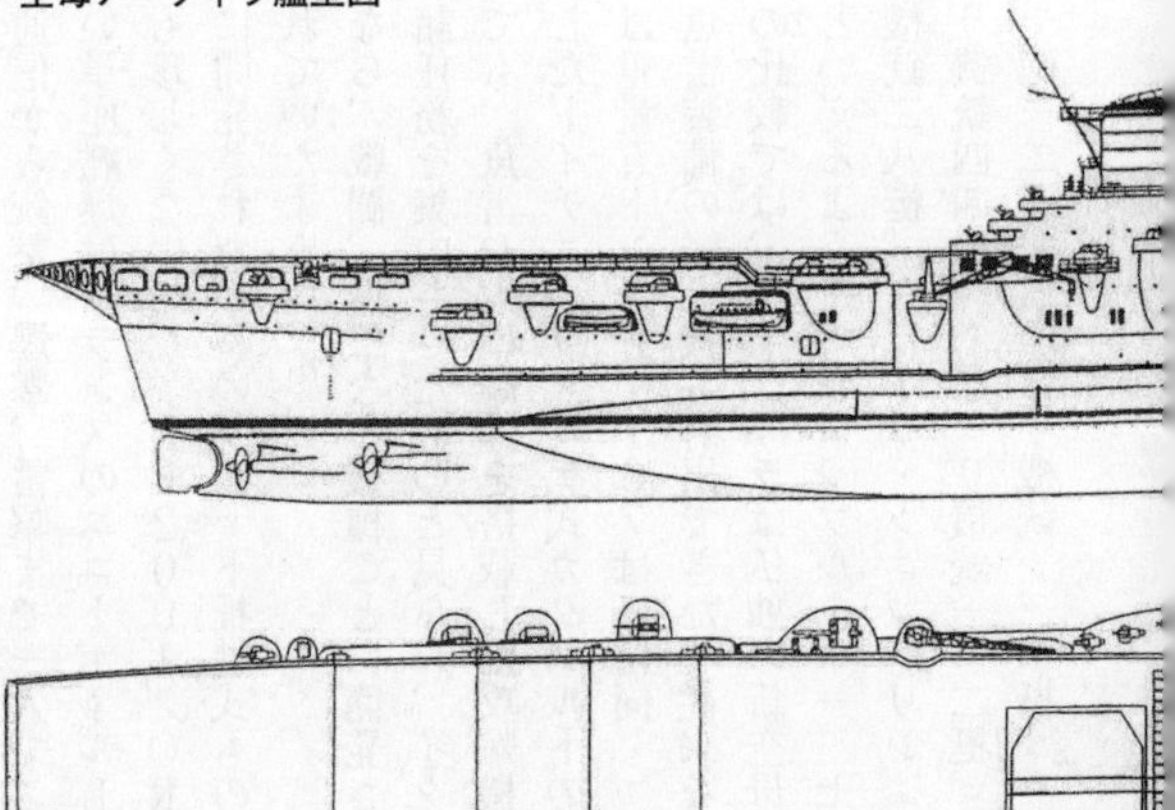

みると、フランスは戦闘機と双発攻撃機、ドイツは戦闘機と爆撃機（雷撃機も検討）、イタリアは戦闘爆撃機となり、単独機種はイタリアのみである。しかも単座機で、パイロットは操縦、通信から銃撃、爆撃、雷撃まで一人でこなさなければならず、負担が大きい。

新しい単座艦爆はフランスのニューポールLN401くらいしか見当たらず、雷撃機では三座機も珍しくないのだ。Re2001／ORは雷撃機としては機体も小型で、装備魚雷も本機用に開発された小型のジェット推進式ものであったといわれ、五〇〇キロ爆弾の搭載も計画されていたようだ。

通常なら、戦闘、爆撃など機種ごとに開発されるはずであるが、時間的に余裕がなく、一機種に諸任務を集中させたものと見られ、イタリア海軍の焦りがうかがえる。

それでも、魚雷や大型爆弾を搭載した攻撃機が空母から発艦可能になったのは、ドイツから受領したドイチェ・ヴェルケ式カタパルトのお陰であった。

これは重量五トン（Fi167はほぼ同じ）の爆撃機を一三〇キロ／時で射出する能力があり、魚雷装備の艦上機も射出できた。従来なら三発か双発の水上機が、これを務めていた。

以上の比較では、アークィラは仏独の新空母に劣るものの、対空兵装でくらべると、かなり強力といえるようだ。ジョッフル――一三センチ両用砲八門、三七ミリ機銃八梃、一三・二ミリ機銃二八梃。グラーフ・ツェッペリン（一九四二年案）――一〇・五センチ砲一二門、三七ミリ機銃四四梃、二〇ミリ機銃一一二梃。アークィラ――一三・五センチ砲八門、六・五センチ砲一二門、二〇ミリ機銃一三二梃。

計画年度の古いフランス艦が一番劣り、戦時計画の独伊の二艦がかくだんに強化されており、その差は一目瞭然である。戦局の進展とともに激化していく航空戦を明確に反映しており、これだけはイタリアもドイツに見劣りしない装備になっている。

では、かりにイタリアがいぜんとして戦いをつづけ、一九四三年初めにアークィラが完成し、四三年七月の連合軍シシリー上陸作戦（オペレーション・ハスキー）の防衛に参加したとして、双方の兵力を見てみよう。

英海軍H部隊の空母インドミタブル（シーファイア艦戦四〇、アルバコア艦攻一五）とフォーミダブル（シーファイア艦戦五、マートレット艦戦二八、アルバコア艦攻一二）の搭載機総計一〇〇機。Re2001艦戦爆五一機で戦うには、かなり強力な相手となりそうである。

護衛空母となった姉妹船

客船ローマの空母改造は、ドイツ海軍の実物供与の支援を得て、完成に向け順調に進行することができたが、準姉妹船であるアウグストゥスについては事情がことなっていた。

本船は総トン数や船体の大きさはローマと大差なかったが、主機はディーゼルで速力一九ノットと低速であり、ローマのような軽巡二隻分のタービン機関への換装も困難であった。ドイツ海軍から受領した航空艤装品は一隻分しかなく、アークィラのような正規空母なみの大改造は断念せざるを得なかった。

本船もローマと同じく、空母としての艦名を最初ファルコ（鷹または隼）とあらためたが、設計は古い一九三六年案に戻ることになった。

機関は換装せずディーゼルのままで、改造後の速力は一八ノットと低速であった。工事内容もローマより簡略化され、艦種も護衛空母（Portaerei di scorta）とされた。

工事は一九四二年十月から、ローマと同じくジェノヴァのアンサルド社で開始された。設計は一九三六年案を基本とするが、いくつかの改正がほどこされた。

搭載機はアークィラと同じくレッジアーネRe2001戦闘爆撃機である。低速のため、飛行甲板前端の細長い発艦甲板にカタパルトが装備されることになった。

カタパルトは圧縮空気式とされているが、アークィラのようなドイチェ・ヴェルケ式のものではなく、戦艦ヴィットリオ・ヴェネト級に装備した国産のガグネット式か、その改良型と思われる。

搭載機はRe2001／OR三五機とされ、アークィラはカタパルト二基をそなえて連続発進も可能なようだが、本艦ではカタパルト一基で、エレベーターから発進位置までの軌条がなく、機体の移動に手間がかかりそうだ。

搭載機も、アークィラのドイツ製カタパルトは雷撃機の使用も予定されていたが、カタパルトの相違やこうした事情を配慮すると、本艦の搭載機は小型爆弾ていどの装備で運用する方針であったとも考えられよう。

艦種を護衛空母と区別したのも、低速の本艦に対空または対潜装備の艦上機を搭載して、船団護衛に用いようとしたのではなかろうか。

一九四三年に艦名はファルコからスパルヴィエーロ（はい鷹）にあらためた。これは鷲や通常の鷹よりも小型の鷹（英名はスパローホーク＝雀鷹）の名で、艦名の上でも一般の空母より低い存在（護衛空母）を意味しているようである。

なお、先に解説した重巡改造の射出機装備高速輸送艦案ボルツァーノに搭載が予定されたのもRe2001／ORで、この頃、艦上機はすべて本機に統一されていたことがわかる。

艦隊主力はアークィラ、艦隊防空はボルツァーノ、船団護衛はスパルヴィエーロと、それぞれ任務を分担して対処しようとしたのであろうか。

もう一つの改正は兵装である。原案では、一五・二センチ単装砲六門、一〇・二センチ単装砲四門と水上戦を重視し、対空兵装は機銃のみとされたが、開戦後の戦訓を採り入れて、四五口径一三・五センチ単装高角砲八門、六四口径六・五センチ単装高角砲一二門、ブレダ製六五口径二〇ミリ六連装機銃四基と対空重視の兵装にあらためられた。

採用した兵器は、いずれもアークィラと同じものであるが、その配備位置は不明。

原計画では、長さ一五五メートル、幅約二五メートルの飛行甲板前端中央部から、艦首に向け長さ約五〇メートル、幅約五メートルの細長い発艦甲板が艦首をオーバーハングして設けられている。

当初はこれをもちいてメルジオナリRo63やドイツ製フィーゼラーFi156シュトルヒのような連絡機を発進させて、対潜哨戒をする計画もあったようである。

しかし、開戦後の対潜作戦はさらに熾烈なものとなり、また対空戦闘も考慮して、アークィラと同じ強力な戦闘爆撃機を搭載するようになり、発艦甲板には圧縮空気式のカタパルト一基が装備されることになった。

後述する飛行甲板の長さは、この発艦甲板の先端までをふくめたものである。平甲板型で、このような飛行甲板をそなえた本艦のデザインは特異なものとなった。

飛行甲板前後には十字型のエレベーター二基が設けられ、長さ一四〇メートルの一層の格納庫と連絡している。搭載機はRe2001／OR戦闘爆撃機三五機である。

軍艦搭載の対潜用連絡機

主機ディーゼルの排気は船体中央部、飛行甲板直下の両舷から排出される。舷側水線下には六〇～八〇ミリの防御がほどこされ、コンクリートを充填したバルジが設けられた。

残された資料から判明したスパルヴィエーロの計画要目は、次のとおりである。

満載排水量二万八〇〇〇トン、全長二一六・六五メートル、水線長二〇二・四三メートル、最大幅（バルジふくむ）三四メートル、満載吃水九・二メートル。

飛行甲板長さ一九六メートル、最大幅二五・二四メートル、高さ二三メートル。

主機サヴォイア式MANディーゼル四基／四軸、出力二万八〇〇〇馬力、速力一八ノット、航続力一八ノット－六〇〇〇海里。

装甲（舷側水線下）六〇～八〇ミリ。

空母に改造中のアウグストゥス

兵装一三・五センチ（四五口径）単装砲八門、六・五センチ（六四口径）単装高角砲一二門、二〇ミリ六連装機銃四基、搭載機三五機。乗員一四二〇名。

格納庫の状況は不明であるが、アークィラ同様に一部の機体は天井から吊り下げて収容したものと思われる。

なお計画段階で、前述のようにRo63などの連絡機の使用も検討されたようだ。

開戦後、船団護衛時の対潜戦闘もきびしさを増し、連絡機ていどでは対応しきれぬことを知って、Re2001に統一されたものと思われる。

余談であるが、ヘリコプターの登場以前に、短い飛行甲板でも容易に発着艦できるのが連絡機であり、各国で使用されていた。

アメリカ海軍では戦車揚陸艦LST数隻に飛行甲板を仮設し、陸軍の連絡機パイパーL4カブを搭載して弾着観測などに使用した。四四年一月、アンツィオ作戦に参加したLST16はパイパー・カブ八機を搭載して活躍し、LST版空母と呼ばれていた。

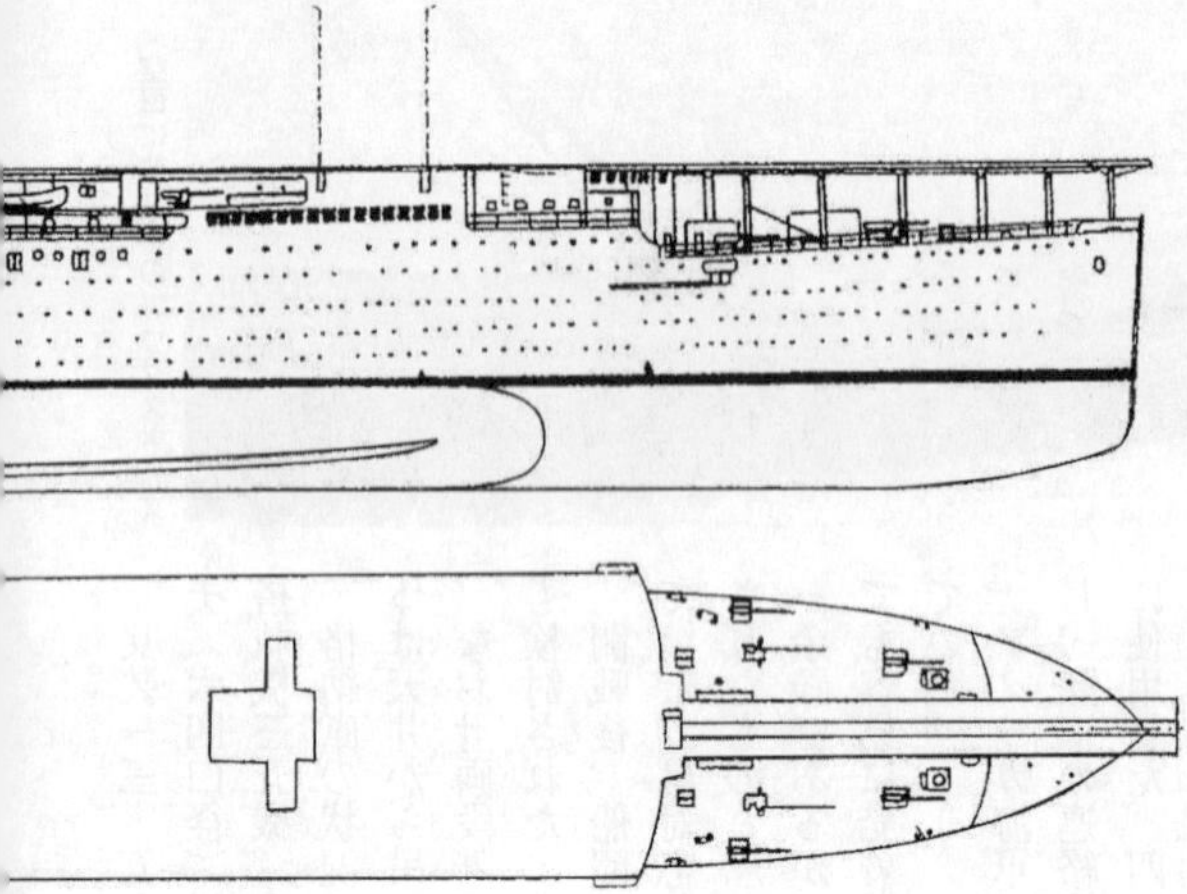

護衛空母スパルヴィエーロ

艦首部の細長い発艦甲板に国産の圧縮空気式カタパルト１基が装備され、舷側中央部にはバルジが設けられた。兵装は原計画の状態をしめしている。

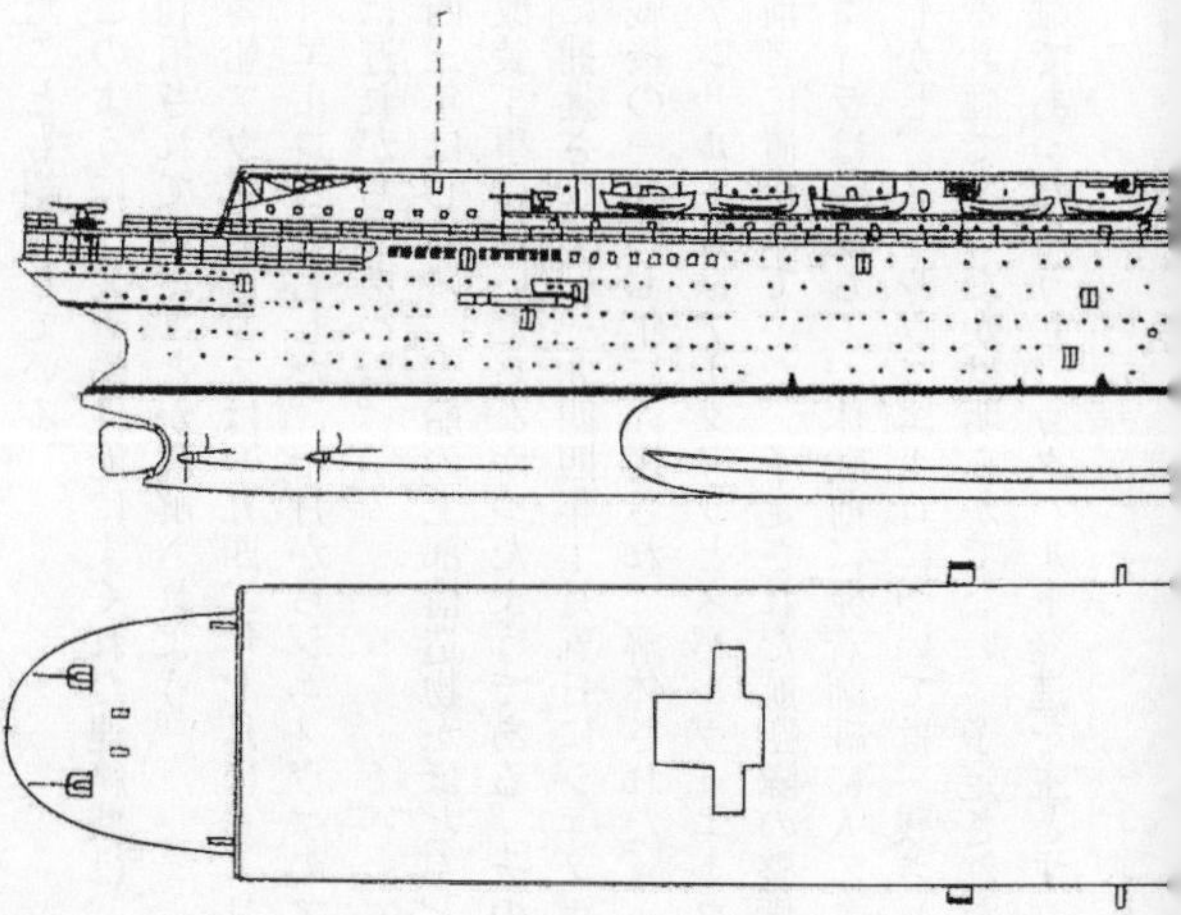

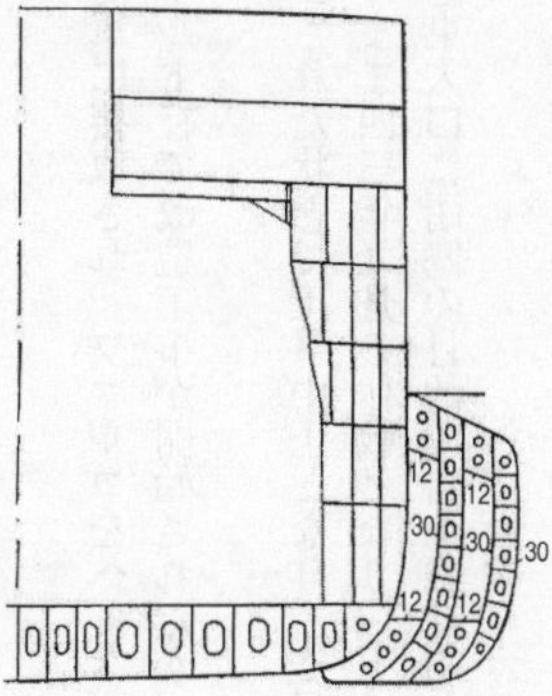

空母スパルヴィエーロ中央断面図
（水線下のバルジ装着状態をしめす）

日本陸軍の丙型特殊船「あきつ丸」が、三式連絡機を搭載して対潜護衛を実施したことはよく知られていよう。航空機運搬艦となったフランスのベアルンが、前記パイパー機を搭載したことも紹介している。

このように、発着艦性能にすぐれた連絡機は、交戦には不向きだが、しばしば艦上機として利用されていたことが理解されよう。

客船アウグストゥスは一九四二年七月にイタリア海軍に接収され、ファルコをへてスパルヴィエーロと改名した。十月からジェノヴァのアンサルド社で改造工事が開始されたが、工事は遅れがちであった。

四三年はじめに、客船の上部構造物がほとんど撤去された状態で工事中止となり、空母への改装工事にはいたらなかったようである。その形のまま四三年九月の休戦となり、ドイツ軍に捕獲されて、一九四四年十月五日にジェノヴァ港東入口に閉塞の目的で自沈させられた。

戦後の一九四七年に浮揚されて解体された。

アンサルド社はアークィラとスパルヴィエーロの二隻の空母改造工事に着手したが、主力は前者に置かれていた。予定された航空隊の整備と訓練がもっと早く進められていたら、アークィラは完成して、休戦前に発着訓練に入ることも可能であったろう。

しかし、スパルヴィエーロについては、残された資料が少なく、航空隊をどのように運用する計画であったかは明らかでない。予定された飛行甲板や速力では、搭載機の通常発艦は困難であったろうし、カタパルト発進を主とすれば、効率も落ちる。

ラ・スペチアに曳航されたアークィラ

カタパルトを二基装備する計画もあったようだが、もう一基をどこに配置しようとしたのか。残存する平面図では、着艦制動索の位置も不明で、発着艦作業をどのように処理する方針であったのか、不明の点が多い。

本艦については、工事をできるだけ簡易化して、空母とする計画であったことは明らかで、あるいは上構を撤去した段階で、飛行甲板上の諸配置について詳細に検討する予定であったのかも知れない。

アークィラは四五年四月にジェノヴァ港で沈んでいるのが発見され、四六年に引き揚げられてラ・スペチアへ曳航された。

その写真が公表されて、客船ローマが空母に改造されたことが世に知られ、ジェーン軍艦年鑑も五一年版で、これを紹介している。本艦も五一～五二年に解体されて姿を消した。

イタリア海軍もドイツ海軍と同様に、大戦中、空母の工事をかなり進めたものの、結局は完成することなく終わったのである。

たった一隻の生き残り母艦

大戦が終了して、イタリア海軍に残された航空機搭載艦は水上機母艦のジュゼッペ・ミラーリアのみとなった。戦時下、本艦はRo63数機を搭載して哨戒を実施し、基地への航空機輸送やカタパルト射出訓練などの諸任務に従事した。

実戦参加の機会が少なかったことも幸いして、戦後まで生き残ることができた。休戦後、残ったイタリア海軍艦艇は戦艦をのぞき、連合軍に参加することが認められ、海上作戦に従事した。戦後、イタリア海軍が再建を検討したさい、こうした協力もあって、護衛空母二隻ていどの保有は認められるものと期待したようだが、四七年の講和条約で空母の保有が禁じられたため、この計画は水泡に帰した。

艦齢も古く、小型のミラーリアの保有は問題なく、戦後になってからも航空支援艦(Nave-appoggio aerie)として在籍した。工作艦としても使用されたようである。一九四六年当時の本艦の要目は、次のとおりであった。

基準排水量四九六〇トン、全長一二一・二二メートル、最大幅一四・九九メートル、吃水五・二五メートル。

主機パーソンズ・ギヤード・タービン二基／二軸、主缶ヤーロー缶八基、出力一万二〇〇〇馬力、速力二一ノット、燃料四四〇トン。

兵装一〇・二センチ高角砲四門、機銃若干、搭載機二〇、カタパルト二基。

休戦後のジュゼッペ・ミラーリア

除籍されたのは一九五〇年七月八日である。結局、空母が完成しなかったので、本艦は第二次大戦を通じ、イタリア海軍唯一の飛行機（水上機）母艦であり航空支援艦であった。

この後の空白は、一九八五年に最初の空母ジュゼッペ・ガリバルディが竣工するまでつづくことになった。

なお、休戦時にイタリア海軍にあった実動可能な第一線機は一八一機、大戦中に戦闘で失った水上機（小型飛行艇をふくむ）は七四機、その他の原因で二〇〇機以上が損失となった。

戦後の空母計画

最後に、仏独伊三海軍のその後の空母と準空母ともいえるヘリコプター巡洋艦の建造史に簡単に触れておきたい。（兵装新造時）

フランス海軍は、一九四六年にイギリスから四四年に竣工した空母コロッサスの貸与を受けアロマンシュと改名した。基準排水量一万四〇〇〇トン、二ポンド四連装機銃六基、搭載機二四機、速力二五ノット、一九七四年除籍。

一九四七年PA28（一万五七〇〇トン、四五機、三二ノット）が計画されたが、建造中止。一九五〇年に米軽空母ラングレー（四三年竣工）、五三年に同ベロー・ウッド（同）の貸与を受け、それぞれラファイエット（六三年返還）、ボア・ベロー（六〇年返還）と改名した。基準排水量一万一〇〇〇トン、四〇ミリ機銃二六梃、搭載機四四機、速力三二ノット。

一九六一年クレマンソー、六三年フォッシュ竣工。基準排水量二万二〇〇〇トン、一〇センチ高角砲八門、搭載機四〇機、速力三二ノット。クレマンソーは九七年に除籍、フォッシュは二〇〇〇年にブラジルに売却。

一九六四年、ヘリコプター巡洋艦ジャンヌ・ダルク竣工、基準排水量一万トン、一〇センチ砲四門、搭載機ヘリ八機、速力二六・五ノット。二〇一〇年解役。

一九七五年、PA75（一万八四〇〇トン、ヘリ25機、三〇ノット）が計画されたが、建造中止。

二〇〇一年、原子力空母シャルル・ドゴール竣工、基準排水量三万七〇八五トン、アスタ15短SAM用VLS四基、CTOL機三二機、ヘリ四機、速力二七ノット。

本艦に続くPA2（検討案排水量約五万トン、五〇機、原子力駆動、速力三四ノット）は当初八九年着工の予定で、長期間検討を続けていたが、二〇一三年に計画中止となった。

ドイツ海軍は戦後空母計画なし。

イタリア海軍は一九八五年、ジュゼッペ・ガリバルディ竣工。基準排水量一万三八五〇トン、テセオSSM発射機四基、搭載機一六機、速力三〇ノット。

一九六四年、ヘリコプター巡洋艦アンドレア・ドリア（九三年除籍）、カイオ・デュイリオ（九一年除籍）竣工。基準排水量五〇〇〇トン、テリアSAM連装発射機一基、ヘリ三〜四機、速力三一ノット。

一九六九年、ヘリコプター巡洋艦ヴィットリオ・ヴェネト竣工。基準排水量七五〇〇トン、テリアSAM／アスロックSUM兼用連装発射機一基、ヘリ六〜九機、速力三〇・五ノット。

二〇〇三年解役。（船体保管中）

二〇〇九年、カヴール竣工。基準排水量二万七五三五トン、アスター15短SAM用VLS四基、STOL機八機、ヘリ一二機、速力二八ノット。

主要参考文献（本文中引用資料を除く）＊「航空母艦全史」海人社＊福井静夫「世界空母物語」光人社＊＊福井静夫「日本の特設艦船物語」＊日本海軍航空史編纂委員会「日本海軍航空史」時事通信社＊横森周信「艦攻と艦爆」＊「第二次大戦　仏・独・伊・ソ軍用機の全貌」酣燈社＊「第二次大戦　ドイツ軍用機の全貌」酣燈社＊「第二次大戦　ドイツ軍用機の全貌」デルタ出版＊「第二次大戦　イタリア・フランス・ソ連軍用機」文林堂＊「第二次大戦　ドイツ軍用機全集」デルタ出版＊「第二次大戦フランス／イタリア軍用機」ガリレオ出版＊「第二次大戦米海軍機全集」文林堂＊D. Brawn “Carrier Operations in WWII” The Royal Navy, Ian Alan Ltd＊S. W. Roskill “War at Sea” H. M. Stationery Office＊J. Rohwer, G. Hummelchen “Chronology of the War at Sea 1939-1945” Ian Alan Ltd＊D. Breffort “French Aircraft 1939-1942” Historie & Corrections＊RDLayman & S. MeLaughlin “Hybrid Warship” Conway Maritime Press Ltd.＊Deputy Chief of Naval Operations (Aiv) & Commander, Naval Air Systems Command “United States Naval Aviation 1910-1970” U. S. Goverment Printing Office＊Roger Chesheau “Aircraft Carriers of the World, 1914 to the Present An Illustrated Encyclopedia” Naval Institute Press＊A. Pearcy “Lend-Lease Aircraft in W. W. II” Air life Publishing Ltd＊W. T. LarKins “U. S. Navy Aircraft 1921-1941, U. S. Marine Corps Aircraft 1914-1959” Orion Books＊O. Thetford “British Naval Aircraft since 1912” Naval Institute Press＊W. Green “Warplanes of the Third Reich” Macdonald & Jane's＊J. Thompson “Italian Civil and Military Aircraft 1930-1945” Aero Publishers, Inc＊J. Jordan & R. Dum “French Battleships 1922-1956” Seaforth publishing＊J. Jordan & J. Moulin “French Cruisers 1922-1956” Seaforth publishing＊D. Hobbs “Royal Escort Carriers” Maritime Books＊W. H. Miller, Jr. “Pictorial Encyclopedia of Ocean Liners, 1860-1994” Dover Publications＊P. Auphan & J. Mordal “The French Navy in W. W.” U. S. Naval Institute＊M. A. Bragadin “The Italian Navy in W. W. II” US. Naval Institute＊N. Polmar “Aircraft Carriers” Doubleddy & Company, Inc.＊E. Gröner “German Warships 1815-1945 vol. I” Major Surface Vessels, Conway Maritime Press Ltd＊M. J. Whitley “German Capital Ships of W. W. II” Arms & Armour＊M. Brescia “Mussolini's Navy” Seaforth Publishing＊E. Bagnasco & Augusto de Toto “The Littorio Class” Seaforth P.＊D. Hobbs “Royal Navy Escort Carriers” Maritime Books＊K. Poolman “Allied Escort Carriers of W. W. II in Action” Blandford Press＊D. Hobbs “Aircraft Carriers of the Royal &

Commonwealth Navies" Greenhill Books＊W. Green "War Planes of the Second W. W. II vol7" Macdonald & Co＊R. D. Layman "Before the Aircraft Carrier" Conway Maritime Press＊E. Cernuschi & V. P. O'Hara "Search for A Flattop" (Warship 2007) Conway Maritime Press＊J. Jordan "PA16 Joffre : France's Carrier Project of 1938" (Warship 2010) C. M. P.＊P. Schenk "German. Aircraft Carrier Development" (Warship International 2008/2)＊Conway's All the World's Fighting Ships 1860-1905, 1922-1946/C. M. P.＊F. Dousset "Les Porte-Avions Francais" Editions de la Cité＊J. Moulin, L. Morarean, C. Picard "Le Bearn et Commandant Teste" Marines édition＊J. Moulin "Les porte-avions Dixmude & Arromanches" Marines édition＊J. Moulin "Les porte-avions Clemenceau & Foch" Marines éditions＊"Chronique du Charles de Gaulle" Editions Chronique＊L. Morareau "Le Loire 130" Edions Lela Presse＊A. Prudhomme "Les Bombardlers en piqué Loire-Nieuport" Edité par TMA＊L. Moraredu "L' Aérondutique Navale Francaise. 1939-40" Hors-Série Avions No31 Ledot & L. Morareau "Les Avions de Pierie Levasscar"＊A. Prudhomme "Les Bombardiers en Piqué Loire-Nieuport"＊J. Cunny "Latecoére Los avions et hydravoyc" ＊E. Gröner "Die deutschen Kriegsschiffe 1815-1945" Lehman verlag＊W. Trojca, A. Szewczyk "Kriegsmarine at War" Model Hobby＊S. Breyer "Flugzeugträger "Graf Zeppelin (Encyklopedia Okretow Wojennych 42)" AJ press＊S. Breyer "Graf Zeppelin" (Marine-Arsenal) S. Breyer "Der Z-Plan" (Marine-Arsenal)＊Hans-Joachim Mau, C. E. Scurrel "Flugzeugträger Trägerflugzeug" Trans Press＊A. Morin, N. Walujew "Sovietische Flugzeugträger Geheim 1910-1995" Brandenburgisches Verlagshaus E. Gröner "Die Schiffe der Deutschen Kriegsmarine & Luftwaffe 1939-45 Lehmdverld"＊M. Cosentino "Le Portaevel Italiane 1912-2010" Storie Militare＊E. Bagndsco, E. Cernuschi "Le Navi da Guerra Italiane 1940-1945" Evmahno Albeatelli Editore＊G. Galuppini "Guida Alle Navi D' Italia" Arnoldo Mondadori Editore＊E. Bdgnasco, A. Rastelli "ONI 202-Italian Naval Vessels" Storia Militaria＊A. Fraccaroli "Maria Militare Italiana 1946" Editore Hoppli Milano＊Incrociatovl Pesanti classe trente "progetto per la trasformazione del Borzano in nave lancia. erei e transporto veloce" Orizonte Mare / navi italiane nalle2° guerra mondidle 4/1

雑誌「丸」平成二十三年五月号〜平成二十六年九月号隔月、
十月号、平成二十七年一月号〜七月号隔月連載に加筆訂正
原題「仏独伊海軍『空母』仰天計画」

ＮＦ文庫

仏独伊幻の空母建造計画

二〇一六年三月十八日　印刷
二〇一六年三月二十四日　発行

著　者　瀬名堯彦
発行者　高城直一

発行所　株式会社潮書房光人社
〒102-0073　東京都千代田区九段北一-九-十一
振替／〇〇一七〇-六-五四六九三
電話／〇三-三二六五-一八六四代
印刷・製本　図書印刷株式会社

定価はカバーに表示してあります
乱丁・落丁のものはお取りかえ致します。本文は中性紙を使用

ISBN978-4-7698-2935-5　C0195
http://www.kojinsha.co.jp

NF文庫

刊行のことば

第二次世界大戦の戦火が熄《や》んで五〇年——その間、小社は夥しい数の戦争の記録を渉猟し、発掘し、常に公正なる立場を貫いて書誌とし、大方の絶讃を博して今日に及ぶが、その源は、散華された世代への熱き思い入れであり、同時に、その記録を誌して平和の礎とし、後世に伝えんとするにある。

小社の出版物は、戦記、伝記、文学、エッセイ、写真集、その他、すでに一、〇〇〇点を越え、加えて戦後五〇年になんなんとするを契機として、「光人社NF（ノンフィクション）文庫」を創刊して、読者諸賢の熱烈要望におこたえする次第である。人生のバイブルとして、心弱きときの活性の糧《かて》として、散華の世代からの感動の肉声に、あなたもぜひ、耳を傾けて下さい。

＊潮書房光人社が贈る勇気と感動を伝える人生のバイブル＊

ＮＦ文庫

旗艦「三笠」の生涯　日本海海戦の花形　数奇な運命
豊田　穣
日本の近代化と勃興、その端的に表われたものが日本海海戦の勝利だった——独立自尊、自尊自重の象徴「三笠」の変遷を描く。

戦術学入門　戦術を理解するためのメモランダム
木元寛明
時代と国の違いを超え、勝つための基礎理論はある。知識・体験・検証に裏打ちされた元陸自最強部隊指揮官が綴る戦場の本質。

雷撃王　村田重治の生涯　真珠湾攻撃の若き雷撃隊隊長の海軍魂
山本悌一朗
魚雷を抱いて、いつも先頭を飛び、部下たちは一直線となって彼に続いた——雷撃に生き、雷撃に死んだ名指揮官の足跡を描く。

最後の震洋特攻　黒潮の夏　過酷な青春
林えいだい
昭和二十年八月十六日の出撃命令——一一一人はなぜ爆死しなければならなかったのか。兵士たちの無念の思いをつむぐ感動作。

辺にこそ　死なめ　戦争小説集
松山善三
女優・高峰秀子の夫であり、生涯で一〇〇〇本に近い脚本を書いた名シナリオナイター・監督が初めて著した小説、待望の復刊。

血風二百三高地　日露戦争の運命を分けた第三軍の戦い。
舩坂　弘
太平洋戦争の激戦場アンガウルから生還を成し得た著者が、日本が初めて体験した近代戦、戦死傷五万九千の旅順攻略戦を描く。

＊潮書房光人社が贈る勇気と感動を伝える人生のバイブル＊

ＮＦ文庫

大空のサムライ　正・続
坂井三郎
出撃すること二百余回——みごと己れ自身に勝ち抜いた日本のエース・坂井が描き上げた零戦と空戦に青春を賭けた強者の記録。

紫電改の六機　若き撃墜王と列機の生涯
碇　義朗
本土防空の尖兵となって散った若者たちを描いたベストセラー。新鋭機を駆って戦い抜いた三四三空の六人の空の男たちの物語。

連合艦隊の栄光　太平洋海戦史
伊藤正徳
第一級ジャーナリストが晩年八年間の歳月を費やし、残り火の全てを燃焼させて執筆した白眉の〝伊藤戦史〟の掉尾を飾る感動作。

ガダルカナル戦記　全三巻
亀井　宏
太平洋戦争の縮図——ガダルカナル。硬直化した日本軍の風土とその中で死んでいった名もなき兵士たちの声を綴る力作四千枚。

『雪風ハ沈マズ』　強運駆逐艦 栄光の生涯
豊田　穣
直木賞作家が描く迫真の海戦記！　艦長と乗員が織りなす絶対の信頼と苦難に耐え抜いて勝ち続けた不沈艦の奇蹟の戦いを綴る。

沖縄　日米最後の戦闘
米国陸軍省 編
外間正四郎 訳
悲劇の戦場、90日間の戦いのすべて——米国陸軍省が内外の資料を網羅して築きあげた沖縄戦史の決定版。図版・写真多数収録。